普通高等教育电气工程自动化系列教材

单片机与嵌入式系统基础

邱春玲　李肃义　李春生　杨　光　编

机 械 工 业 出 版 社

本书以MCS-51单片机为主线，辅以32位的ARM及芯片，系统地介绍了单片机及嵌入式系统的工作原理及应用技术。主要内容包括：MCS-51系列单片机原理结构、指令系统及汇编语言程序设计、C51程序设计、中断系统、定时器/计数器、存储器扩展、串并行接口、A-D和D-A接口、单片机技术应用实例、ARM体系结构、32位微控制器STM32以及实时操作系统RT-Thread，每章后附有习题，便于读者巩固所学的知识。

本书内容讲解通俗易懂、由浅入深、循序渐进，具有很强的实践性，特别适合作为大学本科教材，也可作为专科、函授和培训班等相关教材，还适合作为工程技术人员和计算机爱好者的自学用书。

（本书责任编辑邮箱：jinacmp@ 163. com）

图书在版编目（CIP）数据

单片机与嵌入式系统基础/邱春玲等编. —北京：机械工业出版社，2016. 1（2026. 1重印）

普通高等教育电气工程自动化系列教材

ISBN 978-7-111-52685-8

Ⅰ. ①单… Ⅱ. ①邱… Ⅲ. ①单片微型计算机—系统设计—高等学校—教材 Ⅳ. ①TP368. 1

中国版本图书馆CIP数据核字（2016）第006606号

机械工业出版社（北京市百万庄大街22号 邮政编码100037）

策划编辑：吉 玲 责任编辑：吉 玲 刘丽敏

版式设计：霍永明 责任校对：樊钟英

封面设计：张 静 责任印制：刘 媛

北京富资园科技发展有限公司

2026年1月第1版第7次印刷

184mm×260mm · 14. 5印张 · 354千字

标准书号：ISBN 978-7-111-52685-8

定价：39. 80元

电话服务	网络服务
客服电话：010-88361066	机 工 官 网：www. cmpbook. com
010-88379833	机 工 官 博：weibo. com/cmp1952
010-68326294	金 书 网：www. golden-book. com
封底无防伪标均为盗版	机工教育服务网：www. cmpedu. com

前　言

单片机（Single Chip Microcomputer）是一种大规模集成电路芯片，它把 CPU、存储器、I/O 接口、定时器/计数器、中断系统等部件集成在同一芯片中。由于其优异的控制性能，又称为微控制器，在芯片厂商的产品介绍中归类为 MCU（Micro Controler）。单片计算机具有集成度高、体积小、功能强、可靠性高、价格低廉等优点，广泛应用于工业测控、智能仪器仪表、通信系统、家用电器等领域中。单片机的应用技术发展迅速，目前，单片机已有几十个系列上百种机种，有 8 位的单片计算机，也有 16 位、32 位的单片计算机。但是，针对初学者而言，MCS-51 系列单片机仍为典型的教学机型。本书以 8 位单片机为基础，系统地讲述了 51 单片机的结构、工作原理和应用技术。为使读者了解 32 位的基于 ARM 的嵌入式系统开发技术，书中简要介绍了 32 位 ARM 的体系结构和实时操作系统，并针对 Cortext 系列的 STM32 芯片简要介绍了基于库函数的编程方法，使读者在理解掌握基于寄存器编程方法的基础上，了解基于库函数编程的特点。全文结构紧凑，语言简练，便于读者从硬件和软件相结合的角度把问题弄懂、弄透。学习本书内容，可以为学生和自学者尽快掌握单片机在各个领域的应用打下坚实的基础。

全书共分八章。第 1 章介绍了嵌入式系统相关的概念和基础；第 2 章介绍了 MCS-51 单片机的内部结构；第 3 章介绍 MCS-51 单片机的指令系统及汇编语言程序设计基础；第 4 章介绍了 C51 程序设计基础；第 5 章介绍了 MCS-51 单片机的内部（硬件）资源及应用；第 6 章介绍了 MCS-51 单片机的扩展技术，包括存储器扩展、I/O 扩展、ADC 及 DAC 的扩展，并以实际应用实例讲解了单片机应用系统的设计；第 7 章介绍了 ARM 嵌入式处理器及芯片；第 8 章介绍了嵌入式实时操作系统的相关知识。

本书是作者从事二十多年单片机技术和嵌入式系统设计教学、科研开发工作的总结。书中很多实例都是从科研实践项目中精选出来的，具有很强的实用性。本书在内容安排上由浅入深，由易到难，通俗易懂。理论与实践结合得比较好，突出易学实用的特点。本书不仅可以作为教材，也是从事单片机开发应用的工程技术人员的一本很好的参考书。

由于编者水平有限，加之单片机和嵌入式系统技术日新月异，书中难免会有疏漏和不妥之处，恳请读者批评指正。

编　者

目　录

第 1 章　绪　　论

教学目的

通过本章的学习，了解嵌入式系统的性能特点，以及嵌入式系统的组成和应用领域。

1.1　嵌入式系统的定义和组成

随着计算机技术的飞速发展和嵌入式微处理器的出现，计算机应用出现了历史性的变化，并逐渐形成了计算机系统的两大分支：通用计算机系统和嵌入式计算机系统（简称嵌入式系统）。通用计算机系统的硬件已标准化，如 PC，其可通过安装不同的软件满足各种不同的应用需求。嵌入式系统与一般的 PC 应用系统不同，与 PC 比较，其在性能上和兼容性方面要求不高，但是在体积大小和成本等方面受限制较多。嵌入式系统的特点是，根据具体应用对象的不同对其软/硬件进行定制，实现对对象体系的智能化控制。

1.1.1　嵌入式系统的定义

关于嵌入式系统的定义有很多。

较通俗的定义是“嵌入对象体系中的专用计算机系统”。

国际电气和电子工程师协会（IEEE）对嵌入式系统的定义是“嵌入式系统是‘控制、监视或者辅助设备、机器和车间运行的装置’（原文为 devices used to control，monitor，or assist the operation of equipment，machinery or plants）”。该定义是从应用的角度出发，强调嵌入式系统是一种完成特定功能的“装置”，该装置要能够在没有人工干预的情况下独立地进行实时监测和控制。这种定义体现了嵌入式系统与通用计算机的不同的应用目的。

国内较权威的，从技术角度给出的定义是“以应用为中心，以计算机技术为基础，软件硬件可剪裁，适应应用系统对功能、可靠性、成本、体积、功耗的严格要求的专用计算机系统”。

嵌入式系统通常是更大系统中的一个完整的部分，并采用“量体裁衣”的方式把所需的功能嵌入各种应用系统中，而且，被嵌入的系统中可以共存多个嵌入式系统。

1.1.2　嵌入式系统的特点

嵌入式系统是先进的计算机技术、半导体技术和电子技术与各个行业的具体应用相结合后的产物，这决定了它是技术密集、资金密集，知识高度分散、不断创新的集成系统。同时，嵌入式系统又是针对特定的应用需求而设计的专用计算机系统，这也决定了它必然有自己的特点。嵌入系统的显著特征有以下几个方面：

1）体积小、功耗低、具有专用性。嵌入式系统需嵌入到特定的设备中，面向特定系统应用，往往对系统的体积和功耗有严格的要求，特别是便携式仪器仪表和手机之类的需移动的产品，对嵌入式系统的体积和功耗的要求就更为严格。嵌入式系统把通用计算机中许多由板卡完成的任务集成在芯片内部，从而有利于设计小型化，移动能力增强，使计算机网络和通信系统的结合越来越紧密。

嵌入式系统的个性化很强，与通用计算机构造的通用计算和信息处理平台不同，其中的软件系统和硬件系统的结合是非常紧密的，一般要针对不同的硬件情况来进行软件系统的设计。因此，嵌入式系统不但要完全根据具体应用的目标进行设计，而且还要充分考虑到嵌入式系统对功能、可靠性、成本、体积和功耗方面的特殊要求，这也是嵌入式系统的专用性的特点。

2）高可靠性和实时性。与通用计算机不同，嵌入式系统运行环境差异很大，有些应用场合的环境会十分恶劣，系统可能运行在高温、高压下，也可能运行在零下几十摄氏度的冰天雪地中，这就要求嵌入式系统必须有更高的可靠性。另外，很多嵌入式系统都需要及时地响应各种事件，不断地对所处环境的变化做出反应，而且要实时地得到计算结果、不能延迟，因此，必须保证系统的实时性。可以想象，如果汽车的刹车系统不能对刹车信号及时地做出反应将会导致什么后果。为了提高执行速度和增强系统的可靠性，嵌入式系统中的软件一般都固化在非易失性存储器（ROM、EPROM、EEPROM、FLASH）中或处理器本身中，而不是存储于磁盘等磁性载体中。

3）高效率地设计。由于对成本、体积和功耗有严格的要求，使得嵌入式系统的资源，如内存、I/O 接口等十分有限，因此对嵌入式系统的硬件和软件都必须高效率地设计，量体裁衣、去除冗余，力争在有限的资源上实现更高的性能。嵌入式系统和具体应用是有机地结合在一起的，它的升级换代也是和具体产品同步进行的，因此嵌入式系统产品一旦进入市场，就应使其具有较长的生命周期。

通常嵌入式系统的系统软件和应用软件没有明显的区分，不要求其功能设计及实现上过于复杂，这既利于控制系统成本，又利于实现系统安全。嵌入式软件一般都要求固态存储，以提高速度，同时软件代码要求有高质量、高可靠性和实时性。由于嵌入式系统一般是应用于小型电子装置以及系统资源相对有限的场合，因此其内核较之传统的操作系统要小得多，比如 μC/OS 操作系统，其内核只有 8.3KB，而 Windows 操作系统的内核则要比其大得多。

4）需要开发环境和调试工具。因为嵌入式系统本身不具备自主开发能力，用户通常不能对其中的程序功能进行修改，一般只能运行应用程序而不能运行开发环境和开发工具，所以必须有相应的开发工具和环境才能对其进行开发。因此，嵌入式系统常采用宿主机-目标机的开发模式，以通用计算机作为宿主机，嵌入式系统作为目标机，宿主机用于程序的开发，目标机作为最后的执行机，且开发需交替进行。

1.1.3 嵌入式系统的组成

嵌入式系统一般由硬件系统和软件系统两大部分组成。其中，硬件系统包括嵌入式微处理器、存储器、外设接口和必要的外围电路；软件系统包括嵌入式操作系统和应用软件。嵌入式系统的组成框图如图 1-1 所示。另外，由于被嵌入对象的体系结构、应用环境不同，因此各个嵌入式系统可以有不同的结构组成。

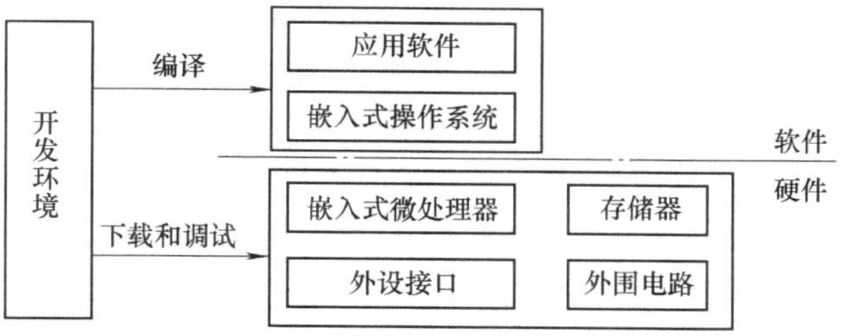

图 1-1 嵌入式系统的组成框图

1. 嵌入式系统的硬件

嵌入式系统的硬件由嵌入式微处理器、存储器（RAM、ROM、FLASH）、外围电路及外设接口构成。嵌入式微处理器是系统的核心，负责控制整个系统的各部分有序工作。目前世界上，嵌入式微处理器的品种已经超过上千种，流行的体系结构多达几十个（比较典型的是8051体系和ARM体系结构），寻址空间从64KB～2GB、处理速度从0.1～2000MIPS不等，已形成了一个大家族。嵌入式处理器一般分成嵌入式微处理器（MPU）、嵌入式微控制器（MCU）、嵌入式数字信号处理器（DSP）、嵌入式片上系统（SOC）几大类。与通用计算机的微处理器不同，嵌入式微处理器通常把通用计算机中的一些接口电路和板卡功能集成到芯片内部，使嵌入式系统在小体积、低功耗和高可靠性方面更具优势；操作系统和应用程序都固化在ROM中；用外围电路为系统提供时钟及系统复位等功能；其外设一般包括实现人机接口的键盘、显示器等设备及接口电路。

嵌入式系统硬件部分除了嵌入式处理器核心部分外，还包括丰富的外围接口。也正是基于这些丰富的外围接口，才带来嵌入式系统越来越丰富的应用。例如，现在的ARM处理器内部的接口已相当丰富，像I^2C、SPI、UART和USB等接口，基本上都已是“标准”配置，在设计系统的时候，通常只要把处理器和外设进行物理连接就可以实现外围接口扩展了。同时，虽然随着嵌入式处理器高度集成化技术的发展和带动，使得可以实现的接口越来越多，功能也越来越强，但是扩展外围接口时所需要的外围接口电路却变得越来越少了。例如，有的ARM处理器封装里面就已经集成了FLASH或SRAM，有的ARM处理器内部集成了DSP，有的ARM处理器内部集成了LCD控制器等。

2. 嵌入式系统的软件

嵌入式系统的软件一般由嵌入式操作系统和应用软件组成。

对于较大型的复杂的嵌入式应用系统，为方便地进行多任务管理、很好地分配和管理内存、提高软件的开发效率，需要使用嵌入式操作系统。但由于嵌入式操作系统的引入在方便应用软件开发的同时也占用了系统的资源，因此，对于小型的简单的嵌入式系统，没有必要采用嵌入式操作系统。

目前嵌入式系统的软件主要有两大类：实时系统和分时系统。对于分时操作系统，软件的执行在时间上的要求并不严格，时间上的延误或者时序上的错误一般不会造成灾难性的后果。对于实时操作系统，主要任务是对事件进行实时的处理，虽然事件可能在无法预知的时刻到达，但是软件必须在事件随机发生时并在严格的时限内做出响应（系统的响应时间），即使是系统处在尖峰负荷下，也应如此。系统时间响应的超时，就意味巨大的损失和灾难，比如航天飞机的控制系统，如果出现故障，则后果不堪想象。

嵌入式系统的应用软件是针对特定的专业领域，基于相应的嵌入式硬件平台，能完成用户预期任务的计算机软件。应用软件是嵌入式系统中的上层软件，它定义了嵌入式设备的主要功能和用途，并负责与用户进行交互。应用软件是嵌入式系统功能的体现，如飞行控制软件、手机软件、MP3 播放软件、电子地图软件等，一般面向于特定的应用领域。

有些应用软件需要嵌入式操作系统的支持，但有些简单的应用场合下可不需要专门的操作系统。由于嵌入式应用对成本十分敏感，因此为了减少系统成本，除了精简每个硬件单元的成本外，应尽可能地减少应用软件的资源消耗，并尽可能地优化系统。

总的来说，如果嵌入式系统的硬件部分是整个系统的基石，则嵌入式软件部分就是在这个基石上建立起来的不同功能的大楼，对于任何一个需求明确的嵌入式系统来说，两者缺一不可。

1.1.4 嵌入式系统的分类

根据分类方式的不同，可把嵌入式系统分为不同的种类。

1. 根据系统的复杂程度分类

根据嵌入式系统的复杂程度不同，可以把嵌入式系统分为简单嵌入式系统和复杂嵌入式系统。

简单嵌入式系统很早就已经存在，其通常以 8 位微控制器作为系统的核心控制单元，控制软件采用单线程的程序流程，使用循环程序处理外界的请求，实现测量和控制的功能。这类系统硬件复杂度低，功能相对简单，成本较低，故称其为简单嵌入式系统或基于单片机的嵌入式系统。

许多智能化产品尤其是高端的嵌入式产品，如数字通信、汽车电子、Internet 应用等，不仅要求系统能实现简单的智能，还要求其实现复杂的数据处理、数据通信等功能。这类产品的嵌入式系统一般采用 32 位的微处理器作为硬件核心，软件一般移植嵌入式实时操作系统，实现多线程的程序控制。同时，为了合理地调度多任务，利用系统资源、系统函数以及库函数接口，用户还必须自行选配 RTOS（Real Time Operating System）开发平台，这样才能保证程序执行的实时性、可靠性，减少开发时间，并保障软件质量。

虽然简单嵌入式系统出现较早，但它并没有因复杂嵌入式系统的出现而消亡，也就是复杂嵌入式系统有更强大的功能，但在嵌入式系统的世界里，并没有出现通用计算机的新一代功能更强大的计算机淘汰老一代的情况。这是因为嵌入式系统的一个重要特点，就是根据需求"量体裁衣"，在对复杂嵌入式系统需求不断增加的同时，对简单嵌入式系统的需求依然旺盛。

2. 按照系统实时性分类

嵌入式系统可以根据其对于实时性的要求不同，分为软实时系统和硬实时系统。

硬实时系统是指，系统要确保在最坏的条件下的系统响应时间，即对于事件必须能即刻做出响应，如果满足不了这个响应条件可能会出现致命的错误。例如宇宙飞船的控制、汽车的刹车系统等，就是这样的系统。其他的所有具有实时特性的系统，都称为软实时系统。在软实时系统中，虽然响应时间同样重要，但是超时却不会导致致命错误。

1.2 嵌入式微处理器的结构和类型

嵌入式系统的硬件一般由嵌入式微处理器、存储器和输入/输出部分组成，其中嵌入式微处理器是硬件系统的核心。根据用途不同，嵌入式微处理器可以分为嵌入式 MCU、嵌入式微处理器、嵌入式 DSP、嵌入式 SOC 等。

1.2.1 嵌入式 MCU

目前嵌入式系统除了部分为 32 位处理器外，大量存在的是 8 位和 16 位的嵌入式微控制器。嵌入式微控制器（Micro Control Unit，MCU）的典型代表是单片机，如 Intel 公司的 MCS-51 系列，虽然近年来新型的高端系列产品不断出现，但这种 8 位的电子器件在嵌入式设备中仍然有着极其广泛的应用。单片机将 CPU、存储器 ROM/RAM、总线、总线逻辑、定时器/计数器、看门狗、I/O、串行口、脉宽调制输出、A-D、D-A 等必要功能和外设集成在一块芯片内部，和嵌入式微处理器相比，其主要特点是单片化、可靠性高、体积小，从而使功耗和成本下降，具有较高的性价比。单片机的片上外设资源一般比较丰富，适合用于控制，因此称其为嵌入式微控制器。

由于 MCU 低廉的价格，优良的功能，因此拥有的品种和数量最多。比较有代表性的 MCU 包括 8 位内核的 MCS-51 系列、AVR 系列、PIC 系列、16 位的 MCS-96/196/296 系列、MSP430 系列以及 32 位的 STM32 系列等，并且有支持 I^2C、CAN-Bus、LCD 及众多专用 MCU 和兼容系列。目前，MCU 占有超过 50%（约 70%）的嵌入式系统的市场份额。本教材将以 MCS-51 内核单片机为例，详细介绍其工作原理及应用。

1.2.2 嵌入式微处理器

嵌入式微处理器是由通用计算机中的 CPU 演变而来。与通用计算机中的微处理器不同的是，它只保留了和嵌入式系统应用紧密相关的功能硬件，去除其他冗余部分，同时添加了必要的扩展电路与接口电路，以较低的功耗和资源满足嵌入式应用的特殊要求。嵌入式微处理器一般是 32 位的，与微控制器相比，具有较大的寻址空间和较高的处理速度，能支持嵌入式操作系统的运行。因此，嵌入式微处理器更适合中大型的嵌入式应用系统。

近年来，嵌入式微处理器的主要发展方向是小体积、高性能、低功耗。同时，其专业分工也越来越明显，出现了专业的知识产权核（Intellectual Property Core，IP）供应商，如 ARM、MIPS 等，他们通过提供优质、高性能的嵌入式微处理器内核，由各个半导体厂商生产面向各个应用领域的芯片。目前主要的嵌入式处理器类型有 ARM 公司的 ARM 系列和 Cortex 系列、IBM 公司的 Power PC、MIPS 公司的 MIPS 系列等。在我国，目前 ARM 公司的 ARM 内核的嵌入式处理器占主导地位。

1.2.3 嵌入式 DSP

DSP（Digtal Signal Processor）是专门用于数字信号处理方面的处理器。随着大规模集成电路技术和语音、图像等数字信号处理技术的发展，1982 年诞生了首枚 DSP 芯片。由于其系统结构和指令算法方面的特殊设计，其运算速度远远超过嵌入式微处理器，在数字滤波、

FFT、谱分析、语音合成处理、编码解码器、图像处理等领域获得了大规模的应用。

嵌入式 DSP 有两个发展来源：一是 DSP 系统经过单片化、电磁兼容改造以及增加片上外设，成为嵌入式 DSP；二是在通用单片机或 SOC 中增加 DSP 协处理器。

比较有代表性的嵌入式 DSP 产品是 TI 的 TMS320 系列。TMS320 系列处理器包括适用于控制的 C2000 系列、移动通信的 C5000 系列以及性能更高的 C6000 和 C8000 系列。另外 ADI 公司的 ADSP21XX 系列、Motorola 公司的 DSP56000 系列以及 Siemens 的 TriCore 也有各自的应用范围。

1.2.4 嵌入式 SOC

片上系统 SOC（System On Chip）是 20 世纪 90 年代中期出现的一个概念，随着 EDA 的推广、VLSI 设计的普及和半导体工艺的迅速发展，在一个硅片上实现一个更为复杂的系统的时代已来临。SOC 在单芯片上集成了数字信号处理器、微控制器、存储器、数据转换器、接口电路等电路模块，可以直接实现信号采集、转换、存储、处理等功能。SOC 的最大特点是成功实现了软硬件无缝结合，具有极高的综合性，在一个硅片内部运用 VHDL 等硬件描述语言，即可实现一个复杂的系统。与传统的系统设计不同，用户不再需要绘制复杂的电路板以及焊接电路，只需使用精确的语言，综合时序设计，直接在器件库中调用各种通用处理器标准，通过仿真之后就可以直接交付芯片制造厂商生产。这样，除个别无法集成的器件以外，整个嵌入式系统大部分均可集成到一块或几块芯片中去，应用系统硬件电路将变得很简洁，这对嵌入式系统要求的小体积、低功耗、高可靠性非常有利。

1.3 嵌入式操作系统及其现状

1.3.1 嵌入式操作系统

早期的嵌入式系统大多采用 8 或 16 位单片机作为系统核心控制器，所有硬件资源的管理工作都由程序设计员自己编写程序来解决，不需要采用专门的操作系统。由于技术的进步，嵌入式系统的规模越来越大，功能越来越强，软件越来越复杂，因此嵌入式操作系统在嵌入式系统中得到广泛应用。尤其是在功能复杂、系统庞大的应用中，嵌入式操作系统的作用显得越来越重要。

在嵌入式操作系统环境下，开发一个复杂的应用程序，通常可以按照软件工程的思想，将整个程序分解为多个任务模块，每个任务模块的调试、修改几乎不影响其他模块。利用商业软件提供的多任务调试环境，可大大提高系统软件的开发效率，降低开发成本，缩短开发周期。在应用软件开发时，程序员不是直接面对嵌入式硬件设备，而是采用一些嵌入式软件开发环境，在操作系统的基础上编写程序。

嵌入式操作系统本身是可以剪裁的，嵌入式系统外设、相关应用也可以配置，所开发的应用软件可以在不同的应用环境、不同的处理器芯片之间移植，软件构件可复用，有利于系统的扩展和移植。嵌入式操作系统相对于一般操作系统而言，仅指操作系统的内核（或者微内核），其他的诸如窗口系统界面或是通信协议等模块，可以另外选择。目前，要求大多数的嵌入式操作系统必须提供以下管理功能：

1）多任务管理。所有的嵌入式操作系统都是多任务的。目前所说的多任务大都是指多线程方式或多进程方式，操作系统主要是提供调度机制来控制这些执行程序的起始、执行、暂停、结束。

2）存储管理。在系统资源非常有限的嵌入式系统中一般不采用虚拟内存管理，而采用动态内存管理方式。当程序的某一部分需要使用内存时，利用操作系统提供的分配函数来处理，一旦使用完毕，可以通过释放函数来释放所占用的内存，使内存可以重复使用。

3）周边资源管理。在嵌入式系统中，除中央处理器、内存之外，还有许多不同的周边系统，如输入/输出设备、通信端口等，操作系统必须提供周边资源的驱动程序，以方便资源管理和应用程序使用。对于应用程序来说，则必须向操作系统注册一个请求机制，然后等待操作系统将资源安排给应用程序。

4）中断管理。由于查询方式需要占用大量 CPU 时间，因此嵌入式操作系统和一般操作系统一样，一般都是用中断方式来处理外部事件和 I/O 请求的。中断管理负责中断的初始化安装、现场的保存和恢复、中断栈的嵌套管理等。

1.3.2 实时操作系统

实时操作系统（Real Time Operating System，RTOS）是指当外界事件或数据产生时，能够接收并以足够快的速度予以处理，其处理结果又能在规定的时间内来控制生产过程或对处理系统做出快速响应，并控制所有实时任务协调、一致地运行的操作系统。所谓足够快，就是使任务能在最晚启动时间之前启动、在最晚结束时间之前完成。

因而，提供及时响应和高可靠性是实时操作系统的主要特点。实时操作系统有硬实时和软实时之分，硬实时要求在规定的时间内必须完成操作，这是在操作系统设计时保证的；软实时则只要按照任务的优先级别，尽可能快地完成操作即可。

实时系统和非实时系统的本质区别就在于实时系统中的任务有时间限制。实时操作系统可以用于不需要实时特性的场合；反之则不行。

实时操作系统与一般的操作系统有一定的差异。IEEE 的 UNIX 委员会规定了实时操作系统必须具备以下特点：

1）支持异步事件的响应。实时操作系统为了对外部事件在规定的时间内进行响应，要求具有中断和异步处理的能力。

2）中断和调度任务的优先级机制。为区分用户的中断以及调度任务的轻重缓急，需要有中断和调度任务的优先级机制。

3）支持抢占式调度。为保证高优先级的中断或任务的响应时间，实时操作系统必须提供一旦高优先级的中断或任务准备好就能马上抢占低优先级任务的 CPU 使用权的机制。

4）确定的任务切换时间和中断延迟时间。确定的任务切换时间和中断延迟时间是实时操作系统区别于普通操作系统的一个重要标志，是衡量实时操作系统的实时性的重要标准。

5）支持同步。提供同步和协调共享数据的使用。

实时操作系统以上的几个特性突出地表明，通常所用的操作系统是没有实时性能的。

1.3.3 嵌入式操作系统的现状

嵌入式操作系统是操作系统研究领域中的一个重要分支，有许多公司在从事相关方面的研究，并开发出了数以百计的各具特色的嵌入式操作系统产品，其中比较有影响的系统有 VxWorks、嵌入式 Linux、Windows CE、μC/OS-II 和 PalmOS 等。我国国产的开源嵌入式操作系统有 RT-Thread、DeltaOS 等。

美国 WindRiver System 公司开发的嵌入式实时操作系统 VxWorks 采用基于微内核的体系结构，专有的 API 函数，支持 x86、Motorola MC68xxx、Coldfire、Power PC、MIPS、ARM、i960 等主流的 32 位处理器，具有良好的可靠性和卓越的实时性，是目前嵌入式系统领域中使用最广泛、市场占有率最高的商业系统之一。

RT-Thread 是一款国内开源的实时嵌入式操作系统，完全符合实时系统的特征，做到了硬实时的要求。这款操作系统的核心同时也是一个极小的微型内核，代码体积小于 10KB（ARM 系统），完全可以放于 cache 中运行以获得优秀的时间性能。RT-Thread 也是国内一个实时系统的开源社区（http://www.rt-thread.org）。关于 RT-Thread 的详细介绍见本教材的第 8 章。

1.4 嵌入式系统的发展和应用

1.4.1 嵌入式系统的发展历史

从 20 世纪 70 年代单片机的出现到目前各式各样的嵌入式微处理器、微控制器的大规模应用，嵌入式系统已经有 40 年的发展历史，并且是以硬件和软件交替双螺旋式发展的。由于嵌入式计算机要嵌入式到对象体系中，实现的是对象的智能化控制，因此它有着与通用计算机完全不同的技术要求与技术发展方向。通用计算机系统的技术要求是高速、海量的数值计算，技术发展方向是总线速度越来越快，存储容量越来越大。而嵌入式计算机系统的技术要求是对象的智能化控制能力，技术发展方向是与对象系统密切相关的嵌入性能、控制能力与控制的可靠性。正是由于技术发展方向的不同，从而形成了计算机技术发展的两大分支——通用计算机系统和嵌入式计算机系统。其中，嵌入式计算机系统简称为嵌入式系统。嵌入式系统走上了一条与通用计算机系统完全不同的发展道路，这条独立的发展道路就是单芯片化的道路。

随着微电子工艺水平的提高，集成电路制造商开始把嵌入式应用中所需要的微处理器、I/O 接口、A-D 和 D-A 转换、串行接口以及 RAM、ROM 等部件统统集成到一个 VLSI 中，从而制造出面向 I/O 设计的微控制器，也就是人们俗称的单片机，成为嵌入式系统异军突起的一支新秀。8 位单片机的代表产品为 Intel 公司开发的 MCS8051 系列 8 位单片机，16 位单片机的典型产品为 TI 公司的 MSP430 系列，32 位微控制器的典型产品为意法半导体公司的 STM32 系列。其后发展的 DSP 产品则进一步提升了嵌入式系统的技术水平，并迅速地渗入到消费电子、医用电子、智能控制、通信电子、仪器仪表、交通运输等各个领域。

嵌入式系统软件开发也从循环轮询系统发展到实时多任务系统，实时操作系统被越来越多地应用到嵌入式系统中。1981 年开发出的世界上第一个商业嵌入式实时内核（VTRX32），内核中已包含了许多传统操作系统的特征，如任务管理、任务间通信、同步与相互排斥、中断支持、内存管理等功能。随后，出现了各种成型的嵌入式操作系统，目前嵌入式（实时操作系统）已经在全球形成了一个产业。

未来嵌入式系统将向单片机的SOC化、多处理器内核、超低功耗、超小型化发展。网络化、信息化的要求随着Internet技术的成熟、带宽的加大而日益提高，网络互连成为必然趋势。21世纪嵌入式系统将无所不在，它将为人类生产带来革命性的发展。

1.4.2 嵌入式系统的应用

自从20世纪70年代微处理器诞生后，将计算机技术、半导体技术和微电子技术等多技术融合的“专用的计算机系统”即嵌入式系统已广泛地应用于家用电器、航空航天、工业、医疗、汽车、通信、信息技术等各个领域。各种各样的嵌入式系统产品和系统在应用数量上远远超过通用计算机，从日常生活、生产到社会的各个角落，可以说嵌入式系统无处不在。下面仅列出比较熟悉的、与人们生活紧密相关的几个应用领域：

1）消费类电子产品应用。嵌入式系统在消费类电子产品应用领域的发展最为迅速，而且在这个领域中的嵌入式微处理器的需求量也最大。由嵌入式系统构成的消费类电子产品已经成为现实生活中必不可少的一部分，比如智能冰箱、流媒体电视等信息家电产品，以及大家熟悉的智能手机、PDA、电子辞典、数码相机、MP3/MP4等。可以说，离开了这些产品生活会失去很多的色彩。也许不久的将来，如果没有了这些消费类电子产品，生活就像以前没有电一样不方便。

2）智能仪器、仪表类应用。这类产品可能离日常生活有点距离，但是对于开发人员来说却是实验室里的必备工具，比如网络分析仪、数字示波器、热成像仪等。通常这些嵌入式设备中都有一个应用处理器和一个运算处理器，可以完成一定的数据采集、分析、存储、打印、显示等功能。这些设备大大地提高了开发人员的工作效率，可以说，它们是开发人员的“助手”。

3）通信信息类产品应用。这些产品多数应用于通信机柜设备中，如路由器、交换机、家庭媒体网关等，在民用市场使用较多的莫过于路由器和交换机了。基于网络应用的嵌入式系统也非常多，目前市场发展较快的是远程监控系统等监控领域中应用的系统。

4）过程控制类应用。过程控制类应用主要指在工业控制领域中的应用，包括对生产过程中各种动作流程的控制，如流水线检测、金属加工控制、汽车电子等。汽车工业在中国已取得了飞速的发展，汽车电子也在这个大发展的前提下迅速成长。其中，一辆汽车中包含有上百个嵌入式系统，它们通过总线相连，实现对汽车各部分的智能控制；车载多媒体系统、车载GPS导航系统等，也都是典型的嵌入式系统应用。

5）航空航天应用。不仅在低端的民用产品中，在像航空航天这样的高端应用的各个领域中同样需要大量的嵌入式系统，如火星探测器、火箭发射主控系统、卫星信号测控系统、飞机的控制系统、探月机器人等。我国的探月工程中嫦娥三号的探月工程车就是最好的证明。

6）生物微电子应用。指纹识别、生物传感器数据采集等应用中也广泛采用了嵌入式系统设计。环境监测已经成为人类突出要面对的问题，可以想象，随着技术的发展，将来的空气中、河流中可以用大量的微生物传感器实时地检测环境状况，而且还可以实时地把这些数据送到环境监测中心，以检测整个生活环境，避免发生更深层次的环境污染问题。这也许就是将来围绕在人们生存环境周围的一个无线环境监测传感器网。

嵌入式系统的这些广泛应用给嵌入式系统开发人员带来了众多机遇和挑战，而其中平台核心部分的技术成熟与稳定则最为重要。当硬件平台的核心部分稳定可靠时，其在应用上的不同无非就是外围扩展的不同。

根据美国嵌入式系统专业杂志 RTC 报道，21 世纪初的 10 年中，全球嵌入式系统市场需求量具有比 PC 市场大 10～100 倍的商机。21 世纪，嵌入式系统将无所不在，它将为人类生产带来革命性的发展，实现"PCs Everywhere"的生活梦想。

本章小结

本章介绍了嵌入式系统的概念、特点、组成及应用。嵌入式系统作为专用的计算机系统在市场中占据的份额远远超过通用计算机系统。嵌入式计算机系统的核心包括嵌入式微处理器、微控制器（单片机）、DSP、SOC。嵌入式计算机系统中的操作系统一般都是实时操作系统。嵌入式系统在国民经济的各个领域都具有广泛的应用。

习　题

1-1　什么是嵌入式系统？它有哪些特点？举几个你见到的嵌入式系统的例子。

1-2　嵌入式系统由哪些部分组成？说明各部分的作用。

1-3　嵌入式微处理器有哪些类型？它们适合在什么情况下使用。

1-4　与通用计算机的操作系统相比，嵌入式操作系统有哪些特点？

1-5　查找资料，说明嵌入式系统和单片机的历史、现状和发展趋势。

1-6　上网查找嵌入式系统应用的资料，写一篇有关嵌入式系统应用的报告。

第 2 章　MCS-51 单片机的结构

教学目的

通过本章的学习，掌握 MCS-51 单片机的内部硬件结构、存储器配置、引脚功能、时钟电路与时序的概念，了解 I/O 端口的内部结构，掌握四个 I/O 端口的使用。

2.1　MCS-51 单片机的基本组成

MCS-51 有许多种，其典型产品有 8031、8051、8751 等。它由多个部件组成，即中央处理器（CPU）、振荡器和时序电路、程序存储器（ROM/EPROM）、数据存储器（RAM）、并行 I/O 口（P0 ~ P3 口）、串行通信口、定时器/计数器及内外中断系统。这些部件通过总线连接，并被集成在一块半导体芯片上，即为单片微型计算机（Single-Chip Microcomputer）。下面以 8051（见图 2-1）为例说明 MCS-51 的基本组成。

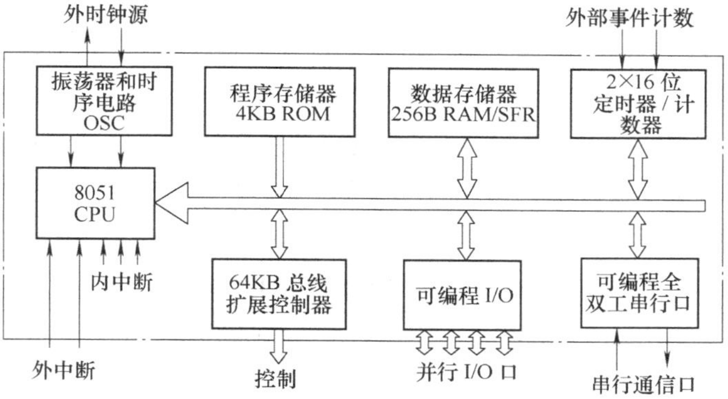

图 2-1　8051 的功能框图

2.1.1　8051 的内部结构和功能

1. 中央处理器

中央处理器（CPU）是单片机内部的核心部件，它决定了单片机的主要功能特性，由运算器和控制器两大部分组成。

（1）运算器

运算器是计算机的运算部件，用于实现算术逻辑运算、位变量处理、移位和数据传送等操作。它是由算术逻辑单元 ALU 为核心，加上累加器 ACC、寄存器 B、程序状态字 PSW 以及十进制调整电路和专门用于位操作的布尔处理器等组成的。

1）算术逻辑单元 ALU（Arithmetic Logic Unit）。算术逻辑单元 ALU（8 位）用来完成二进制数的四则运算和布尔代数的逻辑运算。此外，通过对运算结果的判断影响程序状态标志寄存器的有关标志位。

2）累加器 ACC（Accumulator）。累加器 ACC 为 8 位寄存器，是 CPU 中使用最频繁的寄存器。它既可用于存放操作数，也可用来存放运算的中间结果。MCS-51 中大部分单操作数指令的操作数就取自 ACC，许多双操作数指令中的一个操作数也取自 ACC。单片机中的大部分数据操作都是通过 ACC 进行的。

3）寄存器 B。寄存器 B 是一个 8 位寄存器，是为 ALU 进行乘除运算设置的。在执行乘法运算指令时，寄存器 B 用于存放其中一个乘数和乘积的高 8 位数；在执行除法运算时，寄存器 B 用于存放除数和余数。此外，B 寄存器也可作为一般的数据寄存器使用。

4）程序状态字 PSW（Program Status Word）。PSW 是一个 8 位特殊功能寄存器，它的各位包含了程序运行的状态信息，以供程序查询和判断。PSW 的格式和含义如下：

PSW 位地址	D7H	D6H	D5H	D4H	D3H	D2H	D1H	D0H
字节地址 D0H	CY	AC	F0	RS1	RS0	OV	F1	P

① CY（PSW.7）：进位标志位。Cy 是 PSW 中最常用的标志位，由硬件或软件置位和清零。它表示运算结果是否有进位（或借位）。如果运算结果在最高位有进位输出（加法时）或有借位输入（减法时），则 Cy 由硬件置“1”，否则 Cy 被清“0”。

② AC（PSW.6）：辅助进位（或称半进位）标志。当执行加减运算时，运算结果产生低 4 位向高 4 位进位或借位时，AC 由硬件置“1”；否则 AC 位被自动清“0”。

③ F0（PSW.5）：用户标志位。用户可根据自己的需要对 F0 位赋予一定的含义，由用户置位或复位，作为软件标志。

④ RS1 和 RS0（PSW.4，PSW.3）：工作寄存器组选择位。这两位的值决定选择哪一组工作寄存器为当前工作寄存器组。由用户通过软件改变 RS1 和 RS0 值的组合，以切换当前选用的工作寄存器组。其组合关系见表 2-1。

表 2-1　寄存器组的组合关系

RS1	RS0	寄存器组	片内 RAM 地址
0	0	第 0 组	00H ~ 07H
0	1	第 1 组	08H ~ 0FH
1	0	第 2 组	10H ~ 17H
1	1	第 3 组	18H ~ 1FH

⑤ OV（PSW.2）：溢出标志位。它反映运算结果是否溢出，溢出时则由硬件将 OV 位置“1”，否则置“0”。

⑥ F1（PSW.1）：用户标志位，同 F0（PSW.5）。

⑦ P（PSW.0）：此位为奇偶标志位。P 标志表明 ACC 中“1”的个数的奇偶性。在每条指令执行完后，单片机根据 ACC 的内容对 P 位自动置位或复位。若 ACC 中有奇数个“1”，则 P=1；若 ACC 中有偶数个“1”，则 P=0。

5）布尔处理器。8051 的 CPU 是 8 位微处理器，它还具有 1 位微处理器的功能。布尔处理器具有较强的布尔变量处理能力，以位（bit）为单位进行运算和操作。它以进位标志（Cy）作为累加位，以内部 RAM 中所有可位寻址的位作为操作位或存储位，以 P0 ~ P3 的各位作为 I/O 位，同时布尔处理器也有自己的指令系统。

（2）控制器

控制器是计算机的控制部件，它包括程序计数器 PC、指令寄存器 IR、指令译码器 ID、数据指针 DPTR、堆栈指针 SP 以及定时控制与条件转移逻辑电路等。它对来自存储器中的指令进行译码，并通过定时和控制电路在规定的时刻发出各种操作所需要的控制信号，使各部件协调工作，完成指令所规定的操作。下面介绍控制器中主要部件的功能。

1）程序计数器 PC。PC 是一个 16 位计数器。实际上 PC 是程序存储器的字节地址计数器，其内容是将要执行的下一条指令的地址，寻址范围达 64KB。PC 具有自动加 1 功能，从而实现程序的顺序执行。可以通过转移、调用、返回等指令改变其内容，以实现程序的转移。

2）数据指针 DPTR。DPTR 为 16 位寄存器。它的功能是存放 16 位的地址，作为访问外部程序存储器和外部数据存储器时的地址。编程时，DPTR 既可按 16 位寄存器使用，也可以按两个 8 位寄存器分开使用，即 DPH 为 DPTR 的高 8 位，DPL 为 DPTR 的低 8 位。

2. 定时器/计数器

8051 内有两个 16 位的定时器/计数器：定时器/计数器 0 和定时器/计数器 1。它们分别由两个 8 位寄存器组成，即 T0 由 TH0（高 8 位）和 TL0（低 8 位）构成，同样 T1 由 TH1（高 8 位）和 TL1（低 8 位）构成，地址依次是 8AH～8DH。这些寄存器用来存放定时或计数的初值。

3. 串行通信口

8051 内部有一个串行数据缓冲寄存器 SBUF，它是可直接寻址的特殊功能寄存器，地址为 99H。在机器内部实际是由两个 8 位寄存器组成，一个作发送缓冲寄存器，另一个作接收缓冲寄存器，二者由读写信号区分，但都是使用同一个地址 99H。8051 内部还有串行口控制寄存器 SCON 和电源控制及波特率选择寄存器 PCON，它们分别用于串行数据通信中控制和监视串行口工作状态以及串行口波特率的倍增控制。

4. 中断系统

8051 共有五个中断源，每个中断分为高级和低级两个优先级别。它可以接收外部中断申请、定时器/计数器申请和串行口申请，常用于实时控制、故障自动处理、计算机与外设间传送数据及人机对话等。

2.1.2　存储器结构

8051 在系统结构上采用哈佛型，与冯·诺依曼型结构（程序和数据共用一个存储器）的通用计算机不同，它将程序和数据分别存放在两个存储器内，一个称为程序存储器，另一个称为数据存储器。因此，8051 的存储器在物理结构上分程序存储器（ROM）和数据存储器（RAM），有四个物理上相互独立的存储空间，即片内 ROM 和片外 ROM，以及片内 RAM 和片外 RAM。其配置如图 2-2 所示。

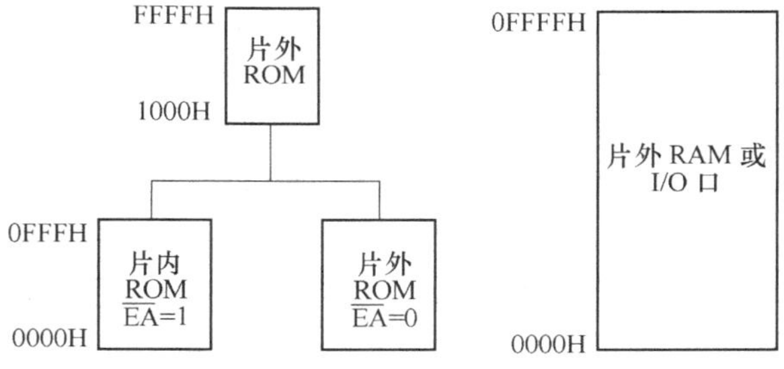

图 2-2　8051 存储器配置

从用户使用的角度看，8051 存储空间分为三类：片内、片外统一编址 0000H～0FFFFH 的 64KB 的程序存储器地址空间；256 个字节的数据存储器地址空间（详见图 2-3），地址从 00H～0FFH；64KB 片外数据存储器或 I/O 口地址空间，地址也从 0000H～0FFFFH。上述三个空间地址是重叠的，即程序存储器中片内外低 4KB 地址重叠，数据存储器与程序存储器 64KB 地址全部重叠，虽然地址重叠，但由于采用了不同的操作指令及控制信号$\overline{\text{EA}}$、$\overline{\text{PSEN}}$的选择，因此不会发生混乱。

1. 程序存储器

程序存储器用来存放程序代码和常数，分成片内、片外两大部分，即片内 ROM 和片外 ROM。其中，8051 内部有 4KB 的 ROM，地址范围为 0000H～0FFFH，片外用 16 位地址线扩充 64KB 的 ROM，两者统一编址。

8051 要执行程序，是从片内 ROM 取指令，还是从片外 ROM 取指令，首先由 CPU 引脚$\overline{\text{EA}}$的电平高低来决定。当 CPU 的引脚$\overline{\text{EA}}$接高电平时，PC 在 0000H～0FFFH 范围内，CPU 从片内 ROM 取指令；而当 PC 大于 0FFFH 时，则自动转向片外 ROM 去取指令。当引脚$\overline{\text{EA}}$接低电平时，8051 片内 ROM 不起作用，CPU 只能从片外 ROM 取指令，地址可以从 0000H 开始编址。对于片内无 ROM 的 8031、8032，$\overline{\text{EA}}$应接地，以便从外部扩展 EPROM 中取指令。

2. 片内数据存储器

数据存储器用来存放运算的中间结果、标志位，以及数据的暂存和缓冲等。它也分为片内和片外两大部分，即片内 RAM 和片外 RAM。

8051 的片内数据存储器（片内 RAM）最大可寻址 256 个单元，通常把这 256 个单元按功能划分为低 128 单元（单元地址 00H～7FH）和高 128 单元（单元地址 80H～0FFH），其配置如图 2-3 所示。

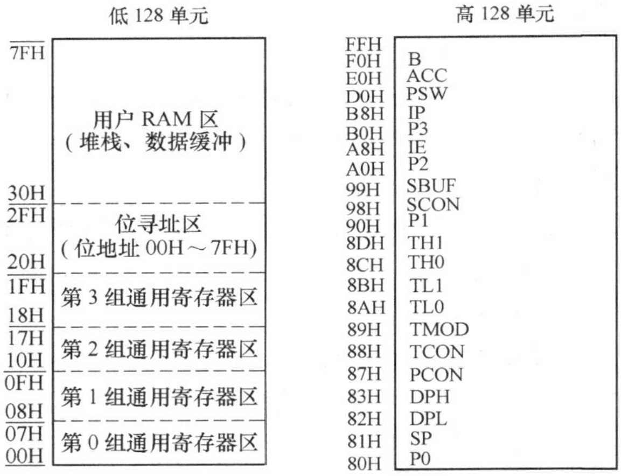

图 2-3　8051 片内 RAM 配置

（1）片内数据存储器低 128 单元

低 128 单元共分为工作寄存器区、位寻址区和数据缓冲区三个区域。

1）工作寄存器区（00H～1FH）。32 个 RAM 单元共分四组，每组 8 个寄存单元（R0～R7）。寄存器常用于存放操作数及中间结果等。由于它们的功能及使用不作预先规定，因此称为通用寄存器，也叫做工作寄存器。四组通用寄存器占据片内 RAM 的 00H～1FH 单元地址。

在任一时刻，CPU 只能使用其中的一组寄存器，并且把正在使用的那组寄存器称为当前寄存器组。当前寄存器组由 PSW 中 RS1、RS0 位的状态组合决定，其对应关系见表 2-1。非当前寄存器组可作为一般的数据缓冲器使用。

2）位寻址区（20H～2FH）。片内 RAM 的 20H～2FH 单元为位寻址区，这 16 个单元（共计 128 位）的每一位都有一个 8 位表示的位地址，位寻址范围为 00H～7FH，见表 2-2。位寻址区的每一个单元既可作为一般 RAM 单元使用，进行字节操作，也可以对单元中的每一位进行位操作。

表 2-2　片内 RAM 位寻址区的位地址

单元地址	MSB←位地址→LSB							
2FH	7F	7E	7D	7C	7B	7A	79	78
2EH	77	76	75	74	73	72	71	70
2DH	6F	6E	6D	6C	6B	6A	69	68
2CH	67	66	65	64	63	62	61	60
2BH	5F	5E	5D	5C	5B	5A	59	58
2AH	57	56	55	54	53	52	51	50
29H	4F	4E	4D	4C	4B	4A	49	48
28H	47	46	45	44	43	42	41	40
27H	3F	3E	3D	3C	3B	3A	39	38
26H	37	36	35	34	33	32	31	30
25H	2F	2E	2D	2C	2B	2A	29	28
24H	27	26	25	24	23	22	21	20
23H	1F	1E	1D	1C	1B	1A	19	18
22H	17	16	15	14	13	12	11	10
21H	0F	0E	0D	0C	0B	0A	09	08
20H	07	06	05	04	03	02	01	00

注：MSB 为最高有效位，LSB 为最低有效位。另外，低 128 字节 RAM 单元的地址范围也是 00H～7FH。8051 采用不同的寻址方式来区分。访问 128 字节 RAM 单元用直接寻址或间接寻址，而访问 128 个位地址用位寻址方式。这样就区分开了 00H～7FH 是位地址还是字节地址。

3）用户 RAM 区（30H～7FH）。30H～7FH 是供用户使用的一般 RAM 区，也是数据缓冲区，共 80 个单元。对用户 RAM 区的使用没有任何规定或限制，一般用于存放用户数据及作堆栈区使用。

（2）特殊功能寄存器

8051 片内高 128 字节 RAM 中，除程序计数器 PC 外，还有 21 个特殊功能寄存器，又称为专用寄存器 SFR。它们离散地分布在 80H～0FFH RAM 空间中。

1）特殊功能寄存器的字节寻址。8051 片内 21 个特殊功能寄存器的名称、符号及单元地址见表 2-3。这里，对特殊功能寄存器的字节寻址问题需要说明的是：21 个可字节寻址的特殊功能寄存器是不连续地分布在内部 RAM 高 128 单元之中，尽管还有许多空闲地址，但对空闲地址的操作无意义，对用户来讲，这些单元是不存在的。对特殊功能寄存器只能使用直接寻址方式，书写时既可使用寄存器符号，也可使用寄存器单元地址（例如 0F0H 和 B 或 0D0H 和 PSW，一般多使用寄存器符号，易于识别）。

表 2-3　8051 特殊功能（专用）寄存器一览

寄存器符号	地　址	寄存器名称	寄存器符号	地　址	寄存器名称
* ACC	E0H	累加器	* P3	B0H	I/O 口 3
* B	F0H	B 寄存器	PCON	87H	电源控制及波特率选择寄存器
* PSW	D0H	程序状态字	* SCON	98H	串行口控制寄存器
SP	81H	堆栈指示器	SBUF	99H	串行口缓冲寄存器

（续）

寄存器符号	地　址	寄存器名称	寄存器符号	地　址	寄存器名称
DPL	82H	数据指针低 8 位	* TCON	88H	定时器控制寄存器
DPH	83H	数据指针高 8 位	TMOD	89H	定时器方式选择寄存器
* IE	A8H	中断允许控制寄存器	TL0	8AH	定时器 0 低 8 位
* IP	B8H	中断优先控制寄存器	TL1	8BH	定时器 1 低 8 位
* P0	80H	I/O 口 0	TH0	8CH	定时器 0 高 8 位
* P1	90H	I/O 口 1	TH1	8DH	定时器 1 高 8 位
* P2	A0H	I/O 口 2			

2）特殊功能寄存器的位寻址。在这 21 个特殊功能寄存器中，有 11 个寄存器具有位寻址，即表 2-3 中带 * 号者。其地址分布见表 2-4。

表 2-4　具有位寻址的特殊功能寄存器

寄存器符号	MSB←位地址/位定义→LSB								字节地址
B	F7	F6	F5	F4	F3	F2	F1	F0	F0H
ACC	E7	E6	E5	E4	E3	E2	E1	E0	E0H
PSW	D7	D6	D5	D4	D3	D2	D1	D0	D0H
IP	BF	BE	BD	BC	BB	BA	B9	B8	B8H
	/	/	/	PS	PT1	PX1	PT0	PX0	
P3	B7	B6	B5	B4	B3	B2	B1	B0	B0H
	P3.7	P3.6	P3.5	P3.4	P3.3	P3.2	P3.1	P3.0	
IE	AF	AE	AD	AC	AB	AA	A9	A8	A8H
	$\overline{EA}$	/	/	ES	ET1	EX1	ET0	EX0	
P2	A7	A6	A5	A4	A3	A2	A1	A0	A0H
	P2.7	P2.6	P2.5	P2.4	P2.3	P2.2	P2.1	P2.0	
SCON	9F	9E	9D	9C	9B	9A	99	98	98H
	SM0	SM1	SM2	REN	TB8	RB8	TI	RI	
P1	97	96	95	94	93	92	91	90	90H
	P1.7	P1.6	P1.5	P1.4	P1.3	P1.2	P1.1	P1.0	
TCON	8F	8E	8D	8C	8B	8A	89	88	88H
	TF1	TR1	TF0	TR0	IE1	IT1	IE0	IT0	
P0	87	86	85	84	83	82	81	80	80H
	P0.7	P0.6	P0.5	P0.4	P0.3	P0.2	P0.1	P0.0	

注：表中 11 个可位寻址寄存器中的字节正好能被 8 整除，而且字节地址与该字节最低位的位地址相同。如表中所列，11 个寄存器共 88 位，其中 5 位未用。所以全部特殊功能寄存器可寻址的位共有 83 位，这些位都具有专门的定义和用途。加上 RAM 中可位寻址区的 128 位，在 8051 的片内 RAM 中共有 128 + 83 = 211 个可寻址位。

3. 片外数据存储器

片外数据存储器，即片外 RAM，一般由静态 RAM 芯片组成。用户可根据需要确定扩展存储器的容量，8051 访问片外 RAM 可用 1 个特殊功能寄存器——数据指针寄存器 DPTR 寻址。由于 DPTR 为 16 位，可寻址的范围为 0 ~ 64KB。因此，扩展片外 RAM 的最大容量是 64KB。

片外 RAM 地址范围为 0000H ~ 0FFFFH，其中在 0000H ~ 00FFH 区间与片内 RAM 的空间是重叠的。CPU 使用 MOV 指令和 MOVX 指令加以区分。

4. 堆栈及堆栈指针

堆栈是一种数据结构。所谓堆栈就是只允许在其一端进行数据插入和数据删除操作的线性表。数据写入堆栈称为插入运算（PUSH），也叫入栈。数据从堆栈中读出称为删除运算（POP），也叫出栈。堆栈的最大特点就是“后进先出”，常写为 LIFO（Last-InFirst-Out）。这里所说的进与出就是数据的入栈和出栈，即由于先入栈的数据存放在栈的底部，因此后出栈；而后入栈的数据存放在栈的顶部，因此先出栈。这跟往弹仓中压入子弹和从弹仓中弹出子弹的情形非常类似。

（1）堆栈的功能

堆栈是为程序调用和中断操作而设立的，具体功能是保护断点和保护现场。因为在计算机中，无论是执行子程序调用操作还是执行中断操作，最终都要返回主程序，所以在计算机转去执行子程序或中断服务程序之前，必须考虑返回问题，为此应预先把主程序的断点保护起来，为程序的正确返回做好准备。

计算机在转去执行子程序或中断服务程序后，很可能要使用单片机的某些寄存单元，这样就会破坏这些寄存单元中原有的内容。为了既能在子程序或中断服务程序中使用这些寄存单元，又能保证在返回主程序之后恢复这些寄存单元的原有内容，CPU 在执行中断服务之前要把单片机中各有关寄存器中的内容保存起来。

（2）堆栈指针 SP

堆栈有栈顶和栈底之分。栈底地址一经设定后固定不变，它决定了堆栈在 RAM 中的物理位置。如前所述，堆栈共有进栈和出栈两种操作，但不论是数据进栈还是出栈，都是对堆栈的栈顶单元进行的，即对栈顶单元的写和读操作。为了指示栈顶地址，要设置堆栈指针 SP。SP 的内容就是堆栈栈顶的存储单元地址。当堆栈中空无数据时，栈顶地址和栈底地址重合。

8051 堆栈指针 SP 为 8 位。它在片内 RAM 的 128 个字节中开辟栈区，并随时跟踪栈顶地址。系统复位后，SP 初始化为 07H，执行 PUSH 或 CALL 指令时，在存储数据前 SP 自动加 1，使堆栈从 08H 开始。考虑到 08H ~ 1FH 单元为通用寄存器区，20H ~ 2FH 单元为位寻址区，堆栈最好在内部 RAM 的 30H ~ 7FH 单元中开辟，所以在程序设计时应注意 SP 的初始化值。SP 的内容一经确定，堆栈的位置也就跟着确定下来。

（3）堆栈使用方式

堆栈的使用有两种方式。一种是自动方式，即在调用子程序时，断点地址自动进栈；程序返回时，断点地址再自动弹回 PC。这种操作无需用户干预。另一种是指令方式，即使用专用的堆栈操作指令，执行进出栈操作。例如，保护现场就是一系列指令方式的进栈操作，而恢复现场则是一系列指令方式的出栈操作。需要保护多少数据由用户决定。

2.2 I/O 端口结构

8051 有四个 8 位并行接口 P0 ~ P3，共有 32 根 I/O 线。它们都具有双向 I/O 功能，均可以作为数据输入/输出使用。每个接口内部都有一个 8 位数据输出锁存器、一个输出驱动器和一个数据输入缓冲器，因此，CPU 数据从并行 I/O 接口输出时可以得到锁存，输入时可以得到缓冲。

2.2.1 P0 口结构及应用

1. 结构

图 2-4 所示是 P0 口某位的结构，它由一个输出锁存器、两个三态输入缓冲器、一个输出驱动电路和一个输出控制电路组成。输出驱动电路由一对 FET（场效应晶体管）VT1、VT2 组成，输出控制电路由一个与门电路、一个反相器和一路多路开关 MUX 组成。

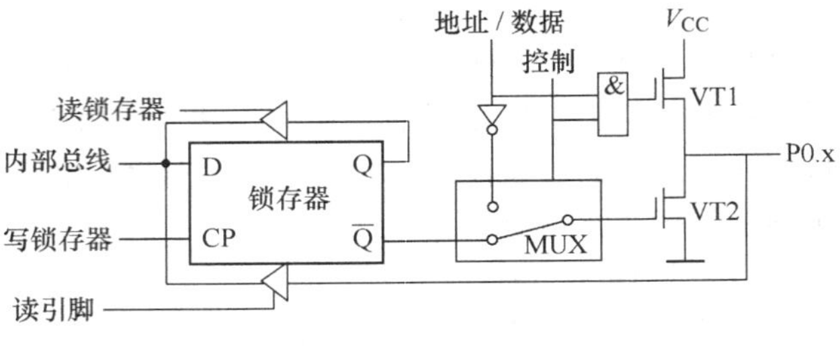

图 2-4　P0 口某位的结构

2. 应用

（1）P0 口作为一般 I/O 口使用时

图 2-4 中的多路开关 MUX 的位置由 CPU 发出的控制信号决定。当 MCS-51 片外无扩展 RAM、I/O、ROM 时可作通用 I/O 口使用，此时 CPU 内部发出控制电平“0”信号封锁与门，使输出上拉，VT1 截止，同时多路开关把输出锁存器 $\overline{Q}$ 端与输出场效应晶体管 VT2 的栅极接通。此时 P0 即作为一般的 I/O 口使用。

1）P0 口作输出口时。内部数据总线上的信息由写脉冲锁存至输出锁存器，输入 D = 0 时，Q = 0，而 $\overline{Q}$ = 1，VT2 导通，P0 口引脚输出“0”，由此可见内部数据总线与 P0 端口是同相位的。输出驱动是漏极开路电路，若要驱动 NMOS 负载或者其他拉电流负载时，需外接上拉电阻。P0 口中的输出可以驱动 8 个 LSTTL 负载。

2）P0 口作输入口时。端口中有两个三态输入缓冲器用于读操作。其中，图 2-4 下面的输入缓冲器的输入与端口引脚相连，故当执行一条读端口输入指令时，产生读引脚的选通将三态门打开，端口引脚上的数据经缓冲器读入内部数据总线；图 2-4 中上面的输入缓冲器并不能直接读取端口引脚上的数据，而是读取输出锁存器 Q 端的数据。同时，Q 端与引脚处的数据是不一致的。结构上这样的安排是为了适应“读—修改—写”一类指令的需要。这类指令的特点是：先读端口，再对读入的数据进行修改，然后再写到端口。例如逻辑与指令 ANL P0，A 就是这种情形。另外，从图 2-4 还可以看出，在读入端口数据时，由于输出驱动场效应晶体管并接在端口引脚上，如果场效应晶体管导通，则输出为低电平，将会使输入的高电平拉成低电平造成误读，因此在端口进行输入操作前，应先向端口输出锁存器写入“1”，使 $\overline{Q}$ = 0。这时输出级的两个场效应晶体管均截止，引脚处于悬空状态，变为高阻抗输入。这就是所谓的准双向 I/O 口。8051 的 P0 ~ P3 都是准双向 I/O 口。

（2）P0 口作为地址/数据总线使用时

当 8051 片外扩展有 RAM、I/O 口、ROM 时，P0 端口作为地址/数据总线使用，此时可分为两种情况。一种情况是，以 P0 口引脚输出地址/数据信息，这时 CPU 内部发出高电平的控制信号，打开与门，同时使多路开关 MUX 把 CPU 内部地址/数据总线反相后与输出驱动场效应晶体管 VT2 的栅极接通。地址或数据通过 VT2 输出到引脚，当地址/数据为 0 时，与门输出 0，VT1 截止，而 VT2 导通，引脚输出 0；当地址/数据为 1 时，与门输出 1，VT1 导通，VT2 截止，引脚输出 1。由于 VT1 和 VT2 两管处于反相，构成了推拉式的输出电路，因此其负载能力大大增强。另一种情况是，由 P0 口输入数据，此时输入的数据是从引脚通过输入缓冲器进入内部总线。

2.2.2 P1 口结构及应用

P1 口某位的结构如图 2-5 所示。

因为 P1 口通常作为通用 I/O 口使用，所以在电路结构上与 P0 口有一些不同之处。首先它不再需要多路转换开关 MUX；其次是电路的内部有上拉电阻，与场效应晶体管共同组成输出驱动电路。为此 P1 口作为输出口使用时，已能向外提供推拉电流负载，无需再外接上拉电阻。当 P1 口作为输入口使用时，同样也需先向其锁存器写入“1”，使输出驱动电路的场效应晶体管截止。

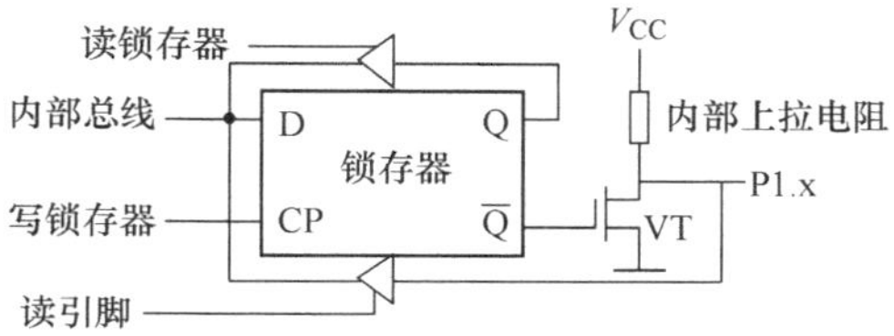

图 2-5 P1 口某位的结构

2.2.3 P2 口结构及应用

P2 口某位的结构如图 2-6 所示。

P2 口电路中比 P1 口多了一个多路转换开关 MUX，这又正好与 P0 口一样。P2 口可以作为通用 I/O 口使用。这时多路转换开关掷向锁存器 Q 端。但通常应用情况下，P2 口是作为高位地址线使用的，因此，此时多路转换开关应掷向相反方向。

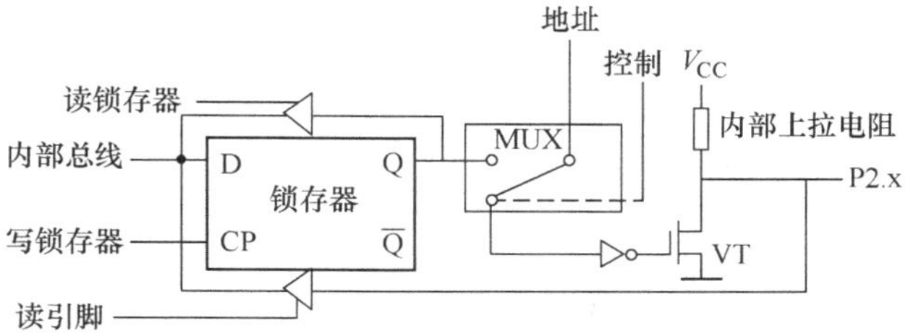

图 2-6 P2 口某位的结构

2.2.4 P3 口结构及应用

P3 口某位的结构如图 2-7 所示。

P3 口的特点在于，为适应引脚信号第二功能的需要，增加了第二功能控制逻辑。由于第二功能信号有输入和输出两类，因此分两种情况说明：

对于第二功能为输出的信号引脚，当作为 I/O 使用时，第二功能信号引线应

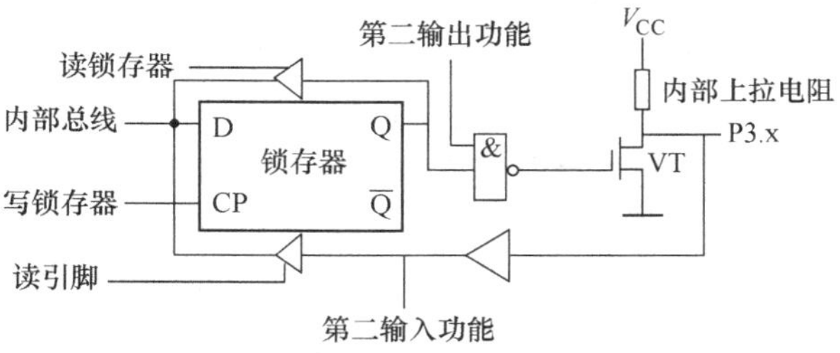

图 2-7 P3 口某位的结构

保持高电平，与非门开通，以维持从锁存器到输出端数据输出通路的畅通。当输出第二功能信号时，该位的锁存器应置“1”，使与非门对第二功能信号的输出是畅通的，从而实现第二功能信号的输出。

对于第二功能为输入的信号引脚，在口线的输入通路上增加了一个缓冲器，输入的第二功能信号就从这个缓冲器的输出端取得。而作为 I/O 口使用的数据输入，仍取自三态缓冲器的输出端。不管是作为输入口使用还是第二功能信号输入，输出电路中的锁存器输出和第二功能输出信号线都应保持高电平。

2.3 MCS-51 单片机的引脚功能

MCS-51 采用 HMOS 工艺制造，双列直插式封装（DIP）。图 2-8 所示是 MCS-51 的引脚排列。

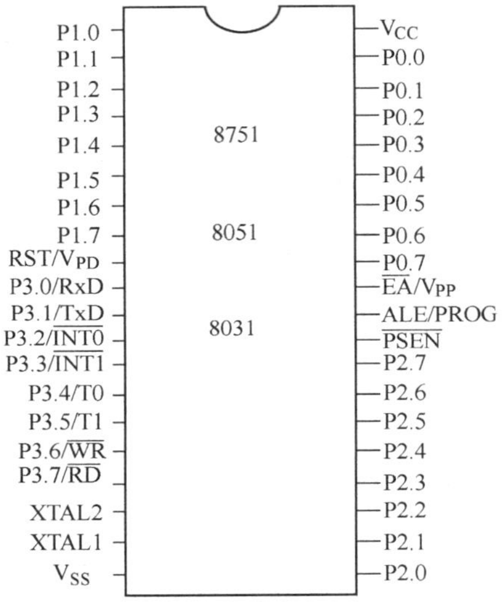

图 2-8　MCS-51 的引脚排列

2.3.1 引脚信号功能介绍

1. 电源引脚 V_{SS} 和 V_{CC}

V_{SS} 为电压接地端，V_{CC} 为 +5V 电源端。

2. XTAL1 和 XTAL2 是外接晶体引线端。

当使用芯片内部时钟时，这两端用于外接石英晶体振荡器和电容；当使用外部时钟时，这两端用于接外部时钟脉冲信号。

3. 控制信号引脚 ALE/PROG、$\overline{PSEN}$、$\overline{EA}/V_{PP}$ 和 RST/V_{PD}

1）ALE/PROG：此引脚是地址锁存控制信号。在访问外部存储器时，ALE 用于锁存出现在 P0 口的低 8 位地址，以实现低位地址和数据的分离；当单片机上电正常工作时，ALE 就以时钟振荡频率的 1/6 周期向外输出正脉冲信号，故它也可作为外部时钟或外部定时脉冲源使用。此引脚的第二功能 PROG 是在对 8751 的 EPROM 编程时作为编程脉冲的输入端。

2）$\overline{\text{PSEN}}$：此引脚是片外程序存储器选通信号，低电平有效。在从片外 ROM 读取指令或常数时，每个机器周期$\overline{\text{PSEN}}$两次有效，以实现对片外 ROM 单元的读操作；当访问片外 RAM 时，$\overline{\text{PSEN}}$信号将不出现。

3）$\overline{\text{EA}}/V_{PP}$：此引脚是访问外部程序存储器的控制信号，低电平有效。当$\overline{\text{EA}}$为低电平时，对 ROM 的读操作限定在外部程序存储器；当$\overline{\text{EA}}$为高电平时，若 PC 值小于 4K 时，对 ROM 的读操作是从内部程序存储器开始的；若 PC 值大于 4K 时，CPU 自动转向读外部程序存储器。第二功能 V_{PP}用于 8751 的 EPROM 编程时转接 21V 编程电压。

4）RST/V_{PD}：此引脚是复位信号，高电平有效。当此输入端保持两个机器周期以上的高电平时，就可以完成单片机的复位初始化操作。此引脚的第二功能 V_{PD} 为备用电源输入端。

4. I/O 端口 P0、P1、P2 和 P3

2.2 节已作详细介绍，这里不再赘述。

2.3.2　引脚信号的第二功能

芯片的引脚数目受到工艺及标准化等因素的限制。MCS-51 把芯片引脚数目限定为 40 条，但单片机为实现其功能所需要的信号数目却超过此数，因此就出现了需要与可能的矛盾。为解决这个矛盾，给一些信号引脚赋以了双重功能。前面介绍了信号引脚的第一功能，下面介绍某些信号引脚的第二功能。

1. P3 口线的第二功能

P3 口线的第二功能见表 2-5。

表 2-5　P3 口线的第二功能

口　线	第二功能	信号名称	口　线	第二功能	信号名称
P3.0	RxD	串行数据接收	P3.4	T0	定时器/计数器 0 计数输入
P3.1	TxD	串行数据发送	P3.5	T1	定时器/计数器 1 计数输入
P3.2	$\overline{\text{INT0}}$	外部中断 0 申请	P3.6	$\overline{\text{WR}}$	片外 RAM 写选通
P3.3	$\overline{\text{INT1}}$	外部中断 1 申请	P3.7	$\overline{\text{RD}}$	片外 RAM 读选通

2. EPROM 存储器程序固化所需要的信号

有片内 EPROM 的单片机芯片（例如 8751），为写入程序需要提供专门的编程脉冲和编程电压，这些信号是由信号引脚第二功能提供的：

编程脉冲：30 脚（ALE/$\overline{\text{PROG}}$）；

编程电压（21V）：31 脚（$\overline{\text{EA}}/V_{PP}$）。

3. 备用电源

MCS-51 的备用电源是以第二功能的方式由 9 脚（RST/V_{PD}）引入的。当主电源 V_{CC}发生故障或电压降低到下限时，备用电源经此端向片内 RAM 提供电压，以保护片内 RAM 中的信息不丢失。

最后需要说明的是，对于 9、30 和 31 引脚，由于第一功能信号与第二功能信号是 MCS-51 在不同工作方式下的信号，因此不会发生使用上的矛盾。但是 P3 口的情况却有所不同，它的第二功能信号都是 MCS-51 的重要控制信号，因此在实际使用时，先要保证第二功能信号，剩下的口线才能以第一功能的身份作数据位的输入/输出使用。

2.4 时钟电路及工作方式

时钟电路用于产生单片机工作所需要的时钟信号，而时序所研究的是指令执行中各个信号的相互关系。单片机本身就如一个复杂的同步时序电路，为了保证同步工作方式的实现，电路应在唯一的时钟信号控制下严格地按时序进行工作。

2.4.1 时钟电路

1. 时钟信号的产生

MCS-51 内部有一个用于构成振荡器的高增益反相放大器，其输入端为芯片引脚 XTAL1，输出端为 XTAL2，而在芯片的外部，XTAL1 和 XTAL2 之间跨接晶体振荡器和微调电容，从而构成一个稳定的自激振荡器。这就是单片机的时钟振荡电路，如图 2-9 所示。

一般电容 $C1$ 和 $C2$ 取 30pF 左右。晶体的振荡频率范围是 1.2 ~ 12MHz。晶体振荡频率越高，则系统的时钟频率越高，单片机运行速度也就越快。

2. 引入外部脉冲信号

在由许多单片机组成的系统中，为了各单片机之间时钟信号的同步，应当引入唯一的共用外部脉冲信号作为各单片机的振荡脉冲，这时外部的脉冲信号应经 XTAL2 引脚注入，其连接如图 2-10 所示。

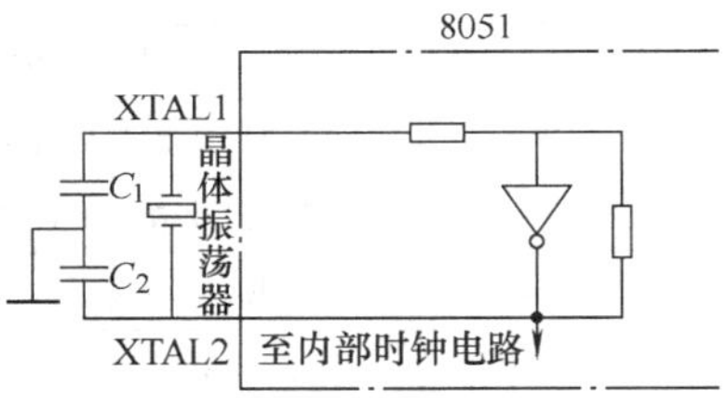

图 2-9 时钟振荡电路

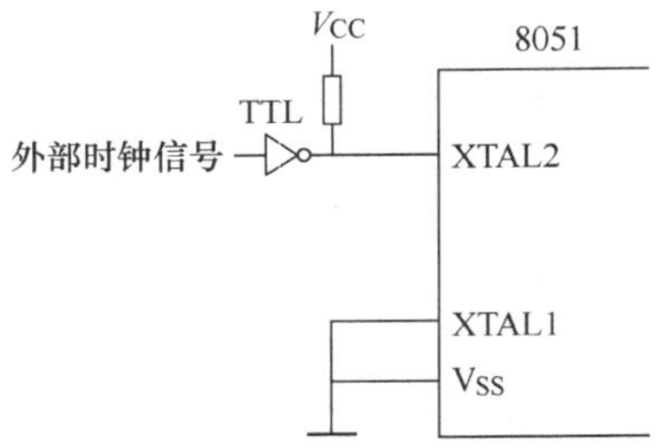

图 2-10 外部脉冲源的连接

2.4.2 时序定时单位

MCS-51 的时序定时单位从小到大依次为拍节（或节拍）、状态、机器周期和指令周期。下面分别说明。

1. 拍节与状态

把振荡脉冲的周期定义为拍节（用 P 表示）。每两个拍节定义为一个状态（用 S 表示）。一个状态包含拍节 1（P1）和拍节 2（P2）。

2. 机器周期

MCS-51 采用定时控制方式，有固定的机器周期，规定一个机器周期的宽度为六个状态，并依次表示为 S1 ~ S6。由于一个状态包括两个拍节，因此一个机器周期总共有 12 个拍节，分别记作 S1P1、S1P2、…、S6P2。由于一个机器周期共用 12 个振荡脉冲周期，因此机器周期就是振荡脉冲的十二分频。显然，当振荡脉冲频率为 12MHz 时，一个机器周期为 1μs；当振荡脉冲频率为 6MHz 时，一个机器周期为 2μs。

3. 指令周期

指令周期是最大的时序定时单位，执行一条指令所需的时间称为指令周期。根据指令的不同，MCS-51 的指令周期可分别包含有一、二、三、四个机器周期。

2.4.3　指令时序

按长度可将 MCS-51 的指令分为单字节指令、双字节指令和三字节指令，执行这些指令所需的机器周期的数目不同。

图 2-11 所示是 MCS-51 的几种典型指令的取指和执行时序。

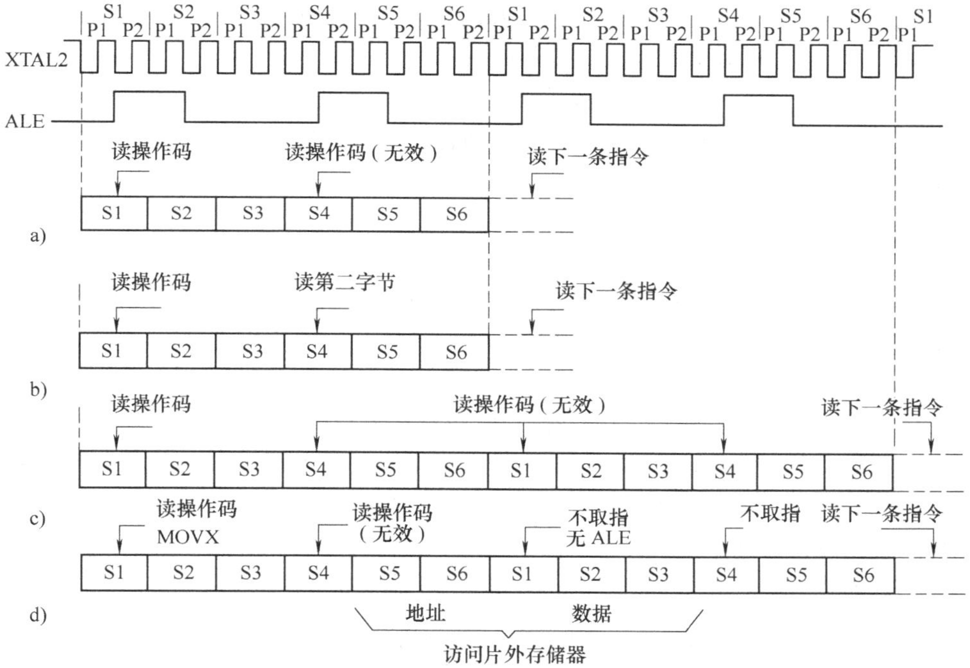

图 2-11　MCS-51 指令的取指/执行时序

a）单字节单周期指令，如 INC A　b）双字节单周期指令，如 ADD A，#data

c）单字节双周期指令，如 INC DPTR　d）单字节双周期，MOVX 类指令

图中 ALE 是地址锁存信号。该信号每有效一次就能对存储器进行一次读指令操作。ALE 信号以振荡脉冲 1/6 的频率出现。因此，在一个机器周期中，ALE 信号两次有效：第一次在 S1P2 和 S2P1 期间，第二次在 S4P2 和 S5P1 期间，有效宽度为一个状态。

下面对几个典型指令的时序进行说明。

1. 单字节单周期指令

如图 2-11a 所示，这类指令的执行从 S1P2 开始，在 S1P2 期间读入操作码并把它锁存到指令寄存器中。在 S4 处虽仍有一次读操作，但由于程序计数器 PC 没有加 1，读出的是原指令，因此属于一次无效的读操作。

2. 双字节单周期指令

如图 2-11b 所示，对应于 ALE 的两次读操作都是有效的，第一次是读指令操作码，第二次是读指令第二字节（本例中是立即数）。

3. 单字节双周期指令

如图 2-11c 所示，两个机器周期内进行了四次读操作，但由于是单字节指令，故后面三次读操作无效。

但 MOVX 类指令情况有所不同，因为执行该类指令时，先对 ROM 读取指令，然后对片外 RAM 进行读/写操作。如图 2-11d 所示，在第一个机器周期的 S1 期间读入操作码，在 S4 期间也执行读操作，但读入的下一操作码无效（因为 MOVX 是单字节指令）。在第一个机器周期的 S5 开始送出片外数据存储器的地址后，进行读/写数据，直到第二个机器周期的 S3 结束，在此期间无 ALE 信号，所以不产生取指操作。

应注意，当对片外 RAM 进行读写时，ALE 信号不是周期性的。在其他情况下，ALE 信号作为一种周期信号，可以为其他外设提供时钟。

此外，时序图中只画出了取指令操作的有关时序，而没有画出指令执行的情况。实际上，每条指令都有具体的操作，例如算术和逻辑操作一般发生在拍节 1 期间，片内寄存器之间的数据传送操作在拍节 2 进行。

2.4.4 工作方式

MCS-51 的工作方式有复位、程序执行、单步执行、掉电保护以及低功耗方式等。

1. 复位方式

（1）单片机的初始化操作——复位

复位是单片机的初始化操作，复位后，PC 初始化为 0000H，使单片机从 0000H 单元开始执行程序。所以单片机除了正常的初始化外，当程序运行出错或由于操作错误而使系统处于死循环时，也需按复位键以重新启动机器。复位不影响片内 RAM 存放的内容，而 ALE 和 $\overline{\text{PSEN}}$在复位期间将输出高电平。

单片机复位后，程序计数器 PC 和特殊功能寄存器的状态见表 2-6。

表 2-6 单片机复位后有关寄存器的状态

寄 存 器	状 态		
PC	0000H	TCON	00H
ACC	00H	TL0	00H
PSW	00H	TH0	00H
SP	07H	TL1	00H
DPTR	0000H	TH1	00H
P0 ~ P3	FFH	SCON	00H
IP	xx000000B	SBUF	×
IE	0x000000B	PCON	0xxx0000B
TMOD	00H		

注：×表示状态不定。

（2）复位信号

RST 引脚是复位信号的输入端，复位信号为高电平有效。当高电平持续 24 个振荡脉冲周期（即两个机器周期）以上时，单片机完成复位。假如使用的晶体振荡频率为 6MHz，则复位信号持续时间应不小于 4μs。

产生复位信号的逻辑电路如图 2-12 所示。

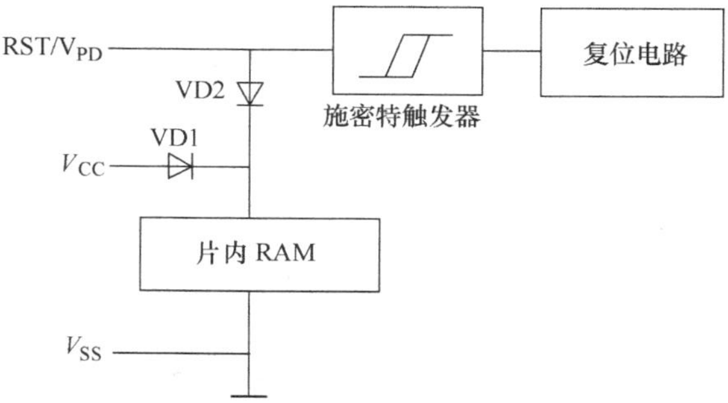

图 2-12　产生复位信号的逻辑电路

外部电路产生的复位信号由 RST 引脚送入片内的施密特触发器，再由片内复位电路在每个机器周期对施密特触发器进行采样，然后才得到内部复位操作所需要的信号。

（3）复位电路

复位分为上电自动复位和按键手动复位两种方式。复位电路中的电阻、电容数值是为了保证在 RST 端能够保持两个机器周期以上的高电平以完成复位而设定的。上电自动复位是在单片机接通电源时，对电容充电来实现的，电路如图 2-13a 所示。上电瞬间，RST 端的电位与 V_{CC} 相同。随着充电电流的减小，RST 端的电位逐渐下降，只要在 RST 端有足够长的时间保持阈值电压，8051 便可自动复位。

按键手动复位实际上是上电复位兼按键手动复位。当手动开关为常开时，为上电复位。按键手动复位分为电平方式和脉冲方式两种。其中，按键电平复位是通过使 RST 端经电阻与 V_{CC} 电源接通而实现的，电路如图 2-13b 所示。而按键脉冲复位则是利用微分电路产生的正脉冲实现的，电路如图 2-13c 所示。

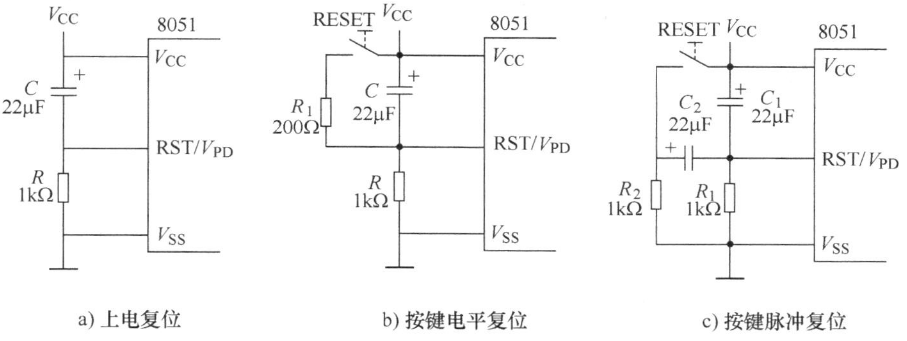

图 2-13　复位电路

图 2-13 中电路的电阻、电容参数适于 6MHz 晶体振荡器。

2. 单步执行方式

单步执行就是通过外来脉冲控制程序的执行，使之达到来一个脉冲就执行一条指令的目的。而外来脉冲是通过按键产生的，因此单步执行实际上就是按一次键执行一条指令。

单步执行是借助单片机的外部中断功能实现的。假定利用外部中断 0 实现程序的单步执行，应事先做好两项准备工作：

1）设计单步执行的外部控制电路，以按键产生脉冲作为外部中断 0 的中断请求信号，经$\overline{\text{INT0}}$端输入，并把电路设计成不按按键为低电平，按下按键产生一个高电平。此外，还需要在初始化程序中定义$\overline{\text{INT0}}$低电平有效。

2）编写外部中断0的中断服务程序，即

JNB　　P3.2，$　　　；若$\overline{\text{INT0}}=0$，则“原地踏步”
JB　　 P3.2，$　　　；若$\overline{\text{INT0}}=1$，则“原地踏步”
RETI　　　　　　　　；返回主程序

这样，在没有按下按键的时候，$\overline{\text{INT0}}=0$，中断有效，单片机响应中断。但转入中断服务程序后，只能在它的第一条指令上“原地踏步”。只有按一次单步键，产生正脉冲$\overline{\text{INT0}}=1$，才能通过第一条指令而到第二条指令上去等待。当正脉冲结束后，再结束第二条指令并通过第三条指令返回主程序。而MCS-51的中断机制有这样一个特点，即当一个中断服务程序正在进行时，又来了一个同级的新的中断请求，这时CPU不会立即响应中断，只有当原中断服务结束并返回主程序后，至少要执行一条指令，然后才能再响应新的中断。即单片机从中断服务程序返回主程序后，能且只能执行一条指令。因为这时$\overline{\text{INT0}}$已为低电平，$\overline{\text{INT0}}$请求有效，单片机就再一次响应中断，并进入中断服务程序去等待，从而实现了主程序的单步执行。

3. 程序执行方式

程序执行方式是单片机的基本工作方式。由于复位后PC＝0000H，因此程序执行总是从地址0000H开始，为此就需在0000H开始的存储单元中存放一条无条件转移指令，以便跳转到实际程序的入口去执行。

本章小结

本章介绍了MCS-51的内部结构、存储器结构、I/O口结构以及时序和定时电路。单片机片内存储器按照存储数据的特点分为三个区域，片内I/O口都是准双向I/O口。除P1口外，其他I/O口都是双功能口。复位电路的复位时间和振荡电路的稳定性是保证单片机应用系统稳定工作的基础。

习　题

2-1　MCS-51共有几个工作寄存器组？如何选择？

2-2　MCS-51的$\overline{\text{EA}}$信号有何功能？在使用8031时$\overline{\text{EA}}$信号引脚如何处理？

2-3　MCS-51有哪些信号需要芯片引脚以第二功能的方式提供？

2-4　程序状态字PSW的作用是什么？常用的状态位有哪几位？作用是什么？

2-5　开机复位后，CPU使用哪一组工作寄存器？它们的地址是什么？

2-6　SP表示什么？有几位？作用是什么？复位后SP的内容是什么？

2-7　RAM低128单元划分为哪三个主要部分？各部分主要功能是什么？

2-8　使单片机复位有几种方式？复位后机器的初始状态如何？

第 3 章　MCS-51 单片机的指令系统及汇编语言程序设计基础

教学目的

通过本章的学习，掌握 MCS-51 的寻址方式和指令系统的概念；理解 MCS-51 寻址方式和指令系统；了解 MCS-51 的汇编语言程序设计方法。

3.1　MCS-51 单片机指令系统简介

指令是能够被计算机识别并执行的二进制代码，通过指令可控制计算机内部单元与外设，并完成某种特定功能。指令系统即为所有指令的集合。不同的硬件组成，所支持的指令系统也不同。本章主要介绍 MCS-51 的指令系统及寻址方式。寻址方式和指令系统是学习和使用单片机的基础和工具，是必须掌握的重要内容。指令系统具有以下特点：

1）存储效率高、执行速度快，可以进行直接地址到直接地址的数据传送，能把一个并行 I/O 口中的内容传送到内部 RAM 单元中而不必经过累加器 A 或工作寄存器 R*n*。这样可以大大提高传送速度和缓解累加器 A 的瓶颈效应。

2）用变址寻址方式访问程序存储器中的表格，将程序存储器单元中的固定常数或表格字节内容传送到累加器 A 中。

3）在算术运算指令中设有乘法和除法指令。

4）指令系统中一些对 I/O 口进行操作的指令具有“读—修改—写”的功能。这一功能是指：在执行读锁存器的指令时，CPU 首先将锁存器的值读入内部，然后进行修改，最后重新写到锁存器中去。这种类型指令包含所有的逻辑操作和位操作指令。

5）MCS-51 内部有一个布尔处理器，对位地址空间具有丰富的位操作指令。布尔操作类指令包括布尔传送指令、布尔状态控制指令、布尔逻辑操作指令、布尔条件转移指令。

3.1.1　指令格式

MCS-51 的汇编指令主要由操作码和操作数等字段组成。指令格式如下：

[标号:] 操作码　[操作数 1]，[操作数 2]，[操作数 3]　[；注释]

汇编指令允许用户在源程序中使用标号和注释。标号，加在指令之间，标号必须以字母开始，后接 1 ~8 个字母或数字，并以冒号“:”结尾，定义的标号不能和汇编保留符号重复。注释，是对指令的功能说明，必须以分号“;”开始，可以续行，但每一行都必须以分号“;”开始。

操作码，每条指令都必须具备，操作码助记符由 2 ~5 个英文字母所组成。

操作数，以一个或几个空格和操作码分开，根据指令功能的不同，操作数可以有 1 个、2 个、3 个或没有（如空操作指令）。操作数之间用逗号“,”分开。

上述格式中，带方括号的项为可选项。

注意：字母及数字均要求在英文状态下输入。

3.1.2 常用的缩写符号

在介绍指令之前，先对指令中使用的一些符号进行简单的说明。常用符号及其意义见表3-1。

表 3-1 常用符号及其意义

符号	意义
A	累加器 ACC
B	寄存器 B
C	进位标志或进位位，或位处理器中的累加器
direct	直接地址，即 8 位的内部数据存储器单元或特殊功能寄存器的地址
#data、#data16	8 位立即数、16 位立即数
@	间址寻址，如@ R*i*，@ A + DPTR
+、-、*、/	加、减、乘、除
∨、∧、⊕	与、或、异或
=、<、>、<>	等于、小于、大于、不等于
rel	相对偏移量，其值为 -128 ~ +127。书写程序时一般用标号表示，汇编程序自动计算 rel 值
DPTR	数据指针，可用作 16 位的地址寄存器
bit	内部 RAM 或特殊功能寄存器中的直接寻址位
(X)	X 中的内容
((X))	由 X 寻址的单元中的内容
addr11、addr16	低 11 位目标地址、16 位目标地址
$	当前地址

3.2 MCS-51 单片机寻址方式

所谓寻址方式是指 CPU 用何种方式寻找参与运算的操作数或操作数地址的方法。寻址方式越多，计算机指令功能越强，灵活性越大。MCS-51 采用了七种寻址方式，每种寻址方式及其寻址空间见表 3-2。

表 3-2 寻址方式及其寻址空间

序号	方式	利用的变量	使用的空间
1	立即寻址		程序存储器
2	直接寻址	Direct，SFR	片内 RAM 和特殊功能寄存器
3	寄存器寻址	R0 ~ R7，A，B，Cy，DPTR	片内 RAM
4	寄存器间接寻址	@ R0，@ R1，SP	片内 RAM
		@ R0，@ R1，@ DPTR	片外 RAM 与 I/O 口
5	变址寻址	@ A + DPTR　@ A + PC	程序存储器
6	相对寻址	PC + 偏移量	程序存储器
7	位寻址	bit	片内 RAM 的 20H ~ 2FH 及部分特殊功能寄存器

3.2.1 立即寻址

源操作数为立即数的寻址，即为立即寻址。立即寻址方式的指令是双字节的，第一个字节是操作码，第二字节就是操作数。因此，操作数就是存放在程序存储器内的常数。

1）8 位立即寻址方式。这种寻址方式中，立即数是 8 位的。例如指令：

```
MOV    A, # 100
```

该指令功能是将立即数 100 传送到累加器 A 中。

2）16 位立即寻址方式。在 MCS-51 系统中，只有一条指令其立即数为 16 位，即“MOV　DPTR，#DATA16”。DPTR 由两个特殊功能寄存器组成（DPH，DPL）。DPH 中存放 DATA16 的高 8 位，DPL 中存放 DATA16 的低 8 位。例如指令：

```
MOV    DPTR, # 0A000H
```

该指令功能是将立即数 A000H 传送到 DPTR 中，DPH 中为 A0H，DPL 中为 00H。

注意：

- 立即数前面一定要加“#”符号作为前缀！
- 立即数后面加字母“H（h）”表示该数为十六进制；立即数后面加字母“D（d）”或不加字母表示该数为十进制；立即数后面加字母“B（b）”表示该数为二进制！
- 在编写 MCS-51 汇编语言程序时，当十六进制的立即数第 1 位为 A～F 中的字母时，字母前需加数字 0，否则程序在编译时可能会出现错误。

3.2.2 直接寻址

源操作数为直接地址单元的寻址，即为直接寻址。直接寻址指令是双字节指令，第一个字节是操作码，第二个字节是片内 RAM 或特殊功能寄存器的直接地址。

直接寻址方式只限于片内 RAM：

1）低 128 单元。在指令中直接以单元地址形式给出。

2）特殊功能寄存器。特殊功能寄存器既可用单元地址形式给出，又可直接用寄存器符号来代替，如“MOV　A，P0”表示把 P0 口（地址为 80H）的内容传送给累加器 A。这种写法与“MOV　A，80H”等同。但使用“MOV　A，P0”更容易理解和阅读。例如指令：

```
MOV    A, 3FH
```

该指令功能是将内部 RAM 3F 单元中的内容传送到累加器 A 中。

```
MOV    A, P1
```

该指令功能是将 P1 口中的内容传送到累加器 A 中。

3.2.3 寄存器寻址

源操作数为寄存器 R0～R7，或 A、B、DPTR 和 C 位（位处理器的累加器）的寻址，即为寄存器寻址。寄存器寻址对选定的 8 个工作寄存器的进行存取，指令操作码的低 3 位指示所用的寄存器。

在这种寻址方式中，被寻址寄存器中的内容就是操作数。例如指令：

```
MOV    A,    R7
```

该指令功能是把寄存器 R7 的内容送给累加器 A。

注意：R*n* 一般指 R0 ~ R7；R*i* 指 R0 与 R1。

3.2.4 寄存器间接寻址

源操作数为间址寄存器 R*i* 或 DPTR 的一种寻址方式，可用于访问片内 RAM 或片外数据存储器。这种寻址方式，源操作数中的内容不是 R*i* 或 DPTR 中的内容，而是 R*i* 或 DPTR 中的内容作为地址，再从该地址中取出的内容。例如指令：

```
MOV     A, @ R0
```

假设 R0 中的内容为 20H，则这条指令表示从 R0 中找到源操作数所在单元的地址，把该地址中的内容传送给 A。即把片内 RAM 中 20H 单元的内容送到累加器 A 中。

访问片内 RAM 或片外数据存储器的低 256B 时，可采用 R0 或 R1 作为间址寄存器。访问片外数据存储器的低 256B 时，只要把 MOV 改为 MOVX 就行了。例如指令：

```
MOVX     A, @ R0
```

假设 R0 中的内容为 20H，则这条指令表示将片外 RAM 20H 单元中的内容送到累加器 A 中。

访问片外数据存储器，还可用数据指针 DPTR 作为间址寄存器，DPTR 是 16 位寄存器，故它可对整个片外数据存储器空间（64KB）寻址。例如指令：

```
MOVX   A, @ DPTR
```

假设 DPTR 中的内容为 2000H，则这条指令表示将片外数据存储器 2000H 单元中的内容送到累加器 A 中。

3.2.5 基址加变址寄存器间接寻址

源操作数为基址寄存器（PC 或 DPTR）与变址寄存器 A 之和的一种寻址方式。这种寻址方式用于访问程序存储器的一个单元，该单元的地址是基址寄存器的内容与变址寄存器 A 的内容之和。例如指令：

```
MOVC   A, @ A + DPTR
```

假设 A 的内容为 05H，DPTR 的内容为 3000H，则该指令执行的结果是把程序存储器 3005H 单元中的内容传送给累加器 A。

3.2.6 相对寻址

相对寻址用于访问程序存储器，它只出现在相对转移指令中。相对寻址是将 PC 中的当前值与指令第二字节所给出的数据（该数据也称为偏移量）相加，其和为跳转指令的转移地址。转移地址也称为转移目的地址。偏移量是一有符号数，其取值范围为 $-128 \sim +127$。例如指令：

```
SJMP 30H
```

假设本指令当前 PC = 2000H，由于 SJMP 是一条双字节指令，所以程序将跳转到 2000H + 2 + 30H = 2032H 地址处去执行。

3.2.7 位寻址

位寻址是指对片内 RAM 的位寻址区（20H ~ 2FH）和可以位寻址的专用寄存器进行位

操作时的寻址方式。这种寻址方式与直接寻址方式的形式和执行过程基本相同。在进行位操作时，借助于进位 C 作为操作的位累加器，操作数直接给出该位的地址，然后根据操作码的性质对其进行位操作。例如指令：

MOV　C，22H.0

该指令是把 22H 字节中的第 0 位传送给 C。

3.3　MCS-51 单片机指令集合

3.3.1　概述

MCS-51 指令集合如果按字节数分类，可以分为单字节、双字节与三字节指令。其中，单字节指令 49 条，双字节指令 45 条，三字节指令 17 条。单字节指令只有一个字节，操作码和操作数信息同在这一字节中。双字节指令包括两个字节，其中第一个字节为操作码，第二个字节是操作数。三字节指令中，操作码占一个字节，操作数占两个字节，其中操作数既可能是数据，又可能是地址。

如果按指令执行的时间来分类，可以分成单机器周期、双机器周期与四机器周期指令。单机器周期（12 个时钟振荡周期）指令 64 条，双机器周期（24 个时钟振荡周期）指令 45 条，四机器周期（48 个时钟振荡周期）指令只有乘、除 2 条指令。

MCS-51 指令集合如果按指令功能分类，可以分为：

数据传送类（29 条）；

算术运算类（24 条）；

逻辑运算类（24 条）；

控制转移类（17 条）；

位操作类　（17 条）。

下面就按照功能分类，对 MCS-51 的指令集合作详细介绍。

3.3.2　数据传送类指令

MCS-51 共有数据传送类指令 29 条。数据传送类指令是把源操作数传送到目的操作数。指令执行后，源操作数不改变，目的操作数修改为源操作数。若要求在进行数据传送时不丢失目的操作数，则可以用交换型的传送类指令。

数据传送类指令不影响标志，这里所说的标志是指 Cy、Ac 和 OV，但不包括检验累加器奇偶性的标志位 P。

1. 内部数据传送指令

指令格式如下：

MOV　<目的操作数>，<源操作数>

这类指令的源操作数和目的操作数都在单片机内部。它们既可以是片内 RAM 地址，也可以是特殊功能寄存器 SFR 的地址。当然，源操作数也可以是立即数。

（1）以累加器 A 为目的操作数的指令

这组指令的功能是把源操作数的内容送入累加器 A，源操作数有寄存器寻址、直接寻址、间接寻址和立即寻址等方式。

```
MOV   A,   Rn        ; (A) ← (Rn)        其中 n=0~7
MOV   A, @Ri         ; (A) ← ((Ri))      其中 i=0, 1
MOV   A, direct      ; (A) ← (direct)    其中 direct 为内部 RAM 或 SFR 的地址
MOV   A, #data       ; (A) ←#data        其中 data 为 8 位的立即数
```

【例 3-1】 以累加器为目的操作数的指令举例。

MOV　A,　R0；寄存器寻址：寄存器 R0 的内容送累加器 A 中

MOV　A,　30H；直接寻址：内部 RAM 30H 单元的内容送累加器 A 中

MOV　A,　@R0；间接寻址：R0 内容作为地址，地址指定的内容送累加器 A 中

MOV　A,　#25H；立即寻址：立即数 25H 送累加器 A 中

（2）以 R*n* 为目的操作数的指令

```
MOV   Rn,   A        ; (Rn) ← (A)    其中 n=0~7
MOV   Rn, direct     ; (Rn) ← (direct)
MOV   Rn, #data      ; (Rn) ←data
```

这组指令的功能是把源操作数的内容送入当前工作寄存器区的 R0 ~ R7 中的某一个寄存器中。

【例 3-2】 以 R*n* 为目的操作数的指令应用举例。

MOV　R1, A　　；累加器 A 中的内容送寄存器 R1 中

MOV　R7, 32H　；片内 RAM 32H 单元的内容送寄存器 R7 中

MOV　R2, #0FFH；立即数 FFH 送寄存器 R2 中

（3）以直接地址为目的操作数的指令

```
MOV   direct, A           ; (direct) ← (A)
MOV   direct, Rn          ; (direct) ← (Rn) 其中 n=0~7
MOV   direct1, direct2    ; (direct1) ← (direct2)
MOV   direct, @Ri         ; (direct) ← ((Ri)) 其中 i=0, 1
MOV   direct, #data       ; (direct) ←data
```

这组指令的功能是把源操作数送入直接地址指定的存储单元。其中 direct 指内部 RAM 或 SFR 的地址。

【例 3-3】 以直接地址为目的操作数的指令应用举例。

MOV　22H, A　；累加器 A 的内容送片内 RAM 22H 单元中

MOV　22H, 50H；片内 RAM 50H 单元的内容送片内 RAM 22H 单元中

MOV　SP, #65H；将堆栈指针 SP（地址为 81H）中的内容设定为 65H

（4）以寄存器间接地址为目的操作数的指令

```
MOV   @Ri, A          ; ((Ri)) ← (A)    其中 i=0, 1
MOV   @Ri, direct     ; ((Ri)) ← (direct)
MOV   @Ri, #data      ; ((Ri)) ←data
```

这组指令的功能是把源操作数内容送入R0或R1指定的存储单元中。例如，假设寄存器R0中的内容为28H，则下面的指令将完成把立即数AAH送内部RAM 28H中：

```
MOV  @R0, #0AAH ;
```

（5）16位数传送指令

```
MOV  DPTR,  #data16  ;(DPTR) ←data16
```

这条指令的功能是把16位常数送入DPTR，这是整个指令系统中唯一的一条16位数据的传送指令，用来设置地址指针。地址指针DPTR由DPH和DPL组成。这条指令执行的结果把高8位立即数送入DPH，低8位立即数送入DPL。

对于所有MOV类指令，累加器A是一个特别重要的8位寄存器，CPU对它具有其他寄存器所没有的操作指令。后面将要介绍的加、减、乘、除指令都是以A作为操作数的。由此也产生了累加器的瓶颈问题，这是MCS-51指令系统的欠缺。寄存器Rn指的是寄存器组中的R0～R7，直接地址指出的存储单元为片内RAM的00H～7FH和特殊功能寄存器（地址范围为80H～FFH）。在间接地址中，@Ri表示用R0或R1作地址指针，访问片内RAM的00H～7FH共128个单元。

2. 堆栈操作指令

在MCS-51片内RAM中可以设定一个后进先出LIFO（Last In First Out）的区域作为堆栈区。在特殊功能寄存器中有一个堆栈指针SP，它指出栈顶的位置。在MCS-51指令系统中有两条用于数据操作的栈操作指令。

（1）进栈指令

```
PUSH  direct  ;(SP) ← (SP)+1, ((SP)) ← (direct)
```

这条指令的功能是首先将栈指针SP加1，然后把直接地址指出的内容送到栈指针SP指示的片内RAM单元中。

【例3-4】 当(SP)=60H，(A)=30H，(B)=70H时，执行下列指令的结果是什么？

```
PUSH  A   ;(SP)+1=61H   (SP) → (A) → (61H)
PUSH  B   ;(SP)+1=62H   (SP) → (B) → (62H)
```

结果为(61H)=30H，(62H)=70H，(SP)=62H。

（2）退栈指令

```
POP  direct  ;(direct) ← ((SP)), (SP) ← (SP) -1
```

这条指令的功能是栈指针SP指示的片内RAM单元内容送入直接地址指出的字节单元中，然后栈指针SP减1。

【例3-5】 当(SP)=52H，(52H)=20H，(51)=30H时，执行下列指令的结果是什么？

```
POP  DPH   ;((SP)) →DPH, (SP) -1→ (SP)
POP  DPL   ;((SP)) →DPL, (SP) -1→ (SP)
```

结果为(DPTR)=2030H，(SP)=50H。

3. 外部数据存储器传送指令

这组指令的功能是累加器A和片外RAM或I/O的数据相互传送。片外RAM的数据传送指令与片内 RAM 数据传送指令相比，在指令助记符中增加了“X”，“X”是代表外部的意思。片外 RAM 的数据传送只能通过累加器 A 进行。当用 DPTR 作数据指针时，该指令可寻址片外 RAM 64KB 范围。

```
MOVX  A, @DPTR     ; ((DPTR)) → (A), 读片外 RAM/IO
MOVX  A, @Ri       ; ((Ri)) → (A), 读片外 RAM/IO
MOVX  @DPTR, A     ; (A) → ((DPTR)), 写片外 RAM/IO
MOVX  @Ri, A       ; (A) → ((Ri)), 写片外 RAM/IO
```

当用@Ri 间接寻址时，若外部扩展较大的 RAM 区域，需用 P2 口输出高 8 位地址，用@Ri 表示低 8 位地址，P0 口分时作低 8 位地址线和数据线，P2 口应事先预置。若设计循环程序，则@Ri 被加到 0 或减到 0 时必须考虑对 P2 口高 8 位地址进位或借位的关系。

4. 查表指令

```
MOVC  A, @A+PC     ; (A) ← ((A) + (PC))
MOVC  A, @A+DPTR   ; (A) ← ((A) + (DPTR))
```

“MOVC A，@A+PC”指令以 PC 作基址寄存器，A 的内容作为无符号整数和 PC 的内容（下一条指令的起始地址）相加后得到一个 16 位的地址，由该地址指出的程序存储单元的内容送到累加器 A。

【例 3-6】 (A)=20H，执行地址 2000H 处的指令“MOVC A，@A+PC”后，结果如何？

本指令占用一个单元，下一条指令的地址为 2001H，(PC)=2001H 再加上 A 中的 20H，得 2021H，结果将程序存储器 2021H 中的内容送入 A。这条指令的缺点是表格只能存放在该条查表指令后面的 256 个单元之内，表格的大小受到限制。

“MOVC A，@A+DPTR”指令以 DPTR 作为基址寄存器，A 的内容作为无符号数和 DPTR 的内容相加得到一个 16 位的地址，由该地址指出的程序存储器的单元内容送到累加器 A。

【例 3-7】 假设(DPTR)=4000H，(A)=40H，则执行指令“MOVC A，@A+DPTR”后，累加器 A 中的内容是什么？

该指令首先将累加器 A 的内容和特殊功能寄存器 DPTR 的内容相加，把相加后的结果作为地址，然后将该地址单元中的内容送累加器 A 中，即将程序存储器中 4040H 单元内容送入累加器 A。这条查表指令的执行结果只和指针 DPTR 及累加器 A 的内容有关，与该指令存放的地址及常数表格存放的地址无关，因此表格的大小和位置可以在 64KB 程序存储器中任意安排，一个表格可以为多个程序块共用。

5. 交换指令

```
XCH   A, Rn       ; (A) ←→ (Rn)
XCH   A, direct   ; (A) ←→ (direct)
XCH   A, @Ri      ; (A) ←→ ((Ri))
XCHD  A, @Ri      ; (A)0~3 ←→ ((Ri))0~3
SWAP  A           ; (A)0~3 ←→ (A)4~7
```

XCH 为字节交换指令、XCHD 为半字节交换指令、SWAP 为累加器 A 的高低半字节互换指令。

【例 3-8】 若已知(A) = 80H，(R7) = 08H，(40H) = F0H，(R0) = 30H，(30H) = 0FH，执行下面的指令后，累加器 A、寄存器 R7、片内 RAM 40H 和 30H 单元的内容分别是多少?

```
XCH   A, R7       ; (A) ←→ (R7)
XCH   A, 40H      ; (A) ←→ (40H)
XCH   A, @R0      ; (A) ←→ ((R0))
```

结果为(A) = 0FH，(R7) = 80H，(40H) = 08H，(30H) = F0H。

【例 3-9】 已知(R0) = 50H，(50H) = 3EH，(A) = 59H，执行完“XCHD　A，@R0”指令后的结果如何? 再执行“SWAP　A”后又如何?

执行完半字节交换指令后，(A) = 5EH，(50H) = 39H。

再执行“SWAP　A”，A 中的内容高、低 4 位互换，(A) = E5H。

3.3.3　算术运算类指令

在 MCS-51 指令系统中，有单字节的加、减、乘、除指令，数据运算功能比较强。算术操作指令执行的结果将使进位标志（Cy）、辅助进位（Ac）、溢出标志（OV）及奇偶标志（P）置位或复位，但是大多加 1 和减 1 指令则不影响这些标志，只有当源操作数为 A 时，才会对 P 有影响。

下面在对每种指令介绍的过程中，将详细说明每条指令对各个标志位的影响。

1. 加法指令

```
ADD   A,  Rn       ; (A) ← (A) + (Rn)
ADD   A,  direct   ; (A) ← (A) + (direct)
ADD   A,  @Ri      ; (A) ← (A) + ((Ri))
ADD   A,  #data    ; (A) ← (A) + data
```

这组加法指令的功能是把所指出的字节变量与累加器 A 的内容相加，其结果放在累加器 A 中。

如果位 7 有进位输出，则置“1”进位标志 Cy，否则清“0”Cy；如果位 3 有进位输出，则置“1”辅助进位标志 Ac，否则清“0”；位 6 与位 7 状态不同，即位 6 有进位输出而位 7 没有进位，或者位 7 有进位输出而位 6 没有，则置位溢出标志位 OV，否则清“0”OV。源操作数有寄存器寻址、直接寻址、寄存器间接寻址和立即寻址等方式。

【例 3-10】 已知(A) = 53H，(R0) = FCH，求两数之和，并说明 PSW 的有关标志位的内容。

ADD　A，R0

```
结果为        0 1 0 1 0 0 1 1
          +) 1 1 1 1 1 1 0 0
          ------------------
      和为  1 0 1 0 0 1 1 1 1
```

(A) = 4FH，(Cy) = 1，(Ac) = 0，(OV) = 0，(P) = 1，A 中结果 1 的位数为奇数。

【例 3-11】 若(A) = 85H，(R0) = 20H，(20H) = AFH，执行加法指令，并说明各个标志位的状态。

ADD　A，@R0；把累加器的内容和片内 RAM 20H 的内容相加

```
结果为        1 0 0 0 0 1 0 1
          +) 1 0 1 0 1 1 1 1
       ----------------------
       和为 1 0 0 1 1 0 1 0 0
```

(A)=34H，(Cy)=1，(Ac)=1，(OV)=1，(P)=1。

2. 带进位加法指令

```
ADDC  A,  Rn      ; (A) ← (A) + (Rn) + (Cy)
ADDC  A,  direct  ; (A) ← (A) + (direct) + (Cy)
ADDC  A,  @Ri     ; (A) ← (A) + ((Ri)) + (Cy)
ADDC  A,  #data   ; (A) ← (A) + data + (Cy)
```

这组带进位加法指令的功能是同时把所指出的字节变量、进位标志与累加器 A 内容相加，结果放在累加器 A 中。如果位 7 有进位输出则置“1”进位标志 Cy，否则清“0”Cy；如果位 3 有进位输出，则置位辅助进位标志 Ac，否则清“0”；位 6 与位 7 状态不同，置位溢出标志 OV，否则清“0”。寻址方式和 ADD 指令相同。

【例 3-12】 设(A)=85H，(20H)=FFH，Cy=1，求两数之和及 PSW 相关位的内容。

ADDC　A，20H

```
结果为          1 0 0 0 0 1 0 1
               1 1 1 1 1 1 1 1
           +)                1
       ------------------------
       和为 1 1 0 0 0 0 1 0 1
```

(A)=85H，(Cy)=1，(Ac)=1，(OV)=0，(P)=1。

3. 带进位减法指令

```
SUBB  A,  Rn      ; (A) ← (A) - (Rn) - (Cy)
SUBB  A,  direct  ; (A) ← (A) - (direct) - (Cy)
SUBB  A,  @Ri     ; (A) ← (A) - ((Ri)) - (Cy)
SUBB  A,  #data   ; (A) ← (A) - data - (Cy)
```

这组带进位减法指令是从累加器 A 中减去指定的变量和进位标志，结果存在累加器中。如果位 7 需借位则置位 Cy，否则清“0”；如果位 3 需借位则置位 Ac，否则清“0”；位 6 与位 7 状态不同，即位 6 需借位而位 7 不需要借位，或者位 7 需借位，位 6 不需借位，则置位溢出标志位 OV，否则清“0”。源操作数允许有寄存器寻址、直接寻址、寄存器间接寻址和立即寻址方式。

【例 3-13】 设(A)=A9H，(R2)=98H，(Cy)=1，求计算两数之差，并说明执行减法指令后各标志位的状态。

SUBB　A，R2

```
结果为        1 0 1 0 1 0 0 1
             1 0 0 1 1 0 0 0
          -)               1
       ----------------------
       差为  0 0 0 1 0 0 0 0
```

(A)=10H，(Cy)=0，(Ac)=0，(OV)=0，(P)=1。

4. 加 1、减 1 指令

(1) 增量指令

```
INC  A       ; (A) ← (A) +1
INC  Rn      ; (Rn) ← (Rn) +1
INC  direct  ; (direct) ← (direct) +1
INC  @Ri     ; ((Ri)) ← ((Ri)) +1
INC  DPTR    ; (DPTR) ← (DPTR) +1
```

这组增量指令的功能把所指出的变量加 1，若原来为 FFH，将溢出为 00H（指前四条指令），不影响任何标志（INC A 指令除外，它影响奇偶标志）。第五条指令 INC DPTR，这是 16 位数加 1 指令。

(2) 减 1 指令

```
DEC  A       ;  (A) ← (A) -1
DEC  Rn      ;  (Rn) ← (Rn) -1
DEC  dtrect  ;  (direct) ← (direct) -1
DEC  @Ri     ;  ((Ri)) ← ((Ri)) -1
```

这组指令的功能是使指定的变量减 1。若原来为 00H，减 1 后下溢为 0FFH，不影响标志（除 DEC A 减 1 影响 P 标志外）。

【例 3-14】 已知(A) = 0FH，(R7) = 29H，(30H) = 00H，(R1) = 40H，(40H) = FFH，请指出执行下面指令后的结果。

```
DEC  A
DEC  R7
DEC  30H
DEC  @R1
```

结果为(A) = 0EH，(R7) = 28H，(30H) = FFH，(40H) = FEH，P = 1，不影响其他标志。

5. 十进制调整指令

```
DA  A
```

这条指令对累加器 A 由前两个变量（压缩的 BCD 码）相加的结果进行十进制调整，使 A 中的结果为 2 位 BCD 码的十进制数。调整规律如下：若 Ac = 1 或 $(A)_{0\sim3}>9$，则(A)←(A) + 06H；若 Cy = 1 或 $(A)_{7\sim4}>9$，则(A)←(A) + 60H。

【例 3-15】 设(A) = 58H，(R5) = 67H，计算两数进行 BCD 码加法的结果。

```
ADD  A, R5
DA   A
```

结果为(A) = 25H，(Cy) = 1。

6. 乘法指令

```
MUL  AB
```

这条指令的功能是把累加器 A 和寄存器 B 中的无符号 8 位整数相乘，其 16 位积的低字节在累加器 A 中，高字节在 B 中。如果积大于 255，则置位溢出标志位 OV，否则清“0”。进位标志位总是清“0”。

【例 3-16】 设(A)=90H，(B)=62H，执行指令：

MUL　AB

结果为(A)=20H，(B)=37H，OV=1，Cy=0，P=1。

7. 除法指令

```
DIV   AB
```

这条指令的功能是把累加器 A 中 8 位无符号整数除以 B 中的 8 位无符号整数，所得的商（为整数）存放在累加器 A 中，余数在寄存器 B 中，清“0” Cy 和溢出标志位 OV。如果 B 内容为“0”（除数为“0”），则指令执行后 A、B 中的内容不定，并置位溢出标志位 OV。

【例 3-17】 设(A)=FBH，(B)=12H，执行指令：

DIV　AB

结果为(A)=0DH，(B)=11H，(Cy)=0，(OV)=0，(P)=1。

3.3.4　逻辑操作类指令

逻辑运算类指令包括“与”、“或”、“异或”、“清零”、“求反”、“左右移位”等逻辑操作。在这类指令中，除以累加器 A 为目的的寄存器外，均不影响 PSW 中的标志位。

1. 累加器 A 的逻辑操作指令

针对累加器 A 的逻辑操作类共有 7 条。其中环移指令的执行示意如图 3-1 所示。其中，D0 表示累加器 A 的最低位 ACC. 0，以此类推，D7 表示最高位 ACC. 7。

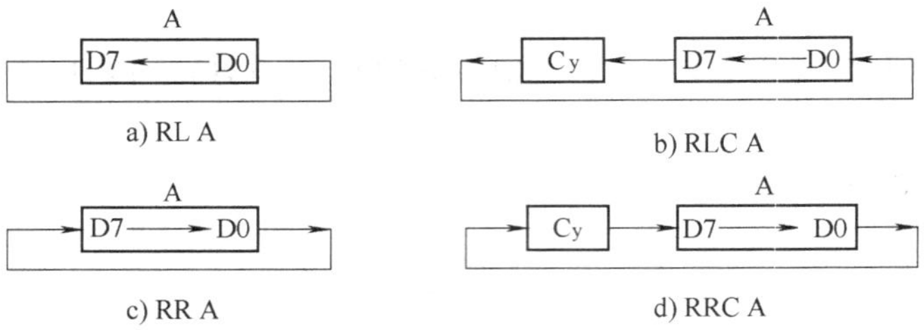

图 3-1　累加器移位指令示意

(1) 清零指令

```
CLR   A   ;(A) ← 00H
```

这条指令的功能是将累加器 A 清“0”，不影响 Cy、Ac、OV 等标志。

(2) 取反指令

```
CPL   A   ;(A) ←(A)̄
```

这条指令的功能是将累加器 A 的内容按位逻辑取反，不影响标志。

（3）左环移指令

```
RL   A  ;
```

这条指令的功能是累加器 A 的 8 位向左环移 1 位，ACC.7 循环移入 ACC.0，不影响标志，如图 3-1a 所示。

（4）带进位左环移指令

```
RLC   A  ;
```

这条指令的功能是将累加器 A 的内容和进位标志位一起向左环移 1 位，ACC.7 移入进位位 Cy，Cy 移入 ACC.0，不影响其他标志，如图 3-1b 所示。

（5）右环移指令

```
RR   A  ;
```

这条指令的功能是累加器 A 的内容向右环移 1 位，ACC.0 移入 ACC.7，不影响其他标志，如图 3-1c 所示。

（6）带进位右环移指令

```
RRC   A  ;
```

这条指令的功能是累加器 A 的内容和进位标志 Cy 一起向右环移 1 位，ACC.0 进入 Cy，Cy 移入 ACC.7，如图 3-1d 所示。

2. 两个操作数的逻辑运算指令

（1）逻辑与指令

这组指令的功能是在指出的变量之间以位为基础进行逻辑与操作，结果存放到累加器中或直接地址指出的存储单元中去。源操作数有寄存器寻址、直接寻址、寄存器间接寻址和立即寻址方式。

```
ANL   A, Rn           ; (A) ← (A) ∧ (Rn)
ANL   A, direct       ; (A) ← (A) ∧ (direct)
ANL   A, #data        ; (A) ← (A) ∧data
ANL   A, @Ri          ; (A) ← (A) ∧ ((Ri))
ANL   direct, A       ; (direct) ← (direct) ∧ (A)
ANL   direct, #data   ; (direct) ← (direct) ∧data
```

【例 3-18】 (A) = 27H，(R0) = F0H，执行指令：

ANL A，R0

结果为
```
          0 0 1 0 0 1 1 1
        ∧ 1 1 1 1 0 0 0 0
  --------------------------
  (A)  =  0 0 1 0 0 0 0 0
```

通常用“与”的办法将某一单元或某一单元的若干位清零，称为屏蔽。本例就是用 F0H 屏蔽累加器 A 的低 4 位。指令执行结果 (A) = 20H。

（2）逻辑或指令

```
ORL   A，Rn          ；(A) ← (A) ∨ (Rn)
ORL   A，direct      ；(A) ← (A) ∨ (direct)
ORL   A，#data       ；(A) ← (A) ∨data
ORL   A，@Ri         ；(A) ← (A) ∨ ((Ri))
ORL   direct，A      ；(direct) ← (direct) ∨ (A)
ORL   direct，#data  ；(direct) ← (direct) ∨data
```

这组指令的功能是在所指出的变量之间执行以位为基础的逻辑“或”操作，结果存到累加器A中或直接地址指出的存储单元中去。源操作数有寄存器寻址、直接寻址、寄存器间接寻址和立即寻址方式。

【例3-19】 设(A)=81H，data=0FH，执行指令：

ORL A，#data

```
结果为      1 0 0 0 0 0 0 1
          ∨ 0 0 0 0 1 1 1 1
          -----------------
            1 0 0 0 1 1 1 1
```

某位与0“或”，则该位保持不变；与1“或”则该位被置1。(A)=8FH。

3. 逻辑异或指令

```
XRL   A，Rn          ；(A) ← (A) ⊕ (Rn)
XRL   A，direct      ；(A) ← (A) ⊕ (direct)
XRL   A，@Ri         ；(A) ← (A) ⊕ ((Ri))
XRL   A，#data       ；(A) ← (A) ⊕ data
XRL   direct，A      ；(direct) ← (direct) ⊕ (A)
XRL   direct，#data  ；(direct) ← (direct) ⊕ data
```

这组指令的功能是在所指出的变量之间执行以位为基础的逻辑异或操作，结果存到累加器A中或直接地址指出的存储单元中去。源操作数有寄存器寻址、直接寻址、寄存器间接寻址和立即寻址等方式。

【例3-20】 (A)=89H，(R3)=0FH，执行指令：

XRL A，R3

```
结果为      1 0 0 0 1 0 0 1
          ⊕ 0 0 0 0 1 1 1 1
          -----------------
            1 0 0 0 0 1 1 0
```

某位与1“异或”则该位取反，与0“异或”则该位保持不变。(A)=83H。

3.3.5 位操作类指令

MCS-51内部有一个布尔处理器，对位地址空间具有丰富的位操作指令。位操作指令的操作数是字节中的某1位，每位取值只能是0或1，故又称为布尔变量操作指令。布尔处理器的累加器Cy在指令中可简写成C。

1. 数据位传送指令

```
MOV  C, bit    ; (C) ← (bit)
MOV  bit, C    ; (bit) ← (C)
```

这组指令的功能是把由源操作数指出的位变量送到目的操作数指定的单元中去。其中一个操作数必须为位累加器，另一个操作数是位地址。不影响其他寄存器或标志。

【例 3-21】 MOV　C，06H　　；C← (20H).6

注意：这里的 06H 是位地址，等同于（20H）.6，即内部 RAM20H 字节的第 6 位。

2. 位变量逻辑与指令

ANL　C，bit　　；(Cy) ← (Cy) $\wedge$ (bit)

ANL　C，/bit　　；(Cy) ← (Cy) $\wedge\overline{(bit)}$

这组指令功能是：如果源位的布尔值是逻辑“0”，则进位标志位清“0”，否则进位标志保持不变。操作数上的横杠“—”表示用寻址位的逻辑非作源值，但不影响源位本身值，也不影响别的标志。源操作数只有直接位寻址方式。

3. 位变量逻辑或指令

ORL　C，bit　　；(Cy) ← (Cy) $\vee$ (bit)

ORL　C，/bit　　；(Cy) ← (Cy) $\vee\overline{(bit)}$

这组指令的功能是：如果源位的位值为 1，则置进位标志位，否则进位标志位保持原来状态。操作数上的横杠“—”表示逻辑非。

4. 位变量修改指令

CLR　C　　；(Cy) ←0

CLR　bit　　；(bit) ←0

CPL　C　　；(Cy) ←$\overline{(Cy)}$

CPL　bit　　；(bit) ←$\overline{(bit)}$

SETB　C　　；(Cy) ←1

SETB　bit　　；(bit) ←1

这组指令将操作数指出的位清“0”、取反、置“1”，不影响其他标志。

【例 3-22】 执行下列指令：

```
CLR     P1.0
MOV     C, P1.0
SETB    P1.1
MOV     P1.2, C
SETB    P1.7
ANL     C, /P1.7
MOV     P1.6, C
MOV     P1.3, C
ORL     C, P1.3
CPL     C
```

```
MOV     P1.4, C
SETB    C
MOV     P1.5, C
```

结果为 C=1，P1=4DH，即 P1.0=0，P1.1=1，P1.2=0，P1.7=1，P1.6=0，P1.3=0，P1.4=1，P1.5=1。

3.3.6 控制转移类指令

控制转移类指令用于改变程序计数器 PC 的值，以控制程序走向，因此，其作用区域必然是程序存储器空间。

1. 无条件转移指令

（1）短跳转指令

AJMP addr11 ；(PC) ← (PC) +2，($PC_{10\sim0}$) ←addr11

这是 2KB 范围内的无条件跳转指令。指令中提供低 11 位地址，与 PC 当前值的高 5 位共同组成 16 位目标地址，程序无条件转向目标地址。AJMP 把 MCS-51 的 64KB 程序存储器空间划分为 32 个区，每个区为 2KB，转移目标地址必须与 AJMP 下一条指令的第一个字节在同一 2KB 范围内（即转移目标地址必须与 AJMP 下一条指令的地址的 A15 ~ A11 相同），否则，将引起混乱，如果 AJMP 正好落在区底的两个单元内，程序就转移到下一个区中去了，这时不会出现问题。

执行该指令时，先将 PC 加 2（使 PC 指向下一条指令），然后把 addr11 送入 PC_{10} ~ PC_0，PC_{15} ~ PC_{11} 保持不变，程序转移到指定的地址。

【例 3-23】 程序中有绝对转移指令：

2500H AJMP 2250H

AJMP 指令的首址为 2500H，其下一条指令的首址为 2502H，2502H 与转移目的地址 2250H 在同一 2K 地址范围内，故可用 AJMP 指令实现程序的转移。

当前 (PC) = 2500H + 2H = 2502H，保持高 5 位不变，则转移地址 PC = 00100 010 01010000，即 2250H。

指令的机器码：[$a_{10}a_9a_8$00001] [$a_{7\sim0}$]，即 010 00001 01010000B = 4150H。

（2）相对转移指令

SJMP rel ；(PC) ← (PC) +2 + rel

rel 为地址偏移量，为带符号 8 位二进制数，常用补码表示，范围 −128 ~ +127。这是无条件跳转指令，执行时在 PC 加 2（使 PC 指向下一条指令）之后，把偏移量 rel 加到 PC 上，并计算出转移的目的地址。因此转向的目标地址可以在这条指令前 128 字节到后 127 字节之间。

【例 3-24】 执行下面指令后程序转移到何处？

1000H SJMP 20H

则转移地址 PC = 1000H + 2 + 20H = 1002H + 20H = 1022H。

2000H SJMP E7H

则转移地址 PC = 2000H + 2 − 19H = 2002H − 19H = 1FE9H。

（3）长跳转指令

```
LJMP  addr16   ;（PC）←addr16
```

这条指令执行时把指令的第二和第三字节分别装入 PC 的高位和低位字节中，无条件地转向指定地址。转移的目标地址可以在 64KB 程序存储器地址空间的任何地方。

（4）间接跳转指令

```
JMP  @A＋DPTR      ;（PC）←（A）+（DPTR）
```

指令的功能是把累加器 A 中 8 位无符号数与数据指针 DPTR 的 16 位数相加，结果作为下条指令地址送入 PC，不改变累加器和数据指针 DPTR 内容，也不影响标志。

【例 3-25】 如果累加器 A 存放待处理命令编号（0 ~ 3），程序存储器中存放着标号为 TBL 的转移表。则执行下面的程序，将根据 A 内命令编号转向相应的处理程序：

```
        MOV    R1, A; (A) * 3 →A
        RL     A
        ADD    A, R1
        MOV    DPTR, #TBL
        JMP    @A+DPTR
  TBL:  LJMP   A0；转向命令编号为 0 的处理程序
        LJMP   A1；转向命令编号为 1 的处理程序
        LJMP   A2；转向命令编号为 2 的处理程序
        LJMP   A3；转向命令编号为 3 的处理程序
```

2. 条件转移指令

条件转移指令是依某种特定条件转移的指令。条件满足时转移（相当于一条相对转移指令），条件不满足时则按顺序执行下面一条指令。转移的目标地址在下一条指令地址为中心的 256 字节范围内（+127 ~ -128）。当条件满足时，把 PC 加到指向下一条指令的第一个字节地址，再把有符号的相对偏移量加到 PC 上，计算出转向地址。

```
JZ   rel   ;        若（A）=0，则（PC）←（PC）+2+rel;
                      （A）≠0，（PC）←（PC）+2
JNZ  rel;           若（A）≠0，则（PC）←（PC）+2+rel;
                      （A）=0，（PC）←（PC）+2
JC   rel   ;        若（Cy）=1，则（PC）←（PC）+2+rel
                      （Cy）=0，则（PC）←（PC）+2
JNC  rel;           若（Cy）=0，则（PC）←（PC）+2+rel
                      （Cy）=1，则（PC）←（PC）+2
JB   bit, rel ;     若（bit）=1，则（PC）←（PC）+3+rel
                      （bit）=0，则（PC）←（PC）+3
JNB bit, rel;       若（bit）=0，则（PC）←（PC）+3+rel
                      （bit）=1，则（PC）←（PC）+3
JBC bit, rel ;      若（bit）=0，则（PC）←（PC）+3
                      （bit）=1，则（PC）←（PC）+3+rel，（bit）←0
```

【例 3-26】 累加器 A 内容为 0 转向编号为 A0 的程序执行，否则转向编号为 A1 的程序处执行。

```
        JZ      A0
A1:     ……
A0:     ……
```

或者

```
        JNZ     A1
A0:     ……
A1:     ……
```

【例 3-27】 P3. 2 为 1 时跳转到 Tim 处，否则原地等待。

```
A1:     JB    P3. 2, Tim
        SJMP  A1
Tim:    ……
```

或者

```
A1:     JNB   P3. 2, A1
Tim:    ……
```

3. 比较不相等转移指令

指令格式如下：

CJNE <目的字节>，<源字节>，rel

该指令功能是对目的字节和源字节两个操作数进行比较，若它们的值不相等则转移，在 PC 加到下一条指令的起始地址后，通过把指令最后一个字节的有符号的相对偏移量加到 PC 上，计算出转移的目的地址。如果第一操作数（无符号整数）小于第二操作数（无符号整数），则置进位标志位 Cy，否则清“0”。相等则按顺序继续执行下一条指令。指令运行后不影响任何一个操作数的内容。操作数有寄存器寻址、直接寻址、寄存器间接寻址和立即寻址等方式。

CJNE A, direct, rel;	(A) = (direct), (PC) ← (PC) +3, Cy←0
	(A) > (direct), (PC) ← (PC) +rel +3, Cy←0
	(A) < (direct), (PC) ← (PC) +rel +3, Cy←1
CJNE A, #data, rel;	(A) = data, (PC) ← (PC) +3, Cy←0
	(A) > data, (PC) ← (PC) +rel +3, Cy←0
	(A) < data, (PC) ← (PC) +rel +3, Cy←1
CJNE R*n*, #data, rel;	(R*n*) = data, (PC) ← (PC) +3, Cy←0
	(R*n*) > data, (PC) ← (PC) +rel +3, Cy←0
	(R*n*) < data, (PC) ← (PC) +rel +3, Cy←1
CJNE @R*i*, #data, rel;	((R*i*)) = data, (PC) ← (PC) +3, Cy←0
	((R*i*)) > data, (PC) ← (PC) +rel +3, Cy←0
	((R*i*)) < data, (PC) ← (PC) +rel +3, Cy←1

【例 3-28】 执行下列程序后将根据 A 的内容大于 20H、等于 20H、小于 20H 三种情况作不同的处理。

```
        CJNE    A, #20H, NEQ      ; (A) 不等于 20H 转移
EQ:     ……                        ; (A) 等于 20H 处理程序
        ……
NEQ:    JC LESS1                  ; (A) 小于 20H 转移
        ……                        ; (A) 大于 20H 处理程序
LESS1:  ……                        ; (A) 小于 20H 处理程序
```

4. 减 1 不为 0 转移指令

这组指令将源操作数（R*n*，direct）减 1，结果回送到源操作数寄存器或存储器中去。如果结果不为 0 则转移。源操作数有寄存器寻址和直接寻址方式。允许程序员把片内 RAM 单元用作程序循环计数器。

```
DJNZ  Rn, rel          ; (Rn) ← (Rn) -1
                         若 (Rn) =0, 则 (PC) ← (PC) +2
                         若 (Rn) ≠0, 则 (PC) ← (PC) +2 + rel
DJNZ  direct, rel      ; (direct) ← (direct) -1
                         若 (direct) =0, 则 (PC) ← (PC) +3
                         若 (direct) ≠0, 则 (PC) ← (PC) +3 + rel
```

【例 3-29】 若(R5) = 01H，(R6) = 00H，(R7) = 02H，则执行下面的程序段后，程序转到哪里？

```
DJNZ   R5, LOOP1
DJNZ   R6, LOOP2
DJNZ   R7, LOOP3
```

执行第一条指令后（R5）=0，程序不转移，顺序执行第二条指令。执行第二条 DJNZ 后，（R6）= FFH≠0，因此程序跳转到标号为 LOOP2 处继续执行。

3.3.7 调用和返回指令

1. 绝对调用指令

这是 2KB 范围内的调用子程序的指令。执行时先把 PC 加 2 获得下一条指令地址，把此子程序返回地址压入堆栈中保护，即栈指针 SP 加 1，PCL 进栈，SP 再加 1，PCH 进栈。最后把 PC 的高 5 位和 addr11 连接获得子程序入口地址并送入 PC，转向执行子程序。所调用的子程序地址必须与 ACALL 指令下一条指令的第一个字节在同一个 2KB 区域内，否则将引起程序转移混乱。因为在执行调用操作之前 PC 先加了 2，所以如果 ACALL 指令正好落在区底的两个单元内，程序就转移到下一个区中去了。目标地址的形成方法与绝对转移指令 AJMP 相同。指令的执行不影响标志。

```
ACALL   addr11     ; (PC) ← (PC) +2
; (SP) ← (SP) +1, ((SP)) ← (PC)7~0
; (SP) ← (SP) +1, ((SP)) ← (PC)15~8
                     (PC)10~0←addr11
```

【例 3-30】 若程序中有绝对调用指令：

8100H ACALL 48FH

当前（PC）= 8100H + 2 = 8102H，保持高 5 位不变，则转移地址 PC = 10000 100 10001111，即 848FH。

指令的机器码：[$a_{10}a_9a_8$10001] [$a_{7\sim0}$]，即 100 10001 10001111B = 918FH。

2. 长调用指令

```
LCALL  addr16 ; (PC) ← (PC) +3
; (SP) ← (SP) +1 , ((SP)) ← (PC) 7~0
; (SP) ← (SP) +1 , ((SP)) ← (PC) 15~8
                (PC) ←addr16
```

这条指令无条件地调用位于指定地址的子程序。为实现子程序调用，该指令共完成两项工作：第一是断点保护。断点保护是自动完成的，即把加 3 后的 PC 值自动送入堆栈区保护起来，待子程序返回时再送回 PC 。第二是构造目的地址。即把指令中提供的 16 位子程序入口地址送入 PC。LCALL 指令可以调用 64KB 范围内程序存储器中的任何一个子程序，执行后不影响任何标志。

3. 子程序的返回指令

```
RET     ; (PC)15~8← ((SP)), (SP) ← (SP) -1
        ; (PC)7~0← ((SP)), (SP) ← (SP) -1
```

这组指令的功能是从堆栈中退出 PC 的高位和低位字节，把栈指针减 2，从 PC 值开始继续执行程序。不影响任何标志。

4. 中断返回指令

```
RETI     ; (PC)15~8← ((SP)), (SP) ← (SP) -1
         ; (PC)7~0← ((SP)), (SP) ← (SP) -1
```

这条指令的功能和 RET 指令相似，不同的是清除 MCS-51 内部的中断状态标志。

5. 空操作指令

```
NOP
```

空操作也算一条控制指令，只执行（PC）+1→(PC）的操作。控制 CPU 不作任何操作，只消耗一个机器周期。

3.4 MCS-51 单片机汇编语言程序设计基础

程序设计是使用计算机语言给出解决特定问题的过程。计算机语言大致可以分成机器语言、汇编语言、高级语言三大类。计算机所能识别的语言只有机器语言，即由 0 和 1 构成的代码，但通常人们编程时，不采用机器语言，因为它不易于记忆、识别、查错与修改。汇编语言是在机器语言的基础上发展起来的一种程序设计语言，由助记符、关键字和伪指令组成，人们很容易理解、阅读和记忆。但是，汇编语言与计算机内部硬件结构密切相关，不如高级语言通用性强。高级语言的出现使得计算机程序设计语言不再过度地依赖某种特定的机器或环境。这是因为高级语言在不同的平台上会被编译成不同的机器语言，而不是直接被机器执行。

3.4.1　汇编语言源程序格式及伪指令

1. 汇编语言源程序格式

采用汇编语言编写的源程序不能直接在机器上运行，必须经过“汇编程序”翻译成机器语言程序后才能运行。这个翻译的过程称为“汇编”。汇编语言是面向机器的，因此，语言格式因机器不同而异。对 MCS-51 系统来说，汇编语言中每条语句的格式包括下列四项内容：

[标号:] [操作码]　[操作数]; [注释]

汇编语句中，标号和操作码要用冒号“:”隔开；操作码和操作数之间的分隔符是空格，多个操作数之间用“,”分隔；操作数与注释之间用“;”分隔；操作码是必选项，其余都是可选项（方括号表示该项为可选项），即任何语句都必须包含操作码，其他部分因语句不同而异。

标号一般用来作为一条指令或一段程序的标记，实际又是这条指令或这段程序的符号地址。标号通常由 1 ~ 8 个字符组成，第一个字符必须是英文字母，后随的可以是字母或数字。没有必要每条指令前都采用标号。为便于编程或阅读程序，一般在一段程序的入口处即起始地址要给以标号，在作为转移目标地址的指令前也应给以标号。另外，用户编程时，绝对不允许把指令的保留字、寄存器符号及伪指令字符作为语句的标号，以避免机器将标号作为指令来处理，从而使汇编过程出现错误。还有，同一标号在同一程序单位中只能出现一次。

操作码用指令的英文缩写表示，便于辨识指令的功能，也便于记忆，称为助记符。操作码用于指示计算机进行何种操作。因此，是任何一条语句中的必选项。

操作数是参与该指令操作的数据或操作数所在的地址。少数指令没有操作数，多数指令有 1 ~ 3 个操作数。

注释是对程序的解释或说明。必要的注释有助于程序的理解、阅读和交流。汇编程序对注释段将不作任何处理。

除了上面这四项内容外，有的汇编语言程序在标号的前面还有两项内容，依次为每条指令在程序存储器中的存储单元地址与机器码。

2. 伪指令

汇编语言语句一般分为指令性语句和指示性语句两类。其中，指令性语句是采用助记符构成的汇编语言语句，必须符合汇编语言的语法规则，在汇编时能产生与之对应的机器码供 CPU 识别，从而执行相应的功能。指示性语句又称为伪指令语句，简称伪指令。伪指令不是真正的指令，虽然与指令的形式类似，但在汇编时不产生供 CPU 执行的任何机器代码，仅在机器汇编时提供汇编控制信息。MCS-51 常用的伪指令共 8 条。

（1） ORG 伪指令

ORG 伪指令称为起始汇编伪指令，一般用于汇编语言源程序或某数据块的开头，指令格式如下：

标号：ORG　16 位的地址或标号

格式中，标号为可选项，一般情况下省略。汇编过程中，机器检测到该语句时，便确认了汇编的起始地址，然后把 ORG 伪指令下一条指令的首字节机器码存入 16 位的地址或标号所指示的存储单元内，其他的后续指令字节或数据连续依次存入后面的存储单元中。例如：

```
          ORG   3000H
START:    MOV   A，#45H      ；机器码占两个字节，分别为 74H 和 45H
          MOV   R0，A        ；机器码为 F8H
          END
```

ORG 伪指令规定了 START 标号地址为 3000H，则第一条指令及其后续指令汇编后的机器码便从 3000H 单元开始存放。即 3000H 单元存放 74H，3001H 单元存放 45H，3002H 单元存放 F8H，依次类推。

（2）END 伪指令

END 伪指令称为汇编结束伪指令，经常用在汇编语言源程序的末尾，用来指示源程序结束汇编的位置，表明程序的结束。其一般格式如下：

标号：END

上述格式中，标号除非特别需要，否则一般情况下省略。汇编程序检测到该语句时，认为汇编语言源程序已经结束，END 后面的指令语句将不被汇编成机器码。因此，一个汇编语言源程序可能有几个程序单位组成，包括主程序和若干个子程序，但只能有一个 END 语句，它在所有程序单位的最末尾。

（3）EQU 伪指令

EQU 伪指令称为赋值伪指令，用于给左边的“字符名”赋值。此伪指令的格式如下：

字符名　EQU　数据或汇编符号

汇编过程中，EQU 伪指令被汇编程序识别，然后自动将 EQU 后面的“数据或汇编符”赋给左边的“字符名”，即以数据或汇编符号取代字符名称。用 EQU 定义的字符必须先定义后使用，这些被定义的字符名称，在程序中既可以作为一个数据，也可以作为一个地址，所以，被赋的值可以是 8 位的数据或地址，也可以是 16 位的数据或地址。

例如，下面的程序语句在汇编时都认为是合法的：

```
ORG     0000H
REG   EQU    R7
HT1   EQU    20H
DISP  EQU    2000H
MOV     R1，#HT1        ；把立即数 20H 送 R1 中
MOV     A，REG          ；把 R7 内容送入 A 中
LCALL   DISP            ；调用首地址为 2000H 的子程序
END
```

如上所示，REG 赋值后当作寄存器 R7 来用，HT1 被赋为一个 8 位数据，在程序中用作立即数，DISP 被赋成 16 位的地址。

使用 EQU 伪指令时应注意以下几点：

1）“字符名”不是标号，故它和 EQU 之间不能用“：”隔开。

2）“字符名”必须先赋值后使用，因此 EQU 伪指令通常放在源程序的开头。

（4）DATA 伪指令

DATA 伪指令称为数据地址赋值伪指令，它用来给左边的“字符名”赋值。其一般格式如下：

字符名　　DATA　数据或表达式

此伪指令的功能与 EQU 伪指令的功能类似，可把右边“表达式”的值赋给左边的“字符名”。这里的表达式既允许是一个数据或地址，也可以是包含被定义的“字符名”在内的表达式，但不能是汇编符号，如 R0 ~ R7 等。例如：

```
ORG     2000H
INDAT   DATA    8000H
LCALL   INDAT   ；调用 8000H 子程序
END
```

汇编后 INDAT 的值为 8000H。

另外，使用 DATA 伪指令时，还应注意它与 EQU 伪指令的区别：DATA 定义的字符名称作为标号登记在符号表中，故可先使用后定义；而 EQU 定义的字符名必须“先定义后使用”，其原因是 EQU 不定义在符号表中。所以，DATA 伪指令可以放在源程序的开头或结尾，也可以放在程序的其他位置，比 EQU 伪指令要灵活。

（5）BIT 伪指令

BIT 伪指令称为位地址符号伪指令，用来给符号形式的位地址赋值，此伪指令的格式如下：

字符名　BIT　位地址

BIT 伪指令的功能含义是：将右边的位地址赋给左边的“字符名称”。例如：

```
A1      BIT     30H
A2      BIT     P1.7
```

汇编后，位地址 30H、P1.7 分别赋给标号段的字符 A1、A2，在编程中可将字符 A1、A2 当位地址用。

值得注意的是，有些汇编程序不允许使用 BIT 伪指令，用户只能用 EQU 伪指令定义位地址变量 A1、A2，但是用这种方式定义时，EQU 语句右边只能是实际的物理地址，而不能是符号位地址。举例来说，上面程序中定义 A2 所代表的位地址，用 EQU 语句只能写成如下形式：

```
A2      EQU     97H
```

（6）DB 伪指令

DB 伪指令称为定义字节伪指令，它的功能是从指定单元开始定义（存储）若干个字节的数据或字符，字符若用引号括起来则表示 ASCII 码。其一般格式如下：

标号：DB　字节常数或字符

其中，标号为可选项。伪指令的含义是把右边“项或项表”中的数据依次存入以左边标号地址起始的程序存储器中。“项或项表”可以是一个 8 位二进制数，也可以是一串 8 位二进制数。此时，二进制数之间要用逗号隔开，8 位二进制数有二、十、十六进制和 ASCII 码等多种表示形式。例如：

```
        ORG     8000H
```

TABLE：DB　　78H，100，00110101B，'A'，'9'，－1

这里数据块的首地址由 ORG 命令定义，即 TABLE＝8000H，汇编后则有：

（8000H）＝78H

（8001H）＝64H

（8002H）＝35H

（8003H）＝41H

（8004H）＝39H

（8005H）＝FFH

DB 伪指令需要一个数据块首地址用于存储其定义的数据，数据块首地址的确定有两种方法：

1）若 DB 命令是在其他源程序之后，则源程序的最后一条指令地址之后就是 DB 定义的数据或数据表格首地址。

2）由 ORG 定义数据块首地址。

（7）DW 伪指令

DW 伪指令称为定义字伪指令，其功能为在程序存储器中从指定单元开始，定义若干个字，一个字相当于两个字节。此伪指令的一般格式如下：

标号：DW　字常数或字表

其中，标号为可选项。DW 伪指令与 DB 伪指令的功能类似，区别仅在于 DB 定义的是字节，DW 定义的是字，即两个字节。例如：

```
      ORG   1000H
  TB：DW   6754H，7AH，12
```

上面的程序汇编后，从 1000H 起始的单元中，依次存放如下数据：

（1000H）＝67H

（1001H）＝54H

（1002H）＝00H

（1003H）＝7AH

（1004H）＝00H

（1005H）＝0CH

（8）DS 伪指令

DS 伪指令称为定义存储空间伪指令，格式如下：

标号：DS　　表达式

其中，标号为可选项。指令中，“表达式”一般为一个数值，DS 伪指令的含义是指示汇编程序从它的标号地址（或实际物理地址）起留出一定量的内存空间。例如：

```
        ORG   8000H
  SPP：  DS     10
        DB     30H，56H
```

上述源程序在汇编过程中，汇编程序遇到 DS 伪指令时，自动从 SPP 标号地址开始留出 10 个地址单元，即 8000H～8009H 单元保留备用。因此，30H 应放在 SPP 起始的第 11 个单元中，即（800AH）＝30H，（800BH）＝56H。

3.4.2　汇编语言程序设计举例

任何复杂的程序都可以由顺序、选择、循环三种最基本的控制结构构造而成。

【例 3-31】　双字节无符号数相加，设加数存放在片内 RAM 20H、21H 单元，被加数存放在 30H、31H 单元（加数、被加数低位分别在 20H、30H 单元中），要求把相加和存入片内 RAM 20H、21H 单元，进位存放在 22H.0 中。

解：顺序结构的程序一般用来处理比较简单的算术或逻辑问题，双字节无符号数的相加可以采用此结构完成，流程图如图 3-2 所示。汇编程序如下：

```
ORG 0000H
MOV     R0, #20H ; 存加数低位
MOV     R1, #30H ; 存被加数低位
MOV     A, @R0
CLR     C ; 清进位
ADDC    A, @R1 ; 相加
MOV     @R0, A ; 保存
INC     R0
INC     R1
MOV     A, @R0; 存加数高位
ADDC    A, @R1 ; 存被加数高位
MOV     @R0, A ; 保存
MOV     22H.0, C ; 存进位
SJMP    $
END
```

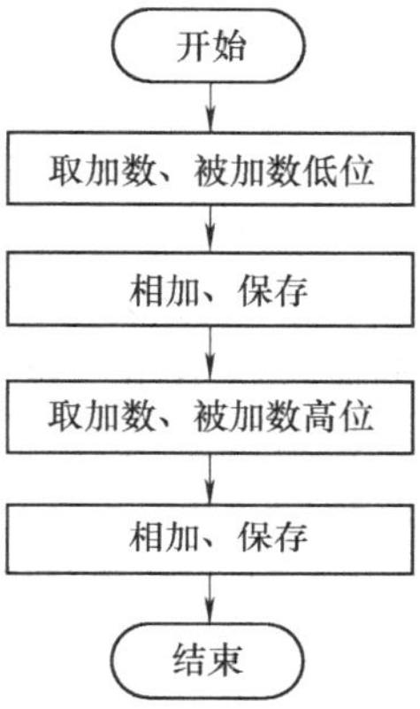

图 3-2　双字节无符号数相加流程图

在一个实际的应用程序中，程序不可能始终是顺序执行的。通常需根据实际问题中给定的条件，判断条件是否满足，从而产生一个或多个分支，以决定程序的流向。分支程序的特点就是程序中含有转移指令。根据不同的条件，条件分支程序执行不同的程序段。MCS-51 中直接用来判断分支条件的指令有 JZ、JNZ、CJNE、JC、JNC、JB、JNB 等。正确合理地运用条件转移指令是编写条件分支的关键。

【例 3-32】　设变量 X 存放于 R2，函数值 Y 存放在 R3。按照下式要求给 Y 赋值：

$$Y=\begin{cases} X+1 & X>20 \\ 0 & 20\geqslant X\geqslant 10 \\ 1 & X<10 \end{cases}$$

解：这是一个三分支的条件转移程序，可采用 CJNE 和 JC 或 JNC 指令进行判断，流程图如图 3-3 所示。汇编程序如下：

```
    ORG 0000H
    MOV   A, R2; 自变量→ (A)
    CJNE  A, #10, L1; (A) 与 10 比较
L1: JC    L2 ; 若X <10, 则转 L2
```

```
      ADD   A, #01H
      MOV   R3, A ; 设X >20, Y =1
      CJNE  A, #22, L3
L3:   JNC   L4    ; X >20, 则转L4
      MOV   R3, #0 ; 20≥X ≥10, Y =0
      SJMP  L4
L2:   MOV   R3, #01H
L4:   SJMP  L4
      END
```

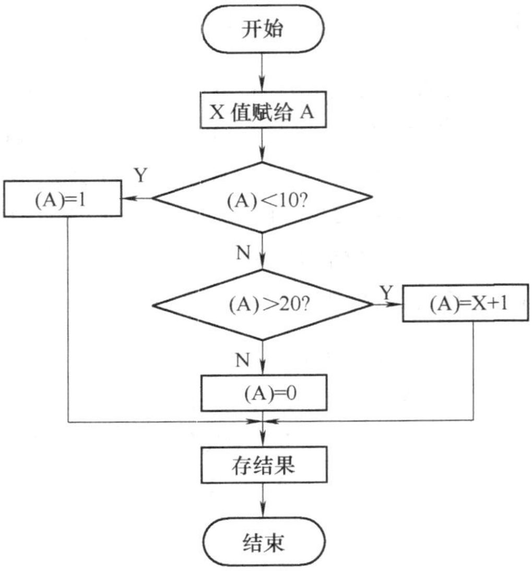

图 3-3　双字节无符号数相加流程图

【例 3-33】　若晶体振荡频率为 12MHz，试编写延时 250ms 的子程序。

解： 此类延时程序的延时时间主要与两个因素有关：一个是所用晶体振荡器；另一个是延时中的循环次数。一旦晶体振荡器确定之后，则主要是如何设计与计算给定的延时循环次数。一个机器周期 T 为 12 个振荡脉冲周期，所以 T 就是振荡脉冲的十二分频，若晶体振荡频率为 12MHz，则 T 为 12/12MHz = 1μs，如果内层循环使用的语句占用了 $4T$，那么循环次数为 250 时可延时 1ms，若外层循环次数再设为 250，那么即可实现 250ms 的延时。所以，本例采用双重循环即可。设子程序名为 T250，流程图如图 3-4 所示。汇编程序如下：

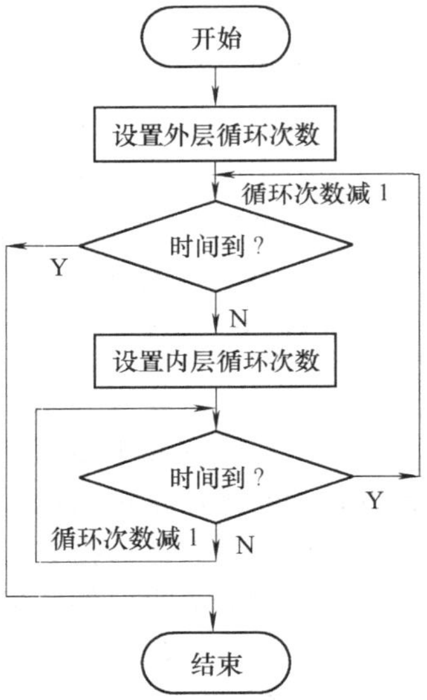

图 3-4　双字节无符号数相加流程图

```
       ORG 0100H
T250:  MOV        R6, #250    ; 1 T
                              ; 设置外层循环次数
L2:      MOV  R7, #250        ; 内层循环次数
L1:      NOP ; 1 T
         NOP
         DJNZ R7, L1 ; 2 T
         DJNZ R6, L2
         RET ; 2 T
```

注：内层循环时间为 250 ×4T =1ms，但是外层循环除了循环了 250 ×1ms =250ms 外，还额外多了 MOV　R6，# 250 语句的 1μs，DJNZ　R6，L2 语句的 250 ×2T =500μs 以及 RET 语句的 2μs，所以精确的延时时间应为 250000μs　+503μs =250503μs。

【例 3-34】　P1 口接 8 个发光二极管，试编写程序令发光二极管循环点亮。

解： P1.0 ~ P1.7 接 8 个发光二极管，设晶体振荡频率为 12MHz，每 250ms 点亮一个发光二极管的程序如下：

```
       ORG 0
       MOV   A, #01H
```

```
L:      MOV   P1, A      ; 点亮发光二极管
        ACALL  T250      ; 调用延时子程序
        RLA              ; 左移
        SJMP   L         ; 循环
        END
```

注：T250 子程序可参见例 3-33。

本 章 小 结

本章主要介绍了 MCS-51 的指令系统及寻址方式，这些内容是学习和使用单片机的基础和工具。

指令：能被计算机识别并执行的二进制代码，**指令系统**即为所有指令的集合。MCS-51 共有 111 条指令，按功能分类可分为数据传送类（29 条）、算术运算类（24 条）、逻辑运算类（24 条）、控制转移类（17 条）与位操作类（17 条）。

寻址方式：指 CPU 用何种方式寻找参与运算的操作数或操作数地址的方法。MCS-51 采用了七种寻址方式：立即寻址、直接寻址、寄存器寻址、寄存器间接寻址、基址加变址寻址、相对寻址与位寻址。

伪指令：汇编时不产生机器语言的指令，仅提供汇编控制信息。在 MCS-51 系统中，常用的伪指令共有八条：ORG、END、EQU、DATA、BIT、DB、DW 与 DS 指令。

习　　题

3-1　什么是指令系统？MCS-51 指令系统具有几种寻址方式？

3-2　简述 MOVX 和 MOVC 指令的异同之处。

3-3　MCS-51 汇编语言主要的伪指令有几条？它们分别具有什么功能？

3-4　布尔指令求解逻辑方程。

$$P3.0 = ACC.7 \wedge (\overline{B.0 \vee B.6}) \vee \overline{P1.0} \wedge (\overline{P1.5 \vee 20H.7})$$

$$PSW.5 = \overline{P1.5 \wedge B.0 \vee ACC.0 \wedge ACC.7}$$

3-5　已知（SP）=60H，（PC）=37FEH，执行 ACALL　3A00H 后堆栈指针 SP、堆栈中内容以及程序计数器 PC 中的内容是什么？

3-6　片内 RAM20H ~ 2FH 单元中的 128 个位地址与直接地址 00H ~ 7FH 形式完全相同，如何在指令中区分出位寻址操作和直接寻址操作？

3-7　完成以下的数据传送过程。

（1）R1 的内容传送到 R0；

（2）片外 RAM 20H 单元的内容送 R0；

（3）片外 RAM 20H 单元的内容送片内 RAM 20H；

（4）片外 RAM 1000H 单元的内容送片内 RAM 20H；

（5）片外 RAM 20H 单元的内容送 R0；

（6）片外 RAM 2000H 单元的内容送片内 RAM 20H；

（7）片外 RAM 20H 单元的内容送片外 RAM 20H。

3-8　编程将片内 RAM 的 40H～60H 单元中内容送到片外 RAM 以 3000H 开始的单元中。

3-9　在 8051 的片内 RAM 中，已知（20H）＝30H，（30H）＝40H，（40H）＝50H，（50H）＝55H。分析下面各条指令，说明源操作数的寻址方式，分析按顺序执行各条指令后的结果。

```
MOV   A, 40H
MOV   R0, A
MOV   P1, #0F0H
MOV   @R0, 20H
MOV   50H, R0
MOV   A, @R0
MOV   P2, P1
```

3-10　判断下列指令是否合乎规定，并说明理由。

```
MOV   R2, R7
MOV   A, @R2
DEC   DPTR
CPL   2FH
MOV   20H.8, F0
PUSH  DPTR
MOV   PC, #2000H
```

3-11　下述程序执行后，SP＝？A＝？B＝？解释每条指令的作用。

```
      ORG     2000H
      MOV     SP, #40H
      MOV     A, #30H
      LCALL   2400H
      ADD     A, #20H
      MOV     B, A
ZY:   SJMP    ZY
      ORG     2400H
      MOV     DPTR, #200AH
      PUSH    DPL
      PUSH    DPH
      RET
```

3-12　分析下列指令哪些超出寻址范围？

```
1230H   AJMP    1620H
2780H   AJMP    2830H
1230H   LJMP    8FFFH
1750H   ACALL   1A00H
2330H   SJMP    2340H
2800H   SJMP    27FAH
37FEH   SJMP    3730H
```

第 4 章 C51 程序设计基础

教学目的

通过本章的学习，掌握 C51 程序设计基础，能够利用 C51 编写基本 MCS-51 应用系统程序。

4.1 C51 的特点及程序结构

4.1.1 C51 的特点

采用汇编语言编写单片机应用系统程序的周期长，而且调试和排错也比较困难。C51 具有以下特点：

1）语言简洁，使用方便灵活。C 语言是现有程序设计语言中规模最小的语言之一。C 语言的关键字少，表示方法简洁。

2）可移植性好。即使是功能完全相同的一种程序，对于不同的机器，汇编程序也不同。这是因为汇编语言依赖于机器硬件，可移植性差。由于 C 语言是通过编译来得到可执行代码的，使 C 语言的编译程序更易于移植，因此，在一种机器上使用的 C 语言程序，不加修改或稍加修改，即可方便地移植到另一种机器上去。

3）方便操作计算机硬件。C 语言具有访问机器物理地址的能力。例如，Keil51 的 C51 编译器和 Franklin 的 C51 编译器都可以直接对 MCS-51 的内部特殊功能寄存器和 I/O 口进行操作，可以访问片内或片外存储器，还可以进行各种位操作。

4）生成的目标代码质量高。虽然众所周知，汇编语言程序目标代码的效率是最高的，它仍是编写计算机系统软件主要工具，但是，对于同一个问题，用 C 语言编写的程序生成代码的效率仅比用汇编语言编写的低 10% ~20%，其效率也是很高的。例如，Keil51 的 C51 编译器和 Franklin 的 C51 编译器，都能够产生极其简洁、效率极高的程序代码。

虽然和其他任何一种程序设计语言一样，C 语言也有其自身的缺点，如不能自动检查数组的边界、各种运算符的优先级别太多、某些运算符具有多种用途等，但总的来说，C 语言的优点远远超过了它的缺点。C51 在 MCS-51 应用系统的程序设计中发挥着巨大作用。

4.1.2 C51 的程序结构

C 语言程序是由若干个函数组成的，每个函数都是完成某个特殊任务的子程序段。程序保存时，扩展名需要存储为“. C”。程序的执行从 main( ) 函数开始，一个 C 语言程序有且只有一个 main( ) 函数。一般 C 语言程序具有如下的结构：

```
#include  <reg51.h>          //预处理命令
    long fun1();             //函数说明
    main() {                 //主函数
    ……
    }
    fun1() {                 //功能函数
    ……
    }
```

程序结构说明如下：

1）#include 命令是预处理命令，负责通知编译器在对程序进行编译时将所需要的头文件读入后再一起进行编译。一般在头文件中包含有程序在编译时的一些必要的信息，通常 C 语言编译器都会提供若干个不同用途的头文件。

2）C 语言程序是由若干个函数组成的，每个函数都由“函数定义”和“函数体”两个部分组成。函数定义包括函数类型、函数名、形式参数说明等，函数名后面必须跟一个圆括号“()”，形式参数说明在()内进行，函数也可以没有形式参数。函数体由一对花括号“{}”组成，函数体内写入 C 语句。C 语句一般分为说明语句与执行语句两类。一类为说明语句，用来对函数中将要用到的变量进行定义；另一类为执行语句，用来完成一定的功能或算法。有的函数体仅有一对{}，其中既没有变量定义语句，也没有执行语句，这也是合法的，称为“空函数”。

3）main()函数是程序的入口，无论处于程序中的什么位置，程序总是从 main()函数开始执行。main()函数可以调用其他函数，但不能被其他函数所调用。其他函数之间可以相互调用。函数可以是 C 语言编译器提供的库函数，也可以由用户按实际需要自行编写。

4）语句必须以分号“;”作为结束符。

5）单行注释采用“//”，多行采用“/*…*/”。

4.1.3 C51 的关键字

C51 的关键字见表 4-1。

表 4-1 C51 的关键字

关键字	用途	说明
auto	存储种类说明	用以说明局部变量，默认值为此
break	程序语句	退出最内层循环
case	程序语句	switch 语句中的选择项
char	数据类型说明	单字节整型数或字符型数据
const	存储类型说明	在程序执行过程中不可更改的常量值
continue	程序语句	转向下一次循环
default	程序语句	switch 语句中的失败选择项
do	程序语句	构成 do…while 循环结构
double	数据类型说明	双精度浮点数
else	程序语句	构成 if…else 选择结构
enum	数据类型说明	枚举
extern	存储种类说明	在其他程序模块中说明了的全局变量

（续）

关　键　字	用　　途	说　　明
float	数据类型说明	单精度浮点数
for	程序语句	构成 for 循环结构
goto	程序语句	构成 goto 转移结构
if	程序语句	构成 if…else 选择结构
int	数据类型说明	基本整型数
long	数据类型说明	长整型数
register	存储种类说明	使用 CPU 内部寄存的变量
return	程序语句	函数返回
short	数据类型说明	短整型数
signed	数据类型说明	有符号数，二进制数据的最高位为符号位
sizeof	运算符	计算表达式或数据类型的字节数
static	存储种类说明	静态变量
struct	数据类型说明	结构类型数据
swicth	程序语句	构成 switch 选择结构
typedef	数据类型说明	重新进行数据类型定义
union	数据类型说明	联合类型数据
unsigned	数据类型说明	无符号数数据
void	数据类型说明	无类型数据
volatile	数据类型说明	该变量在程序执行中可被隐含地改变
while	程序语句	构成 while 和 do…while 循环结构
bit	位标量声明	声明一个位标量或位类型的函数
sbit	位标量声明	声明一个可位寻址变量
sfr	特殊功能寄存器声明	声明一个特殊功能寄存器
sfr16	特殊功能寄存器声明	声明一个 16 位的特殊功能寄存器
data	存储器类型说明	直接寻址的片内数据存储器
bdata	存储器类型说明	可位寻址的片内数据存储器
idata	存储器类型说明	间接寻址的片内数据存储器
pdata	存储器类型说明	分页寻址的片外数据存储器
xdata	存储器类型说明	片外数据存储器
code	存储器类型说明	程序存储器
interrupt	中断函数说明	定义一个中断函数
reentrant	再入函数说明	定义一个再入函数
using	寄存器组定义	定义芯片的工作寄存器
* ACC	累加器	片内 RAM：E0H
* B	乘法寄存器	片内 RAM：F0H
* PSW	程序状态字	片内 RAM：D0H

（续）

关 键 字	用 途	说 明
SP	堆栈指针	片内 RAM：81H
DPL	数据存储器指针低 8 位	片内 RAM：82H
DPH	数据存储器指针高 8 位	片内 RAM：83H
* IE	中断允许控制器	片内 RAM：A8H
* IP	中断优先控制器	片内 RAM：D8H
* P0	端口 0	片内 RAM：80H
* P1	端口 1	片内 RAM：90H
* P2	端口 2	片内 RAM：A0H
* P3	端口 3	片内 RAM：B0H
PCON	电源控制及波特率选择	片内 RAM：87H
* SCON	串行口控制器	片内 RAM：98H
SBUF	串行数据缓冲器	片内 RAM：99H
* TCON	定时器控制	片内 RAM：88H
TMOD	定时器方式选择	片内 RAM：89H
TL0	定时器 0 低 8 位	片内 RAM：8AH
TL1	定时器 1 低 8 位	片内 RAM：8BH
TH0	定时器 0 低 8 位	片内 RAM：8CH
TH1	定时器 1 高 8 位	片内 RAM：8DH

注：带 * 号的特殊功能寄存器都是可以位寻址的寄存器。

4.1.4 C51 变量的定义

变量是在程序执行过程中其值可以变化的量。若在程序中使用变量，必须先定义后使用，需要用标志符作为变量名，并指出所用的数据类型和存储模式，这样编译系统才能为其分配相应的存储空间。定义一个变量的格式如下：

[存储种类] 数据类型 [存储器类型] 变量名表

在定义格式中除了数据类型和变量名表是必要的之外，其他都是可选项（方括号表示该项为可选项）。

存储种类有四种：自动（auto）、外部（extern）、静态（static）和寄存器（register），默认类型为自动（auto）。

数据类型将在 4.2 节中介绍。

存储器类型通常是指定该变量在 MCS-51 的 C 语言硬件系统中所使用的存储区域，通常有以下几类：

data：直接访问片内数据存储器（00H～7FH，128B），访问速度最快；

bdata：可位寻址片内数据存储器（20H～2FH，16B），允许位与字节混合访问；

idata：间接访问片内数据存储器（00H～FFH，256B），允许访问全部内部地址；

pdata：分页访问片外数据存储器（00H～FFH，256B），用 MOVX @ Ri 指令访问；

xdata：片外数据存储器（0000H～FFFFH，64KB），用 MOVX @DPTR 指令访问；

code：程序存储器（0000H～FFFFH，64KB），用 MOVC @A+DPTR 指令访问。

注意：如果省略存储器类型，则系统会按编译模式 SMALL、COMPACT 或 LARGE 所规定的默认存储器类型去指定变量的存储区域。存储模式可在 MCS-51 的 C 语言编译器选项中选择。

SMALL 模式：所有默认变量参数均装入片内 RAM，优点是访问速度快，缺点是空间有限，只适用于小程序。

COMPACT 模式：所有默认变量均位于片外 RAM 区的一页（256B），具体哪一页可由 P2 口指定，在 STARTUP. A51 文件中说明，也可用 pdata 指定，优点是空间较 SMALL 模式宽裕，其速度较 SMALL 模式慢，但比 LARGE 模式快，是一种中间状态。

LARGE 模式：所有默认变量可放在多达 64KB 的片外 RAM 区，优点是空间大，可存变量多，缺点是速度较慢。

C51 可以使用 sfr、sfr16、sbit 声明特殊功能寄存器变量或特殊功能寄存器位变量，方法如下：

sfr　特殊功能寄存器名＝特殊功能寄存器地址常数；

sfr16　特殊功能寄存器名＝特殊功能寄存器地址常数；

sbit　位变量名＝位地址；

sbit　位变量名＝特殊功能寄存器名^位位置；

sbit　位变量名＝字节地址^位位置。

例如：

```
sfr   P1  = 0x90;            //声明 P1 口，其地址为 90H
sfr16  T2  = 0xCC;           //声明 8052 定时器 2，16 位特殊功能寄存器 T2
sbit  P1.0 = P1^0;           //声明 P1 口第 0 位为 P1.0
sbit  TI = 0x98^0;           //声明 98H (SCON) 的第 0 位为 TI
```

注意：用 sfr、sfr16、sbit 声明特殊功能寄存器变量或特殊功能寄存器位变量时，其声明语句都只能放在函数外，而不能放在函数内，否则出现语法错误。此外，bit、sbit、sfr、sfr16 都不支持指针和数组扩展，因此，不能定义 bit、sbit、sfr、sfr16 型指针和数组。sbit、sfr、sfr16 通常用在 MCS-51 自带的头文件中，具体参见 reg51. h 或 reg52. h。

4.1.5 C51 绝对地址的访问

1. 绝对宏

在程序中，使用“#include <absacc. h>”即可利用其中定义的宏来访问绝对地址，包括 CBYTE、XBYTE、PWORD、DBYTE、CWORD、XWORD、PBYTE、DWORD，具体用法参见 absacc. h。例如：

```
val = XWORD [0x4000];            //val 指向片外 RAM 的 4000H 字地址
val1 = CBYTE [0x0002];           //val1 指向程序存储器的 0002H 地址
```

2. _at_关键字

还可以使用_at_关键字来访问绝对地址。一般格式如下：

[存储器类型] 数据类型 标志符_at_地址常数

例如：

xdata char m [10] _at_ 0x1000; //指定 m 数组从片外 RAM 的 1000H 开始

注意：①绝对变量不能被初使化；②bit 型函数及变量不能用_at_指定。

4.2 C51 的数据类型及运算符

4.2.1 C51 的数据类型

C51 的数据类型有基本类型、构造类型、指针类型与空类型，如图 4-1 所示。在 C51 编译器中 int 和 short 相同，float 和 double 相同。

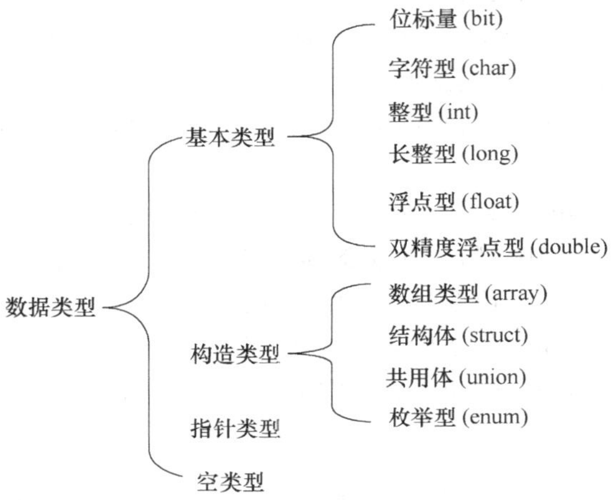

图 4-1 C51 数据类型

1. char 字符型

字符型的长度是 1 字节，用于定义字符数据的变量或常量。它分为有符号字符类型 signed char 和无符号字符类型 unsigned char，默认值为 signed char 类型。signed char 类型用字节中最高位字节表示数据的符号，“0”表示正数，“1”表示负数，负数用补码表示，表示的数值范围是 -128 ~ +127。unsigned char 类型用字节中所有的位来表示数值，表示的数值范围是 0 ~ 255。

2. int 整型

整型的长度为 2 字节，用于存放一个双字节数据。它分为有符号 int 整型数 signed int 和无符号整型数 unsigned int，默认值为 signed int 类型。signed int 用字节中最高位表示数据的符号，“0”表示正数，“1”表示负数，表示的数值范围是 -32768 ~ +32767。unsigned int 表示的数值范围是 0 ~ 65535。

3. long 长整型

长整型长度为 4 字节，用于存放一个 4 字节数据。它分有符号 long 长整型 signed long 和无符号长整型 unsigned long，默认值为 signed long 类型。signed long 表示的数值范围是 -2147483648 ~ +2147483647。unsigned long 表示的数值范围是 0 ~ 4294967295。

4. float 浮点型

浮点型长度为 4 字节，在十进制中具有 7 位有效数字，是符合 IEEE—754 标准的单精度浮点型数据。

5. bit 位标量

位标量是 C51 编译器的一种扩充数据类型，利用它可定义一个位标量，但不能定义位指针，也不能定义位数组。它的值是一个二进制位，只能是 0 或者 1。

6. array 数组类型

数组，就是相同数据类型的元素按一定顺序排列的集合。数组将有限个类型相同的变量用一个名字命名，然后用编号区分它们的变量的集合，这个名字称为数组名，编号称为下标。例如：

```
int   a[5] = {[1, 2, 3, 4, 5]};
char  s[] = {"Jilin University"};
```

7. struct 结构体

结构体是一种组合数据类型，是将若干个不同类型的变量结合在一起而形成的一种数据集合体。组成该集合体的各个变量称为结构元素或成员，整个集合体使用一个单独的结构变量名。

8. union 共用体

共用体可以把不同类型的数据组合在一起使用，它与结构体在内存中存储变量的方式不同，结构体定义的各个变量在内存中占用不同的内存单元，而共用体可使不同的变量分时使用同一内存单元。

9. enum 枚举型

枚举型通常是声明一组命名常数的集合，当一个变量有几种可能的取值时，可以将它定义为枚举型。

10. * 指针类型

指针类型自身就是一个变量，在这个变量中存放的是指向另一个数据的地址。指针变量要占据一定的内存单元，在 C51 中它的长度一般为 1 ~ 3 字节。

指针变量定义的一般格式如下：

数据类型说明符　[存储器类型]　* 指针变量名

例如：

```
int    * point1;                    //定义一个指向整型变量的指针变量
char   data   * point2;             /* 定义一个指向字符型变量的指针变量，访
                                       问的是数据存储器，在内存中占 1 字节 */
float  xdata   * point3;            /* 定义一个指向浮点型变量的指针变量，访
                                       问的是片外数据存储器，在内存中占 2 字
                                       节 */
unsigned  char  xdata   * x;        // 等价于：   mov   dprt, #3000h
x = 0x3000;                         //             mov   a, #34h
 * x = 0x34;                        //             movx  @ dptr, a
```

4.2.2　C51 的运算符

运算符是完成某种特定运算的符号，表达式则是由运算符及运算对象所组成的具有特定含义的式子。C 语言有十分丰富的运算符，利用这些运算符可以组成各种各样的表达式及语句。

运算符按其在表达式中所起的作用，可分为赋值运算符、算术运算符、增量与减量运算符、关系运算符、逻辑运算符、位运算符、复合赋值运算符、逗号运算符、条件运算符、指针和地址运算符、强制类型转换运算符和 sizeof 运算符等。运算符按其在表达式中与运算对象的关系又可分为单目运算符、双目运算符和三目运算符等。单目运算符只需要有一个运算对象，双目运算符要求有两个运算对象，三目运算符要求有三个运算对象。掌握各个运算符

的意义和使用规则，对于编写正确的C语言程序是十分重要的。C语言运算符见表4-2。

表4-2　C语言运算符

运　算　符	范　　例	说　　明
+	A + b	A变量和b变量相加
-	A - b	A变量和b变量相减
*	A * b	A变量乘以b变量
/	A/b	A变量除以b变量
%	A% b	取A变量除以b变量值的余数
=	A =6	A变量的值等于6
+ =	A + =b	等同于A=A+b
- =	A - =b	等同于A=A-b
* =	A * =b	等同于A=A*b
/ =	A/ =b	等同于A=A/b
% =	A% =b	等同于A=A%b
++	A ++	等同于A=A+1
- -	A - -	等同于A=A-1
>	A > b	测试A是否大于b
<	A < b	测试A是否小于b
= =	A = =b	测试A是否等于b
> =	A > =b	测试A是否大于或等于b
< =	A < =b	测试A是否小于或等于b
! =	A! =b	测试A是否不等于b
&&	A&&b	逻辑与运算
| |	A| | b	逻辑或运算
!	! A	逻辑取反运算
> >	A > >b	将A按位右移b位，左侧补零
< <	A < <b	将A按位左移b位，右侧补零
|	A| b	按位或运算
&	A&b	按位与运算
^	A^b	按位异或运算
~	~A	按位取反运算
&	A =&b	将b变量的地址存入A寄存器中
*	* A	用来取寄存器所指地址内的值

注：&放在变量前面是取地址符，通过它取得变量的地址，变量的地址通常送给指针变量。指针运算符*放在指针变量前面，通过它可以访问以指针变量的内容为地址所指向的存储单元。

4.2.3　C51函数

使用函数的注意事项如下：

1）函数定义时要同时声明其类型。

2）调用函数前要先声明该函数。

3）传给函数的参数值，其类型要与函数原定义一致。

4）接收函数返回值的变量，其类型也要与函数一致。

C51 语言的编译器中包含有丰富的库函数，使用库函数可以大大减化程序设计工作量，提高编程效率。每个库函数都在相应的头文件中给出了函数原型声明，在使用时，必须在源程序的开始处使用预处理命令#include 将有关的头文件包含进来。

1. 内部函数

C51 内部函数包含在头文件 intrins. h 中。内部函数列表见表 4-3。

表 4-3　内部函数列表

函数名	详细说明	函数名	详细说明
crol	字符循环左移	_lrol_	长整数循环左移
cror	字符循环右移	_lror_	长整数循环右移
irol	整数循环左移	_nop_	空操作，相当于 8051 NOP 指令
iror	整数循环右移	_testbit_	测试并清零位，相当于 8051 JBC 指令

2. 输入输出函数

输入输出函数用于处理包括文件、控制台等各种输入输出设备，各种函数以“流”的方式实现，包含在头文件 stdio. h 中。输入输出函数列表见表 4-4。

表 4-4　输入输出函数列表

函数名	详细说明	函数名	详细说明
remove	删除文件	fputc	字符输出
rename	修改文件名称	fputs	字符串输出
tmpfile	生成临时文件名称	getc	字符输入（控制台）
tmpnam	得到临时文件路径	getchar	字符输入（控制台）
fclose	关闭文件	gets	字符串输入（控制台）
fflush	刷新缓冲区	putc	字符输出（控制台）
fopen	打开文件	putchar	字符输出（控制台）
freopen	将已存在的流指针和新文件连接	puts	字符串输出（控制台）
setbuf	设置磁盘缓冲区	ungetc	字符输出到流的头部
setvbuf	设置磁盘缓冲区	fread	直接流读操作
fprintf	格式输出	fwrite	直接流写操作
fscanf	格式输入	fgetpos	得到文件位置
printf	格式输出（控制台）	fseek	文件位置移动
scanf	格式输入（控制台）	fsetpos	文件位置设置
sprintf	格式输出到缓冲区	ftell	得到文件位置
sscanf	从缓冲区中按格式输入	remind	文件位置复零位
vfprintf	格式化输出	clearerr	错误清除
vprintf	格式化输出	feof	文件结尾判断
vsprintf	格式化输出	ferror	文件错误检测
fgetc	输入一个字符	perror	得到错误提示字符串
fgets	字符串输入		

3. 实用工具函数

实用工具函数中汇集了常用的工具类函数，如数制转换函数、随机序列产生函数等，包含在头文件 stdlib. h 中。实用工具函数列表见表 4-5。

表 4-5 实用工具函数列表

函数名	详细说明	函数名	详细说明
atoi	字符串转换为整数	getenv	读取环境参数
atol	字符串转换为长整数	system	程序挂起，临时执行一个其他程序
strtod	字符串转换为浮点数	bsearch	搜索和排序工具，二分查找（数据必须已排序）
strtol	字符串转换为长整数	qsort	快速排序
strtoul	字符串转换为无符号长整型	abs	求绝对值
rand	产生随机数	div	得到除法运算底商和余数
srand	设置随机函数的启动数值	labs	求长整型底绝对值
calloc	存储管理函数	ldiv	求长整型除法的商和余数
free	释放存储器	mblen	得到多字节字符的字节数
malloc	存储器分配	mbtowc	得到多字节字符的字节数
realloc	重新分配存储器	wctomb	多字节字符转换
abort	中止程序	mbstowcs	将多字节串转换为整数数组
atexit	退出程序执行，并清除环境变量	mcstowbs	将多字节串转换为字符数组
exit	退出程序执行		

4. 数学函数

数学函数包括常规的数学计算函数，包含在头文件 math. h 中。数学计算函数列表见表 4-6。

表 4-6 数学计算函数列表

函数名	详细说明	函数名	详细说明
acos	反余弦	fdexp	乘积指数函数
asin	反正弦	log	自然对数
atan	反正切	log10	以 10 为底的对数
cos	余弦	modf	浮点数分解函数
sin	正弦	pow	幂函数
tan	正切	sqrt	二次方根函数
cosh	双曲余弦	ceil	求下限接近整数
sinh	双曲正弦	floor	求上限接近整数
tanh	双曲正切	fabs	绝对值
exp	指数函数	fmod	求余数
frexp	指数分解函数		

5. 字符函数

字符函数用于对单个字符进行处理，包含在头文件 ctype. h 中。字符函数列表见表 4-7。

表 4-7　字符函数列表

函　数　名	详 细 说 明	函　数　名	详 细 说 明
isalnum	是否是字母和数字	ispunct	是否既不是空格，又不是字母和数字的可显示字符
isalpha	是否是字母	isspace	是否是空格
iscntrl	是否是控制字符	isupper	是否是大写字母
isdigit	是否是数字	isxdigit	是否是十六进制数字（0～9，A～F）字符
isgraph	是否是可显示字符（除空格外）	toupper	字符大小写转换函数 转换为大写字母
isprint	是否是可显示字符（包括空格）	tolower	转换为小写字母

6. 字符串处理函数

字符串处理函数用于对字符串进行合并、比较等操作，包含在头文件 string. h 中。字符串处理函数列表见表 4-8。

表 4-8　字符串处理函数列表

函　数　名	详 细 说 明	函　数　名	详 细 说 明
memcpy	字符串块复制（目的和源存储区不可重叠）	memchr	字符查找
memmove	块复制（目的和源存储区可重叠）	strchr	字符查找
strcpy	串复制	strcspn	字符串查找
strncpy	按长度的串复制	strpbrk	字符串查找
strcat	字符串连接	strspn	字符串查找
strncat	按长度连接字符串	strstr	字符串查找
memcmp	块比较	strtok	字符串分解
strcmp	字符串比较	memset	字符串设置
strcoll	字符串比较（用于非英文字符）	strerror	错误字符串映射
strncmp	按长度对字符串比较	strlen	求字符串长度
strxfrm	字符串转换		

7. 中断服务函数

C51 编译器支持在 C 语言源程序中直接编写 MCS-51 的中断服务函数程序。定义中断服务函数的一般形式如下：

函数类型　函数名（形式参数表）[interrupt n] [using r]

其中，interrupt 为关键字，其后 n 是中断号，n 的取值范围为 0～31。C51 编译器允许 32 个中断，具体的中断号 n 和中断向量取决于不同的 MCS-51 系列单片机芯片。

using 为关键字，专门用来选择 MCS-51 系列单片机中不同的工作寄存器组。using 后面的 r 是一个 0～3 的常整数，分别选择四个不同的工作寄存器组。如果不用该选项，则由编译器选择一个寄存器组作绝对寄存器组访问。

编写 MCS-51 中断函数时应遵循以下规则：

1）中断函数不能进行参数传递，如果中断函数中包含任何参数声明都将导致编译出错。

2）中断函数没有返回值，如果企图定义一个返回值将得到不正确的结果。因此建议在定义中断函数时将其定义为 void 类型，以明确说明没有返回值。

3）在任何情况下都不能直接调用中断函数，否则会产生编译错误。因为中断函数的返回是由 MCS-51 指令 RETI 完成的，RETI 指令影响 MCS-51 的硬件中断系统。如果在没有实际中断请求的情况下直接调用中断函数，RETI 指令的操作结果会产生一个致命的错误。

4）如果中断函数中用到浮点运算，则必须保存浮点寄存器的状态，但当没有其他程序执行浮点运算时可以不保存。C51 编译器的数学函数库 math. h 中提供了保存浮点寄存器状态的库函数 pfsave 和恢复浮点寄存器状态的库函数 fprestore。

5）如果在中断函数中调用了其他函数，则被调用函数所使用的寄存器组必须与中断函数相同。用户必须保证按要求使用相同的寄存器组，否则会产生不正确的结果，这一点必须引起足够的注意。如果定义中断函数时没有使用 using 选项，则由编译器选择一个寄存器组作绝对寄存器组访问。另外，由于中断的产生不可预测，中断函数对其他函数的调用可能形成违规调用，因此在需要时可将被中断函数所调用的其他函数定义成再入函数。

6）C51 编译器从绝对地址 $8n+3$ 处产生一个中断矢量，其中 n 为中断号。该矢量包含一个到中断函数入口地址的绝对跳转。在对源程序编译时，可用编译控制指令 NOINTVECTOR 抑制中断矢量的产生，从而使用户能够从独立的汇编程序模块中提供中断矢量。

4.3 C51 程序设计基础

4.3.1 C51 基本结构

C51 属于结构化设计语言，程序由若干模块组成，每个模块包含若干基本结构（顺序、分支、循环），每个基本结构中包含若干语句。

1. 分支结构

分支结构也被称为选择结构，C51 中可以使用 if 语句和 switch 语句实现。

（1）if 语句

if 语句的一般格式如下：

- **if(表达式){语句;}**
- **if(表达式){语句 1;} else{语句 2;}**
- **if(表达式 1){语句 1;}**

```
    else  if(表达式 2){语句 2;}
……
        else  if(表达式 n-1){语句 n-1;}
          else{语句 n;}
```

（2）switch 语句

switch 语句是 C51 提供的多分支选择语句，一般格式如下：

switch（表达式）

```
{ case  常量表达式 1:{语句 1;} break;
    case  常量表达式 2:{语句 2;} break;
  ……
    case  常量表达式 n-1:{语句 n-1;} break;
    default:{语句 n;}
}
```

2. 循环结构

(1) while 语句

C51 使用 while 语句实现当型循环，格式如下：

```
while(表达式)          //条件
{语句;}                //循环体
```

(2) do-while 语句

C51 使用 do-while 语句实现直到型循环，格式如下：

```
do
{语句;}              //循环体
while(表达式);       //条件
```

(3) for 语句

在 C51 程序设计中，for 语句的功能强大，使用最为灵活，格式如下：

```
for(表达式 1; 表达式 2; 表达式 3)
{语句;}      //循环体
```

注意：在 C51 中允许三种循环结构相互嵌套。

4.3.2　C51 与汇编语言混合编程

在一个应用程序中，根据每个任务的具体特点和要求，用不同的编程语言编写源程序，最后通过编译/连接器生成一个可执行的完整程序，这种编程方式称为混合编程。

汇编语言具有执行速度快、效率高、实时性强等优点，尤其在一些实时控制系统中，对硬件和速度有特殊要求时，汇编语言的优势更为突出。但是，汇编编程较为繁琐，可读性和可移植性都较差。C51 功能丰富、表达能力强、使用灵活方便、开发周期短、可读性强、可移植性好。但是，采用 C51 还是存在着如对硬件没有汇编语言方便、效率没有汇编语言高、编写延时程序精确度不高等缺点。因此，目前 MCS-51 系统开发中经常用到 C51 与汇编语言混合编程技术。

在 MCS-51 应用系统设计中，采用 C51 与汇编语言混合编程的方法，既可以提高程序开发的效率，又可以很方便地操作单片机硬件；既能保证整个程序的可读性，又能保证对硬件访问的精确性。C51 和汇编语言的混合编程通常是程序的框架或主体部分用 C51 编写，对那些使用频率高、要求执行效率高、延时精确的部分用汇编语言编写，这样既保证了整个程序的可读性，又保证了应用系统的性能。

在 C51 与汇编语言混合编程中，应注意相应的使用方法和参数传递。

1. 混合编程的基本方式

C51 与汇编语言混合编程通常有两种基本方法：在 C51 中嵌入汇编语言程序和在 C51 中

调用汇编语言程序。

（1）在 C51 中嵌入汇编语言程序

在 C51 中嵌入汇编语言程序主要用于实现延时或中断处理，以便生成精练的代码，减少运行时间。嵌入式汇编语言通常用在当汇编语言函数不大，且内部没有复杂的跳转的时候。在 C51 中嵌入汇编语言程序是通过 C51 中的预处理指令#pragma asm/endasm 语句实现，格式如下：

```
#pragma      ASM
……           ；汇编语言程序
# pragma     ENDASM
```

由编译控制指令 SRC 控制并将这些汇编语言程序存入其中，使用这种方法，在 Keil C51 中要做如下设置：

1）将嵌有汇编语句的源文件加入到要编译的工程文件中，然后右击该文件，选择“Option for File……”，并将“Properties”选项卡中的“Generate Assembler SRC File”和“Assemble SRC File”两项设置为有效。

2）将“Link Public Only”项设置为无效。

这样，就可以在 C51 源代码中任意位置嵌入汇编语言了。

（2）在 C51 中调用汇编语言程序

在 C51 中调用汇编语言程序的方法应用较多，C 模块与汇编语言模块的接口较简单，分别用 C51 与 A51 对源程序进行编译，然后用 L51 将 obj 文件连接即可。在 C51 中调用汇编语言程序的关键问题是在 C 函数与汇编函数之间的参数传递和得到正确返回值，以保证模块间的数据交换。

2. C51 与汇编语言程序的参数传递

在 C51 中嵌入汇编语言程序或调用汇编语言程序，其参数传递的过程是不一样的。

（1）在 C51 中嵌入汇编语言程序的参数传递

对于在 C51 中通过# pragma ASM 和#pragma ENDASM 嵌入的汇编语言程序，C51 编译器在编译时只是将其中的汇编语言程序不编译，而不做任何其他处理，因此不存在函数调用时的参数传递和返回值问题。要在 C51 和汇编语言程序中实现数据传递，可以通过变量或特殊功能寄存器来实现，例如在 C51 的变量定义部分定义 Z 变量，在 C51 和汇编语言程序中共同访问 Z 变量，这样，C51 就可以通过 Z 变量把参数传递给汇编语言程序，汇编语言程序也可以通过 Z 变量把参数返回给 C51。

（2）在 C51 中调用汇编语言程序的参数传递

在 C51 中调用汇编语言程序是通过函数调用的形式来实现的。由于 C51 程序函数有明确的参数和返回值约定，因此在 C51 中调用汇编语言程序进行参数传递时都必须严格遵守 C51 函数的参数和返回值相关约定。

在 C51 中调用汇编语言程序实现参数传递的方式主要有两种：一种是通过寄存器传递参数；另一种是通过固定存储区传递参数。

1）通过寄存器传递参数。Franklin C51 规定调用函数最多可通过 MCS-51 的工作寄存器传递三个参数，余下的需通过固定存储区传递。可以用“NOREGPARMS”命令取消用寄存器传递参数，如果取消或参数太多，则参数通过固定存储区传递。用寄存器传递参数的函数，在生成代码时被C51编译器在函数名前加上一个下画线“_”的前缀，在固定存储区传递参数的函数则没有下画线。不同的参数用到的寄存器不一样，不同的数据类型用到的寄存器也不同。通过寄存器传递的参数及所用寄存器见表4-9。

表4-9　通过寄存器传递的参数及所用寄存器

参数类型	char	int	long/float	通用指针
第1个	R7	R6、R7	R4～R7	R1、R2、R3
第2个	R5	R4、R5	R4～R7	R1、R2、R3
第3个	R3	R2、R3	无	R1、R2、R3

表4-9中，int型和long型数据传递时高位数据在低位寄存器中，低位数据在高位寄存器中；float型数据满足32位的IEEE格式，指数和符号位在R7中；通用指针存储类型在R3中，高位在R2中。例如：

func1（int a）　　/*唯一一个参数a，高位数据在R6中，低位数据在R7中。*/

func2（int b，int c，int *d）　　/*第一个参数b在寄存器R6、R7中，第二个参数c在R4、R5中，第三个参数在R1、R2、R3中*/

2）通过固定存储区传递参数。使用固定存储区传递参数至汇编程序，参数段首地址用段名“？function-name？BYTE”和“？function-name？BIT”保存，其中“function-name”为函数名称，“BIT”保存位参数段首地址，“BYTE”保存其他类型参数段首地址。

用做参数传递的固定存储区可在内部数据区或外部数据区，这由存储模式决定。Small模式的参数段用内部数据区，COMPACT和LARGE模式用外部数据区。

为了能够在C51中调用汇编程序，要求汇编程序的编写必须符合C51的相关命名规则。C51程序在调用汇编程序时，除了前面参数传递的相关规则外，函数及其相关段也需要满足一定的规则。

可以看出，要编写为C51调用的汇编程序，除了参数必须按前面规定的寄存器或存储器传送外，程序格式也有相应的规则。这些规则比较繁琐，在实际处理中往往按下面方式处理：

① 先用C51程序编写出程序框架，如文件名为a1. c（注意参数）。

② 在Keil C51的Project窗口中用右键单击该C51文件，在右键菜单中选择“Options for?”，左键单击右边的“Generate Assembler SRCFile”和“Assemble SRC File”，使检查框由灰色变成黑色（有效）状态。

③ 根据选择的编译模式，把相应的库文件（如SMALL模式时，是Keil\C51\Lib\C51S. Lib）加入工程中，该文件必须作为工程的最后文件。库文件与编译模式的关系如前面所述。

④ 编译后将会产生一个扩展名为“. SRC”的文件，将这个文件扩展名改为“. ASM”。这样就形成了可供C51程序调用的汇编程序。随后可在该文件的代码段中加入所需指令代码。

⑤ 将该汇编语言程序与调用它的主程序一起加到工程文件中，这时工程文件中不再需要原来的C51文件和库文件，主程序只需要在程序开始处用EXTERN对所调用的汇编程序中的函数作声明，主程序中即可调用汇编语言程序中的函数。

4.3.3　C51程序设计实例

【例4-1】　将片内RAM的2000H～20FFH单元清零。

解：汇编语言程序如下：

```
        ORG   0000H
        MOV   R0, # 00H
        MOV   DPTR, # 2000H        //指向 2000H 单元
        CLR   A
L1:     MOVX  @DPTR, A             //将指向的单元清零
        INC   DPTR
        INC   R0                   //字节数加 1
        CJNE  R0, #00H, L1         //判断是否清到 20FFH
        SJMP  $
        END
```

C51 程序如下：

```
# include <reg51. h>
main() {
  int  i
  unsigned  char  xdata  * p = 0x2000        //指针指向 2000H 单元
  for(i = 0;i < 256;i ++ ) {
    * p = 0;                                 //将指向的单元清零
    P ++;                                    //指针加 1
    }
```

【例 4-2】 利用循环编写延时函数，延迟时间为 n（ms）（假设 8051 CPU 的时钟频率为 12MHz）。

解：延时功能可以使用循环程序来实现。

C51 程序如下：

```
#include < reg51. h >
void delay(unsigned int n)    //延时 n(ms)函数
{
    unsigned int i,j;
    for(i = 0;i < n;i ++ )
      for(j = 0;j < 120;j ++ );
}
```

注：时钟频率为 12MHz 时，n 为 1，循环 120 次约为 1ms。

【例 4-3】 电路如图 4-2 所示，8051 的 P1. 0、P1. 1、P1. 2、P1. 3 分别接入四支发光二极管 VD0、VD1、VD2、VD3，P3. 0、P3. 1、P3. 2、P3. 4 分别接四支开关 S0、S1、S2、S3。开关断开，对应的发光二极管亮；开关闭合，对应的发光二极管灭。

解：多开关控制可以使用选择分支程序来实现。

方法一：利用 if. . else 语句。

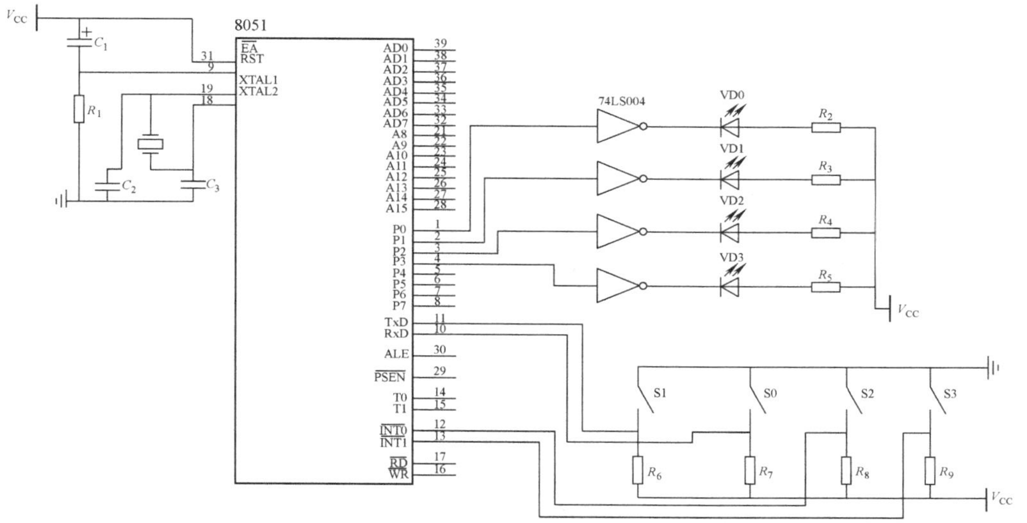

图 4-2　开关控制发光二极管接口电路

```
#include < stdio. h >           //预处理命令
#include < reg51. h >
void main (void)                //主函数
 {
   unsigned char buf;           //变量说明
   P1 =0xff;                    //P1 口全置 1
   while (1) {
     buf = P3;                  //读 P3 口状态
     if ( (buf&0x01) ==0x01)
       P1 = (P1&0x00) | 0x01;
       else if ( (buf&0x02) ==0x02)
         P1 = (P1&0x00) | 0x02;
         else if ( (buf&0x04) ==0x04)
             P1 = (P1&0x00) | 0x04;
             else if ( (buf&0x08) ==0x08)
               P1 = (P1&0x00) | 0x08;
   }
 }
```

方法二：利用 switch-case 语句。

```
#include < stdio. h >             //预处理
#include < reg51. h >
void main (void)                  //主函数
 {
     unsigned char buf;
```

```
        P1 =0xff;
        while (1) {
        buf = P3;
        buf = buf&0x0f;
        switch    (buf) {
          case 0x01:
            P1 = (P1&0x00) | 0x01;
            break;
          case 0x02:
            P1 = (P1&0x00) | 0x02;
            break;
          case 0x04:
            P1 = (P1&0x00) | 0x04;
            break;
          case 0x08:
            P1 = (P1&0x00) | 0x08;
            break;
          default:    break;
        }
    }
```

【例 4-4】 P1 口接八个发光二极管，试编写程序令发光二极管循环点亮。

解： P1.0 ~ P1.7 接八个发光二极管，设晶体振荡频率为 12MHz，每 250ms 点亮一个发光二极管的程序如下：

```
    #include < intrins. h >                //预处理
    #include < reg51. h >
    void delay(unsigned int n)             //延时 n(ms)函数
    {
        unsigned int i,j;
        for(i =0;i < n;i ++ )
          for(j =0;j < 120;j ++ );
    }
    void main(){
    P1 =0xfe;
    while(1){
    P1 = _crol_(P1,1); P1 的值向左循环移动
    delay(250); 延时 250ms
          }
    }
```

本 章 小 结

本章主要介绍了 C51 的基本编程方法。

结构： C51 属于结构化程序设计语言，同样有顺序、选择、循环三种结构。

语句： C51 基本语句有赋值、函数调用语句、复合语句和空语句；流程控制语句有 if、switch、while、do-while 及 for 语句；辅助控制语句有 break 与 continue 语句。

C51 扩展关键字： _at_，bdata，bit，code，data，idata，interrupt，pdata，reentrant，sbit，sfr，sfr16，using，volatile，xdata。

C51 数据类型、长度和数值范围如下：

数据类型	表示方法	长度/B	数值范围
无符号字符型	unsigned char	1	0 ~ 255
有符号字符型	signed char	1	-128 ~ +127
无符号整型	unsigned int	2	0 ~ 65535
有符号整型	signed int	2	-32768 ~ +32767
无符号长整型	unsigned long	4	0 ~ 4294967295
有符号长整型	signed long	4	-2147483648 ~ +2147483647
浮点型	float	4	3.4E-38 ~ 3.4E+38
特殊功能寄存器型	sfr，sfr16	1，2	0 ~ 255，0 ~ 65535
位类型	bit，sbit	1	0 或 1

C51 存储区与存储空间的对应范围如下：

关键字	对应的存储空间及范围
code	ROM 空间，64KB 全空间
data	片内 RAM，直接寻址，低 128 单元
bdata	片内 RAM，位寻址区，0x20 ~ 0x2F，可字节访问
idata	片内 RAM，间接寻址，256B，与@ R*i* 相对应
pdata	片外 RAM，间接寻址，64KB，与 MOVX @ R*i* 相对应
xdata	片外 RAM，64KB 全空间
bit	片内 RAM，位寻址区，0x00 ~ 0x7F，128 位

习　　题

4-1　C51 有哪几种编译模式？每种编译模式的特点如何？

4-2　简述 C51 的数据存储类型。

4-3　C51 中的中断函数和一般的函数有什么不同？

4-4　如何消除键盘的抖动？

4-5　编程求一元二次方程的根。

4-6　计算自然数 1 ~ 100 的累加和。

4-7　已知在片内 RAM 中有以 array 为首单元的数据区，依次存放单字节数组长度及数组内容，求这组数据的和，并将和紧接着数据区存放。请编写程序。

4-8　五个双字节数，存放在片外 RAM 以 array 为首的单元中，求它们的和，并把和存放在 SUM 开始的单元中。请编程实现。

4-9　用软件产生 100μs 定时，在 P1.0 输出周期为 200μs 的连续方波。已知晶体振荡频率 $f_{osc}=6MHz$。

第 5 章 MCS-51 单片机的内部（硬件）资源及应用

教学目的

本章主要介绍了 MCS-51 单片机的内部资源，包括中断系统、定时/计数器及串行口的原理及应用。学生要掌握这些内部资源的原理，并能编写中断服务程序。

5.1 MCS-51 单片机的中断系统

简单来说，中断是一种使 CPU 中止正在执行的程序而转去处理特殊事件的操作。这些引起中断的事件称为中断源，它们可能是来自外设的输入/输出请求，也可能是计算机的一些异常事故或其他内部原因。更具体地，定义 CPU 中断为这样一个过程：在特定的事件（中断源，也称中断请求信号）触发下引起 CPU 暂停正在运行的程序（主程序），转而先去处理一段为特定事件而编写的处理程序（中断处理程序），等中断处理程序处理完成后，再回到主程序被打断的地方继续运行。

5.1.1 中断技术

1. 为什么应用中断技术

当 CPU 与外设交换信息时，若用查询的方式，则 CPU 就要浪费时间去等待外设。为了解决快速 CPU 和慢速外设之间的矛盾，提高 CPU 和外设的工作效率，引入了中断技术。中断技术是现代计算机中一项很重要的技术，它能使计算机的功能更强，效率更高。

计算机引入中断技术有以下优点：

1）同步工作。有了中断功能，就可以使 CPU 和外设之间同步工作：CPU 在启动外设工作后，就继续执行主程序，同时外设也在工作；当外设把数据准备好时，发出中断请求，请求 CPU 中断主程序的执行；当 CPU 响应这一中断请求时，转去执行输入/输出中断处理程序；中断处理程序执行完后，CPU 恢复执行主程序，外设也继续工作。有了中断功能，CPU 可命令多个外设同步工作，大大提高了 CPU 和外设的工作效率。

2）实时处理。当计算机用于实时控制时，中断是一个十分重要的功能。现场采集到的各种数据可在任何时间发出中断申请，要求 CPU 处理，若中断是开放，CPU 就可以马上响应并对数据进行处理。这样的实时处理在查询工作方式下是做不到的。

3）故障处理。计算机在运行过程中，往往出现事先预料不到的情况或故障，如掉电、存储出错、运算溢出等，计算机可以利用中断系统自行处理，而不必停机或报告工作人员。

2. 中断系统的功能

1）实现中断及返回。当某一中断源发出中断申请时，CPU 能决定是否响应这个中断请求（当 CPU 在执行更紧急、更重要的工作时，可以暂不响应中断），若允许响应这一中断请求，

CPU 必须在现行的指令执行完后，把断点的 PC 值（即下一条应执行的指令地址）、各个寄存器的内容和标志的状态，推入堆栈保留下来，这就称为保护断点和现场。然后，转到需要处理的中断源的服务程序的入口。当中断处理完后，再恢复被保留下来的各个寄存器和标志位状态（称为恢复现场）并恢复 PC 值（称为恢复断点），使 CPU 返回断点，继续执行主程序。

2）实现优先权排队。若在系统中有多个中断源，则经常会出现两个以上中断源同时提出中断请求的情况，这样就需要设计者事先根据轻重缓急给每一个中断源确定一个中断级别（优先权），当多个中断源同时发出中断申请时，CPU 能找到优先权级别最高的中断源，并响应它的中断请求，在优先权级别最高的中断源处理完后，再响应级别较低的中断源。

3）高级中断源能中断低级中断处理。当 CPU 响应某一中断源的请求、进行中断处理时，若有优先权级别更高的中断源发生中断申请，则 CPU 要能中断正在进行的中断服务程序，保留这个程序的断点和现场，响应高级中断，在高级中断处理完以后，再继续进行被中断的中断程序。若发出新的中断请求的中断源的优先级别与正在处理的中断源同级或更低，则 CPU 不响应这个中断请求，而是直到正在处理的中断服务程序执行完后，才去处理新的中断请求。

5.1.2 MCS-51 单片机的中断系统

中断系统结构如图 5-1 所示。

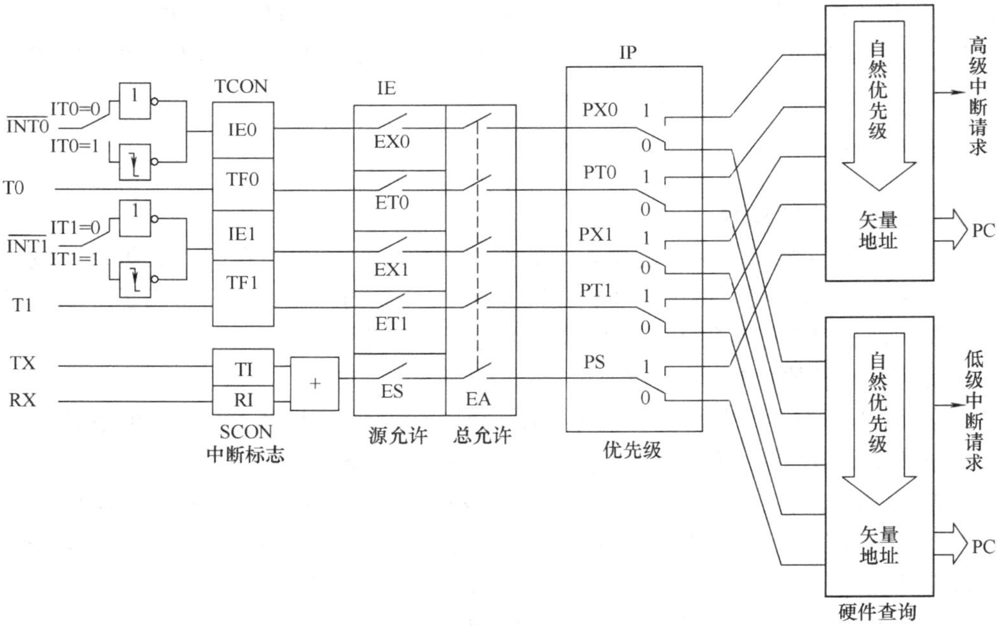

图 5-1 中断系统结构

由图 5-1 可知，MCS-51 有五个中断源、四个用于中断控制的寄存器 IE、IP、TCON（用 6 位）和 SCON（用 2 位）。其中，四个中断控制寄存器用于控制中断的类型、中断的开/关和各种中断源的优先级别；五个中断源有两个中断优先级，每个中断源可以编程为高优先级或低优先级中断，可以实现二级中断服务程序的嵌套。

1. MCS-51 中断源

MCS-51 的五个中断源包括：$\overline{INT0}$、$\overline{INT1}$引脚输入的外部中断源和三个内部中断源（定时器 T0、T1 的溢出中断源和串行口的发送/接收中断源）。这些中断 MCS-51 源分别由特殊功能寄存器 TCON 和 SCON 的相应位锁存。

（1）定时器/计数器控制寄存器 TCON（88H）

TCON 为定时器/计数器 T0、T1 的控制器，同时也锁存了 T0、T1 的溢出中断源和外部中断源，其格式如下：

TCON（88H）	TF1		TF0		IE1	IT1	IE0	IT0
位地址	8FH		8DH		8BH	8AH	89H	88H

IE1：外部中断$\overline{INT1}$（P3.3）请求标志位。当 CPU 检测到在$\overline{INT1}$引脚上出现的外部中断信号（低电平或脉冲下降沿）时，由硬件置位 IE1 =1，请求中断。CPU 响应中断进入中断服务程序后，IE1 位被硬件自动清“0”（指脉冲边沿触发方式，电平触发方式时 IE1 不能由硬件清“0”）。

IT1：外部中断$\overline{INT1}$请求类型（触发方式）控制位。由软件来置“1”或清“0”，以控制外部中断 1 的触发类型。

IT1 =0：外部中断 1 程控为电平触发方式，当$\overline{INT1}$（P3.3）输入低电平时，置位 IE1 = 1，申请中断。CPU 在每个机器周期的 S5P2 期间采样$\overline{INT1}$（P3.3）的输入电平，当采样到低电平时，置位 IE1 =1。采用电平触发方式时，外部中断源（输入到$\overline{INT1}$）必须保持低电平有效，直到该中断被 CPU 响应。同时，在该中断服务程序执行完之前，外部中断源有效电平必须被撤消，否则将产生另一次中断。

IT1 =1：外部中断 1 程序控制为边沿触发方式，CPU 在每个机器周期的 S5P2 采样$\overline{INT1}$（P3.3）输入电平。若相继的两次采样，一个周期采样为高电平，接着下个周期采样为低电平，置位 IE1 =1，表示外部中断 1 正在向 CPU 申请中断，直到该中断被 CPU 响应时，IE1 由硬件自动清“0”。因为每个机器周期采样一次外部中断输入电平，所以当采用边沿触发方式时，外部中断源输入的高电平和低电平的时间必须保持 1 个机器周期，才能保证 CPU 检测到由高到低的负跳变。

IE0：外部中断 0（$\overline{INT0}$）请求标志位。IE0 =1，外部中断 0 向 CPU 请求中断，当 CPU 响应外部中断时，IE0 由硬件清“0”（指边沿触发方式）。

IT0：外部中断 0（$\overline{INT0}$）触发方式控制位。IT0 =0，外部中断 0 程序控制为电平触发方式；IT0 =1 外部中断 0 为边沿触发方式，其功能和 IT1 类似。

TF0：定时器 T0 的溢出中断申请位。TF0 实际上是 T0 中断触发器的一个输出端。T0 被允许计数以后，从初值开始加 1 计数，当产生溢出时置 TF0 =1，向 CPU 请求中断，直到 CPU 响应该中断时才由硬件清“0”（也可由查询程序清“0”）。

TF1：定时器 T1 的溢出中断申请位。定时器 T1 被允许计数以后，从初值开始加 1 计数，当产生溢出时置 TF1 =1，向 CPU 请求中断，直到 CPU 响应该中断时才由硬件清“0”（也可由查询程序清“0”）。

（2）串行口控制寄存器 SCON（98H）

SCON（98H）为串行口控制寄存器，SCON 的低两位锁存串行口接收中断和发送中断标志 RI 和 TI，其格式如下：

SCON（98H）							TI	RI
位地址							99H	98H

RI 和 TI：串行口内部表示中断申请标志位。串行口接收中断 RI 和发送中断 TI 逻辑“或”以后作为内部的一个中断源。当串行口发送或接收完一帧数据时，将 SCON 中的 TI 或 RI 位置“1”，向 CPU 申请中断。在 CPU 响应串行口的中断时，并不清“0”TI 和 RI 中断标志，TI 和 RI 必须由软件清“0”。

2. MCS-51 中断控制

（1）中断允许寄存器 IE（A8H）

MCS-51 中，特殊功能寄存器 IE 为中断允许寄存器，控制 CPU 对中断源的开放或屏蔽，以及每个中断源是否允许中断。其格式如下：

IE（A8H）	EA			ES	ET1	EX1	ET0	EX0
位地址	AFH			ACH	ABH	AAH	A9H	A8H

EA：CPU 中断开放标志。EA =1，CPU 开放中断；EA =0，CPU 屏蔽所有的中断请求。

ES：串行中断允许位。ES =1，允许串行口中断；ES =0，禁止串行口中断。

ET1：T1 溢出中断允许。ET1 =1，允许 T1 中断；ET1 =0，禁止 T1 中断。

EX1：外部中断 1（$\overline{\text{INT1}}$）允许位。EX1 =1，允许外部中断 1 中断；EX1 =0，禁止外部中断 1 中断。

ET0：T0 溢出中断允许位。ET0 =1，允许 T0 中断；ET0 =0，禁止 T0 中断。

EX0：外部中断 0（$\overline{\text{INT0}}$）允许位。EX0 =1，允许外部中断 0 中断；EX0 =0，禁止外部中断 0 中断。

MCS-51 复位后，IE 中各位均被清“0”，即禁止所有中断。

（2）中断源优先级设定寄存器 IP（B8H）

MCS-51 有两个中断优先级，每个中断源可编程为高优先级中断或低优先级中断，并可实现二级中断嵌套。

特殊功能寄存器 IP 为中断优先级寄存器，锁存各种中断源优先级的控制位，用户可用软件设定，其格式如下：

IP（B8H）				PS	PT1	PX1	PT0	PX0
位地址				BCH	BBH	BAH	B9H	B8H

PS：串行口中断优先级控制位。PS =1，设定串行口为高优先级中断；PS =0，为低优先级中断。

PT1：T1 中断优先级控制位。PT1 =1，设定定时器 T1 为高优先级中断；PT1 =0，为低优先级中断。

PX1：外部中断 1 中断优先级控制位。PX1 =1，设定外部中断 1 为高优先级中断；PX1 =0，为低优先级中断。

PT0：T0 中断优先级控制位。PT0 =1，设定定时器 T0 为高优先级中断；PT0 =0，为低优先级中断。

PX0：外部中断 0 中断优先级控制位。PX0 = 1，设定外部中断 0 为高优先级中断；PX0 = 0，为低优先级中断。

当系统复位时，IP 各位均为 0，所有中断设置为低优先级中断。

（3）优先级结构

设置 IP 寄存器把各中断源的优先级分为高低两级，它们遵循两条基本原则：第一，低优先级中断可以被高优先级中断所中断，反之不能；第二，一种中断一旦得到响应，与它同级的中断不能再中断它。当 CPU 同时收到几个同一优先级别的中断请求时，哪一个的请求将得到服务，取决于内部的硬件查询顺序，CPU 将按自然优先级顺序确定该响应哪个中断请求。自然优先级由硬件形成，其排列见表 5-1。

表 5-1　自然优先级排列

中　断　源	同级内部优先级
外部中断 0	最高级
定时器 T0 中断	↓
外部中断 1	↓
定时器 T1 中断	↓
串行口中断	最低级

利用中断优先级可以实现两级中断嵌套，两级中断嵌套响应的过程如图 5-2 所示。

MCS-51 的 CPU 每一个机器周期顺序检查每一个中断源，在任意机器周期的 S6 状态采样并按优先级处理所有被激活的中断请求，在下一个机器周期的 S1 状态，只要不受阻断就开始响应其中最高优先级的中断请求。若发生下列情况，中断响应会受到阻断：

1）同级或高优先级的中断正在进行。

2）现在的机器周期不是所执行指令的最后一个机器周期。

3）正执行的指令是 RETI 或是访问 IE 或 IP 的指令，也就是说 CPU 在执行 RETI 或访问 IE、IP 的指令后，至少需要再执行其他一条指令之后才会响应。

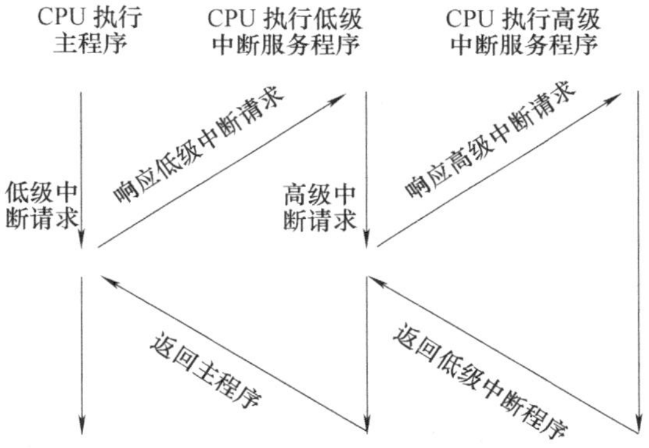

图 5-2　两级中断嵌套响应的过程

如果上述条件中有一个存在，CPU 将丢弃中断查询的结果；若一个条件也不存在，接着的下一机器周期，中断查询结果变为有效。

CPU 响应中断，由硬件自动将响应的中断矢量地址装入程序计数器 PC，转入该中断服务程序进行处理。对于有些中断源，CPU 在响应中断后会自动清除中断标志，如定时器溢出标志 TF0、TF1，以及边沿触发方式下的外部中断标志 IE0、IE1；而有些中断标志不会自动清除，只能由用户用软件清除，如串行口的接收发送中断标志 RI、TI；在电平触发方式下的外部中断标志 IE0 和 IE1 则是根据引脚 $\overline{INT0}$ 和 $\overline{INT1}$ 的电平变化而变化的，CPU 无法直接干预，需在引脚外加硬件（如 D 触发器）使其自动撤消外部中断请求。

CPU 执行中断服务程序之前，自动将 PC 内容（断点地址）压入堆栈保护（但不保护状态寄存器 PSW 的内容，更不保护累加器 A 和其他寄存器的内容），然后将对应的中断矢量装入 PC，使程序转向该中断矢量地址单元中，以执行中断服务程序。各中断源及其对应的矢量地址见表 5-2。

表 5-2　中断源及其对应的矢量地址

中　断　源	中断矢量地址	中　断　源	中断矢量地址
外部中断 0（$\overline{INT0}$）	0003H	定时器 T1 中断	001BH
定时器 T0 中断	000BH	串行口中断	0023H
外部中断 1（$\overline{INT1}$）	0013H		

中断服务程序从矢量地址开始执行，一直到返回指令“RETI”为止。“RETI”指令的操作，一方面告诉中断系统该中断服务程序已经执行完毕，另一方面把原来压入堆栈保护的断点地址从栈顶弹出，装入 PC，使程序返回到被中断的程序断点处，以便继续执行。

在编写中断服务程序时应注意以下几方面：

1）在中断矢量地址单元处放一条无条件转移指令（如 JMP xxxxH），使中断服务程序可灵活地安排在 64KB 程序存储器的任何空间。

2）在中断服务程序中，用户应注意用软件保护现场，以免中断返回后，丢失原寄存器、累加器中的信息。

3）若要在执行当前中断程序时禁止更高优先级中断，可以先用软件关闭 CPU 中断，或禁止某中断源中断，在中断返回前再开放中断。

5.1.3　中断处理的过程

MCS-51 的中断处理过程可分为三个阶段：中断响应、中断处理和中断返回。

1. 中断响应

1）响应条件。CPU 响应中断的条件如下：

① 有中断源发出中断请求。

② 中断总允许位 EA＝1，即 CPU 开中断。

③ 申请中断的中断源的中断允许位为 1。

满足以上条件，CPU 响应中断；如果中断受阻，CPU 不会响应中断。

2）响应过程。MCS-51 一旦响应中断，首先置位响应的优先级触发器，执行一个硬件子程序调用，把断点地址压入堆栈保护，然后将对应的中断入口地址装入 PC，使程序转向该中断入口地址，以执行中断服务程序。

2. 中断处理

CPU 响应中断结束后即转至中断服务程序的入口。从中断服务程序的第一条指令开始到返回指令为止，这个过程称为中断处理或称中断服务。中断处理包括两部分内容：一是保护现场；二是为中断源服务。

现场通常有 PSW、工作寄存器、专用寄存器等。如果在中断服务程序中要用这些寄存器，则在进入中断服务之前应将它们的内容保护起来，称保护现场；同时在中断结束，执行 RETI 指令之前应恢复现场。

中断服务是针对中断源的具体要求进行处理。

3. 中断返回

中断处理程序的最后一条指令是中断返回指令 RETI。它的功能是将断点弹出送回 PC 中，使程序能返回到原来被中断的程序继续执行。

4. 中断程序举例

【例 5-1】 利用外部中断 0 向 CPU 申请中断，中断服务将 P1 口作为输出驱动。

汇编程序设计如下：

```
        ORG     0000H
        AJMP    MAIN        ；转向主程序
        ORG     0003H       ；外部中断 0 入口地址
        AJMP    WINT        ；指向中断服务程序
        ORG     0100H       ；主程序
MAIN：  SETB    IT0         ；选择边沿触发方式
        SETB    EX0         ；允许外部中断 0
        SETB    EA          ；CPU 允许中断
HERE：  AJMP    HERE        ；主程序踏步
```

中断服务程序如下：

```
        ORG     0200H
WINT:   MOV     A, #0FFH
        MOV     P1, A       ；输出驱动
        RETI                ；中断返回
        END
```

C51 程序设计：

```
#include <reg52. h >
  init()                      //中断初始化
{
  EA =1;                      //开总中断
  EX0 =1;                     //开外部中断 0
  IT0 =1;                     //设为下降沿触发
}
void main()
{
  init();
  While(1);
}
void ex0() interrupt 0        //中断子函数
{
  P1 =0xff;
```

}

外部中断 0 的入口地址在 0003H 单元，而中断服务子程序则可放在程序存储器的任何地方。但必须在 0003H 单元放一条跳转指令，指向中断服务子程序的起始地址。中断服务子程序最后一条指令必须是 RETI 指令，以便在结束时能返回到被中断的主程序。

MCS-51 的 CPU 执行程序由 0000H 单元自动跳到主程序执行，主程序完成中断初始化程序之后，立即进入到以下指令：

HERE：　AJMP　　HERE

这是一条跳转指令，每执行一次，仍然跳回到原处，因此是一个踏步动作，它相当于一个很长的主程序，一直执行下去，等待中断的到来。

MCS-51 在每个机器周期的 S5P2 期间对$\overline{\text{INT0}}$采样（注意此处选择为边沿触发），如果连续采样到一个周期为高电平，下一个周期紧接着为低电平，则硬件自动将 TCON 寄存器的中断请求标志位 IE0 置位，由 IE0 标志请求中断（保存中断请求）。

在 MCS-51 检查到外部中断 0 有中断请求时，在当前指令执行完毕之后，下一个机器周期的 S1 期间开始响应。在响应期间 MCS-51 自动完成一系列动作：

1）将相应的优先级有效触发器置位，清除中断请求标志（IE0 =0）。

2）执行一个硬件子程序，把程序计数器的内容（主程序被中断处的地址）压入堆栈。

3）把请求中断的相应中断入口地址（此处为 0003H）装入 PC。

4）由 0003H 再跳到中断服务程序入口 0200H。

5）当中断服务程序的指令全部执行完毕时，最后执行 RETI，把保存在堆栈的主程序返回地址重新装入 PC，使主程序继续执行下去。

5. 中断请求标志的撤消

CPU 响应某中断请求后，在中断返回（RETI）之前，该中断请求应该撤消，否则会引起另一次中断。MCS-51 各中断源请求撤消的方法各不相同。分别如下：

1）定时器 0 和定时器 1 的溢出中断，CPU 在响应中断后，就由硬件自动清除了 TF0 或 TF1 标志位。即中断请求自动撤消，无须采取其他措施。

2）外部中断请求的撤消与设置的中断触发方式有关。

对于边沿触发方式的外部中断，CPU 在响应中断后，也是由硬件自动将 IE0 或 IE1 标志位清除的，也无须采取其他措施。

对于电平触发方式的外部中断，在硬件上，CPU 对$\overline{\text{INT0}}$和$\overline{\text{INT1}}$引脚的信号完全没有控制（在专用寄存器中，没有相应的中断请求标志），也不像某些微处理器那样，响应中断后会自动发出一个响应信号。因此在 MCS-51 的用户系统中，要另外采取撤消外部中断请求的措施。图 5-3 所示是可行的方案之一。外部中断请求信号不直接加在$\overline{\text{INT}i}$引脚上，而是加在 D 触发器的 CLK 时钟端。由于 D 端接地，当外部中断请求的正脉冲信号出现在 CLK 端时，D 触发器置 0 使$\overline{\text{INT}i}$有效，向 CPU 发出中断请求。CPU 响应中断后，利用一根口线作为应答线。图中的 P1.0 接 D 触发器的$\overline{\text{S}}$端。在中断服务程序中用下面两条指令撤消中断请求：

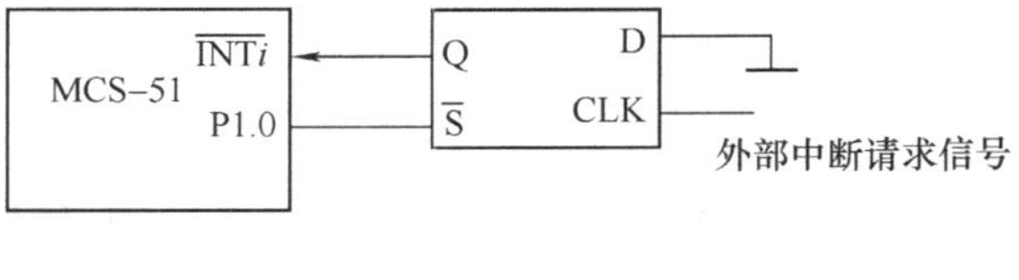

图 5-3　撤消外部中断请求方案之一

```
ANL      P1, #0FEH      ; 使 P1.0 输出 0
ORL      P1, #01H       ; 使 P1.0 输出 1
```

这两条指令执行后，是 P1.0 输出一个负脉冲，其持续时间为两个机器周期，足以使 D 触发器置位，而撤消端口外部中断请求。

第二条指令是不可少的，否则，D 触发器的$\overline{S}$端始终有效，而$\overline{\text{INT}i}$端始终为 1，无法再次中断。

3）串行口的中断，CPU 响应后，硬件不能自动清除 TI 和 RI 标志位，因此在 CPU 响应中断后，必须在中断服务程序中用软件来清除相应的中断标志位，以撤消中断请求。

5.1.4　扩充外部中断源的方法

MCS-51 有两个外部中断请求输入端$\overline{\text{INT0}}$和$\overline{\text{INT1}}$，在实际的应用中，若外部中断源有两个以上，就需要扩充外部中断源。

1. 用定时器扩充外部中断

MCS-51 有两个定时器，具有两个内部中断标志和外部计数输入引脚，当定时器设置为计数方式、计数初值设为满量程 FFH 时，一旦外部信号从计数器引脚输入一个负跳变信号，计数器就加 1 产生溢出中断，从而可以转去处理该外部中断源的请求。因此，可以把外部中断源作边沿触发输入信号，接至定时器的 T0（P3.4）或 T1（P3.5）引脚上，以该定时器的溢出中断标志及中断服务程序作为扩充外部中断源的标志和中断服务程序。

2. 中断与查询相结合

利用 MCS-51 的两根外部中断输入线，每一中断输入线可以通过线或的关系连接多个外部中断源，同时利用输入端口线作为各中断源的识别线。外部中断源连接方法如图 5-4 所示。

图 5-4 中的四个外部装置通过集电极开路的 OC 门构成线或的关系，四个装置的中断请求输入均通过$\overline{\text{INT0}}$发给 CPU。无论哪一个外设提出中断请求，都会使$\overline{\text{INT0}}$引脚变低，究竟是哪个外设申请中断，可以通过程序查询 P1.0～P1.3 的逻辑电平获知。这四个中断源的优先级，设为装置 1 最高，装置 4 最低。软件查询时由最高至最低的顺序查询。

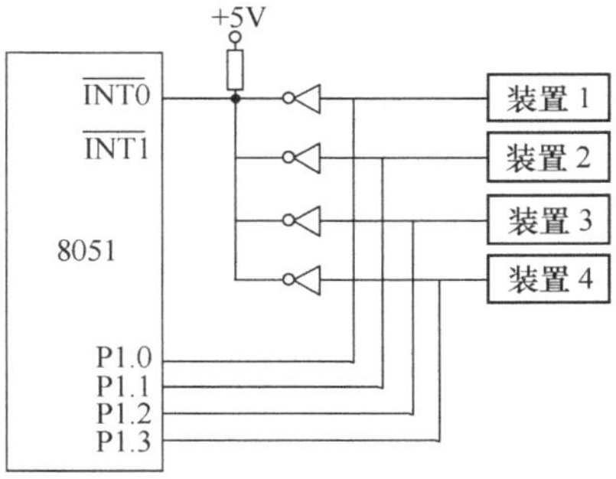

图 5-4　多外部中断源连接方法

有关中断服务程序设计如下：

```
            ORG      0003H
            LJMP     INTRP0         ; INT0中断服务程序入口
            ……       ……
INTRP0:     PUSH     PSW            ; 中断查询程序
            PUSH     A
            JB       P1.0, DV1
            JB       P1.1, DV2
            JB       P1.2, DV3
            JB       P1.3, DV4
```

```
EXIT:   POP     A
        POP     PSW
        RETI
DV1:    ……
装置 1 的中断服务程序
        AJMP    EXIT
DV2:    ……
装置 2 的中断服务程序
        AJMP    EXIT
DV3:    ……
装置 3 的中断服务程序
        AJMP    EXIT
DV4:    ……
装置 4 的中断服务程序
        AJMP    EXIT
```

C51 程序设计：

```
void ex0() interrupt 0          //中断子函数
{
  if(P1&0x01)
  {
   DV1();
  }
 if(P1&0x02)
 {
   DV2();
 }
 if(P1&0x04)
 {
   DV3();
 }
 if(P1&0x08)
 {
   DV4();
  }
}
void DV1()
```

```
{…}
void DV2()
{…}
void DV3()
{. . . }
void DV4()
{…}
```

5.1.5　中断系统的应用

【例 5-2】　利用定时器 0 工作方式 1，实现一个发光二极管以 1s 亮灭闪烁。

C51 程序设计：

```
#include <reg52. h>
#define uchar unsigned char
#define uint unsigned int
sbit led1 = P1^0;
uchar num = 0;
void main()
{
  TMOD = 0x01;                    //设置定时器 0 位工作模式 1(M1,M0 位 0,1)
  TH0 = (65 536-45 872)/256;      //装初值 11.0592 MHz 晶体振荡器定时 50ms 数为 45 872
  TL0 = (65 536-45 872)%256;
  EA = 1;                         //开总中断
  ET0 = 1;                        //开定时器 0 中断
  TR0 = 1;                        //启动定时器 0
  while(1)
    {
      if(num = = 20)              //如果到了 20 次,说明 1s 时间
        {
        led1 = ~ led1;            //让发光二极管状态取反
        num = 0;
    }
        }
}
void T0_time()interrupt 1
{
  TH0 = (65 536-45 872)/256;      //重新装载初值
  TL0 = (65 536-45 872)%256;
  num ++;
```

}

5.2 MCS-51 单片机的定时器/计数器

在实时控制系统中，经常需要有实时时钟以实现定时、延时控制，也经常需要有计数功能以实现对外界脉冲（事件）进行计数。MCS-51 内部提供了两个可编程的定时器/计数器 T0 和 T1，它们可以用于定时或者对外部脉冲（事件）计数，还可以作为串行口的波特率发生器。定时器达到预定定时时间或者计数器计满数时，给出溢出标志，还可以发出内部中断。

5.2.1 定时器/计数器的结构和功能

1. 定时器/计数器内部结构

MCS-51 内部的定时器/计数器的逻辑结构如图 5-5 所示，它是由六个 SFR 特殊功能寄存器组成。其中，TMOD 为方式控制寄存器，用来设置两个 16 位定时器/计数器 T0 和 T1 的工作方式；TCON 为控制寄存器，主要用来控制定时器/计数器 T0 和 T1 的启动和停止。两个 16 位的定时器/计数器 T0（TH0 和 TL0）和 T1（TH1 和 TL1），用于设置定时或计数的初值。

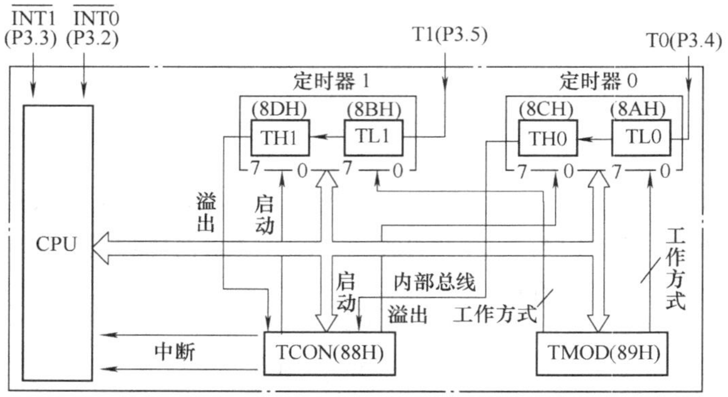

图 5-5　定时器/计数器的逻辑结构

2. 定时器/计数器的功能

MCS-51 内部设置的两个 16 位可编程的定时器/计数器 T0 和 T1 均有定时和计数功能。T0 和 T1 的工作方式功能选择、定时时间、启动方式等均可以通过编程对相应特殊功能寄存器 TMOD 和 TCON 的设置来实现，计数器值也可以由软件命令设置于 16 位的计数寄存器中（TH0、TL0 或 TH1、TL1）。选择 T0 和 T1 工作在定时方式时，计数器对内部时钟机器周期数进行计数，即每个机器周期等于 12 个晶体振荡周期；选择 T0 和 T1 工作在计数方式时，计数脉冲来自外部输入引脚 T0 和 T1，用于对外部事件进行计数。当外部输入信号由 1 至 0 的跳变时，计数器的值加 1。

5.2.2 定时器/计数器的方式寄存器和控制寄存器

定时器/计数器 T0 或 T1 是可编程的，因此，在使用前必须对其初始化，CPU 向 TMOD 和 TCON 两个 8 位特殊功能寄存器写入控制字，用来设置 T0 和 T1 工作方式和控制。

1. 方式控制寄存器 TMOD（89H）

TMOD 用于控制 T0 和 T1 工作方式，其各位的定义格式如图 5-6 所示。

8 位的方式寄存器 TMOD，低 4 位用于控制 T0，高 4 位用于控制 T1。

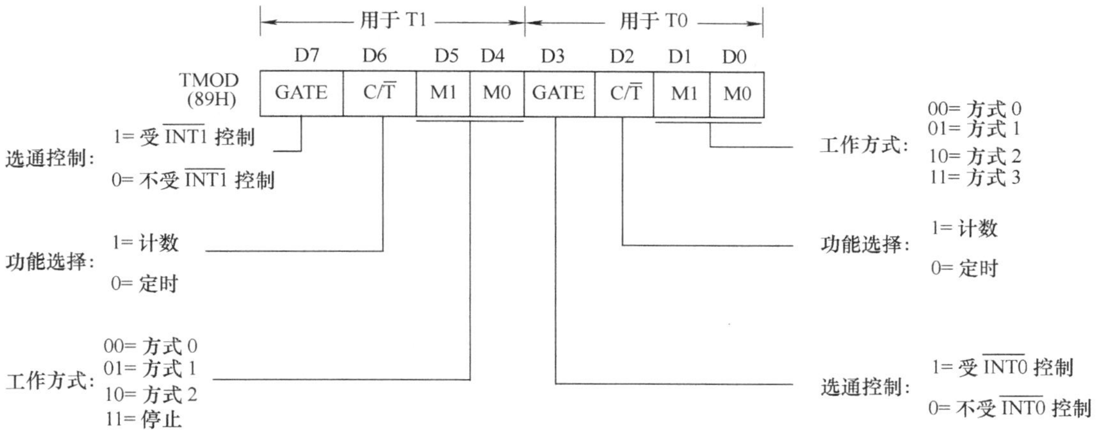

图 5-6　TMOD 各位的定义格式

（1）M1M0：工作方式控制位

该控制位对应四种工作方式，其选择见表 5-3。

表 5-3　定时器/计数器方式的选择

M1M0	工作方式	功能描述
0 0	方式 0	13 位计数器
0 1	方式 1	16 位计数器
1 0	方式 2	8 位自动重装计数初值计数器
1 1	方式 3	仅适用于 T0，分为两个独立的 8 位计数器

（2）$C/\overline{T}$：定时器/计数器功能方式选择位

$C/\overline{T}=0$ 为定时器方式，计数脉冲由内部提供，定时器采用晶体脉冲的十二分频信号作为计数信号，也就是对机器周期进行计数。

$C/\overline{T}=1$ 为计数器方式，当用作外部事件计数时，计数脉冲为外部引脚 T0（P3.4）或 T1（P3.5），当输入脉冲电平由高到低的负跳变时，计数器加 1。

（3）GATE：门控位

GATE = 1 时，定时器/计数器的启动要由外部中断引脚 $\overline{INTi}$ 和 TRi 位共同控制。只有 $\overline{INT0}$（或 $\overline{INT1}$）引脚为高电平时，TR0 或 TR1 置“1”才能启动定时器/计数器。

GATE = 0 时，定时器/计数器由软件设置 TR0 或 TR1 来控制启动。TRi = 1，定时器/计数器启动开始；TRi = 0，定时器/计数器停止工作。

2. 控制寄存器 TCON

TCON 用于控制定时器/计数器的启、停、溢出标志和外部中断信号触发方式。TCON 各位的定义格式如图 5-7 所示。

TF1：T1 溢出标志位。

当定时器/计数器计满数产生溢出时，由硬件自动使 TF1 置 1，并向 CPU 申请中断。进入中断服务程序后，TF1 又被硬件自动清 0。TF1 也可作为程序查询的标志位，在查询方式下由软件清 0。

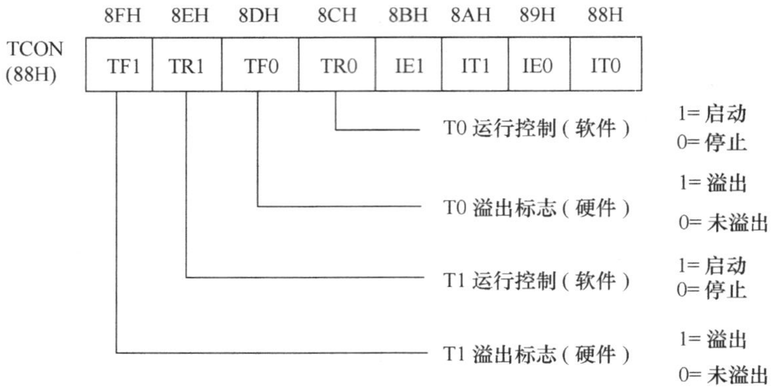

图 5-7　TCON 各位的定义格式

TR1：T1 运行控制位。

TR1 由软件置 1 而定时器/计数器 T1 开始启动计数。软件使 TR1 清 0，定时器/计数器 T1 停止工作。

TF0：T0 溢出标志位。其功能如同 TF1。

TR0：T0 运行控制位。其功能如同 TR1。

IE1、IT1、IE0、IT0：外部中断$\overline{INT1}$和$\overline{INT0}$请求方式控制位。

5.2.3　定时器/计数器的工作方式

1. 定时器/计数器的初值计算

使用定时器/计数器时必须计算初值。定时器/计数器通过软件对 TMOD 的 M1M0 位设置四种不同的工作方式，每一种工作方式对应的最大计数值见表 5-4。

表 5-4　最大计数值的选择

M1　M0	工 作 方 式	位　数　值
0　0	方式 0	$2^{13}=8192$
0　1	方式 1	$2^{16}=65536$
1　0	方式 2	$2^{8}=256$
1　1	方式 3	$2^{8}=256$

注：方式 3 时，定时器 T0 分成两个独立的 8 位计数器。

MCS-51 的两个定时器/计数器均有定时和计数功能，均可通过软件设置 TMOD 的 $C/\overline{T}$位选择定时或计数功能。

(1) 定时功能的初值计算

选择定时功能时，由内部供给计数脉冲，是对机器周期进行计数。假设用 T 表示定时时间，对应的初值用 X 表示，所用计数器位数为 N，设系统时钟频率为 f_{osc}，则它们满足下列关系式：

$$(2^N - X)(12/f_{osc}) = T$$

$$X = 2^N - (f_{osc}/12)T$$

（2）计数功能的初值计算

选择计数功能时，计数脉冲由外部 T0 或 T1 端引入，是对外部（事件）脉冲进行计数，因此计数值根据要求确定。N 是所用计数器的位数，它由 TMOD 中 M1M0 两位设置确定。

其计数初值　　　　　　　　$X = 2^N - \text{计数值}$

2. 定时器/计数器的工作方式 0

方式 0 为 13 位定时器/计数器。此时，16 位计数寄存器 TH0、TL0（TH1、TL1）中，TH0（TH1）和 TL0（TL1）的低 5 位存放计数值，TL0（TL1）中的高 3 位不用，从而构成了 13 位计数。T0（或 T1）方式 0 的结构如图 5-8 所示。

由图 5-8 可以看出，当 $C/\overline{T}=0$ 为定时方式时，多路开关与连接振荡器的十二分频器输出连通，此时 T0 对机器周期进行计数。其定时时间 T 为

$$T = (2^{13} - X)(12/f_{osc}) = (2^{13} - X) \times \text{机器周期}$$

式中，X 为计数初值。

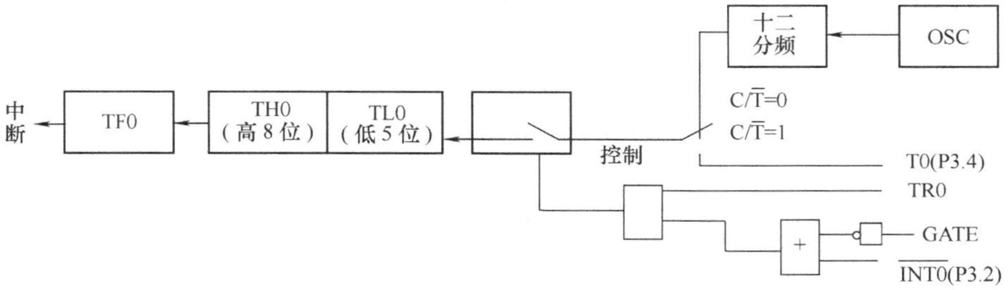

图 5-8　T0（或 T1）方式 0 的结构

当 $C/\overline{T}=1$ 为计数方式时，多路开关与定时器的外部引脚连通，外部计数脉冲由 T0 引脚输入。当外部信号电平发生由 1 至 0 的跳变时，计数器加 1，这时 T0 成为外部事件的计数器。其计数初值 $X = 2^{13} - \text{计数值}$。

【例 5-3】　应用定时器 T0 产生 1ms 定时，并使 P1.0 输出周期为 2ms 的方波，已知晶体振荡频率为 6MHz。

设定时器的计数初值为 X，则

$$(2^{13} - X) \times 2 \times 10^{-6} = 1 \times 10^{-3}$$

$$X = 7692$$

13 位二进制表示为 $X = 1111000001100$。TH0 = 0F0H，TL0 = 0CH。

利用查询 TF0 状态来控制 P1.0 端输出周期 2ms 的方波。

程序设计如下：

```
        ORG     2000H
        MOV     TMOD, #00H      ; 写入方式控制字
        MOV     TL0, #0CH       ; 计数初值写入
        MOV     TH0, #0F0H
        SETB    TR0             ; 启动 T0
LOOP:   JBC     TF0, PE         ; TF0 = 1 溢出转移 PE，同时清除 TF0
        AJMP    LOOP            ; 没有溢出
```

```
PE:     MOV     TL0, #0CH       ; 重装计数初值
        MOV     TH0, #0F0H
        CPL     P1.0            ; 求反
        AJMP    LOOP            ; 无条件转移 LOOP
        END
```

C51 程序设计：

```
#include <reg52.h>
sbit led1 = P1^0;
void main()
{
  TMOD = 0x00;              //写入方式控制字
  TH0 = 0xf0;               //计数初值写入
  TL0 = 0x0c;
  TR0 = 1;                  //启动定时器 0
  while(1)
  {
    if(TF0 = = 1)           //TF0 = = 1 溢出
    {
      TF0 = 0;              //清除 TF0
      TH0 = 0xf0;
      TL0 = 0x0c;
      led1 = ~ led1;
    }
  }
}
```

3. 定时器/计数器的工作方式 1

方式 1 是 16 位定时器/计数器，其结构几乎与方式 0 完全相同，唯一的区别是计数器的长度为 16 位。

定时功能定时时间 T 为

$$T=(2^{16}-X)(12/f_{osc})$$

计数初值 X 为

$$X=2^{16}-T(f_{osc}/12)$$

计数功能计数初值 X 为

$$X=2^{16}-\text{计数值}$$

【例 5-4】 用定时器 T1 产生一个 25Hz 方波，由 P1.0 输出，采用查询方式进行控制，设定晶体振荡频率为 12MHz。

分析：25Hz 方波，周期为 1/25s = 40ms，采用定时器 T1 定时 20ms，将 P1.0 取反一次，即可得到 25Hz 的方波信号。

设定时 20ms 的计数初值为 X，则有

$$T=(2^{16}-X)\times1\times10^{-6}=20\times10^{-3}$$

$$X=45536=\mathrm{B1E0H}$$

程序设计如下：

```
        ORG     2000H
        MOV     TMOD，#10H      ；T1 定时功能工作方式 1
        MOV     TH1，#0B1H      ；写入初值
        MOV     TL1，#0E0H
        SETB    TR1             ；启动 T1
LOOP：  JBC     TF1 ，LP        ；TF1 =1，溢出转移，同时 TF1 清“0”
        AJMP    LOOP
LP：    MOV     TH1，#0B1H      ；重装初值
        MOV     TL1，#0E0H
        CPL     P1.0            ；P1.0 取反
        SJMP    LOOP
        END
```

C51 程序设计：

```
#include <reg52.h>
sbit led1 = P1^0;
void main()
{
  TMOD = 0x10;            //写入方式控制字,方式 1
  TH1 = 0xb1;             //计数初值写入
  TL1 = 0xe0;
  TR1 = 1;                //启动定时器 1
  while(1)
  {
    if(TF1 = = 1)         // TF1 = = 1 溢出
    { TF1 = 0;            //清除 TF1
      TH1 = 0xb1;
      TL1 = 0xe0;
      led1 = ~ led1;      //P1.0 取反
    }
  }
}
```

4. 定时器/计数器的工作方式 2

当方式 0、方式 1 用于循环重复定时计数时，每次计满溢出，寄存器全部为 0，第二次计数还得重新装入计数器初值。方式 2 是能自动重装计数初值的 8 位计数器。方式 2 中把 16

位的计数器拆成两个 8 位计数器，低 8 位作计数器用，高 8 位用以保存计数初值。当低 8 位计数产生溢出时，将 TFi 位置“1”，同时又将保存在高 8 位中的计数初值重新装入低 8 位计数器中，继续计数，循环重复不止。T0（或 T1）方式 2 的结构如图 5-9 所示。

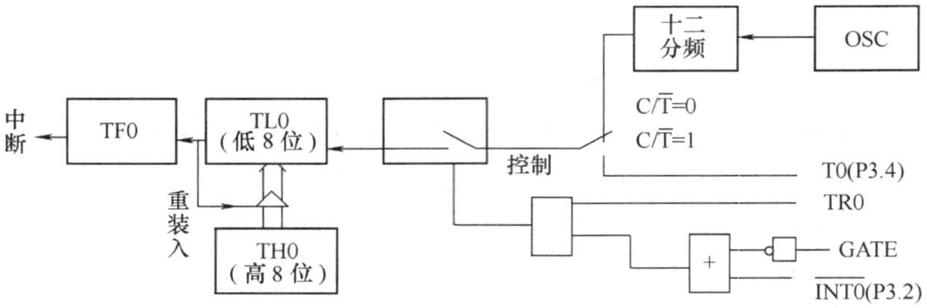

图 5-9　T0（或 T1）方式 2 的结构

定时功能计数初值

$$X = 2^8 - T(f_{osc}/12)$$

式中，T 为定时时间。

计数功能计数初值

$$X = 2^8 - \text{计数值}$$

初始化编程时，THi 和 TLi 都装入此 X 值。

【例 5-5】 用定时器 T1，采用工作方式 2 计数，要求每计满 156 次，将 P1.7 取反。

解：T1 工作于计数方式，外部计数脉冲由 T1（P3.5）引脚引入，每来一个由 1 至 0 的跳变，计数器加 1，由程序查询 TF1 的状态。

计数初值

$$X = 2^8 - 156 = 100 = 64\text{H}$$

TH1 = TL1 = 64H，TMOD = 60H（计数方式，方式 2）。

程序设计如下：

```
        ORG     2000H
        MOV     TMOD, #60H      ; T1 方式 2，计数方式
        MOV     TH1, #64H       ; T1 计数初值
        MOV     TL1, #64H
        SETB    TR1             ; 启动 T1
LOOP:   JBC     TF1, REP        ; TF1 = 1 转移
        SJMP    LOOP            ; 等待
REP:    CPL     P1.7            ; 取反输出
        SJMP    LOOP
```

C51 程序设计：

```
#include <reg52.h>
sbit led1 = P1^0;
void main()
{
```

```
    TMOD =0x60;            //写入方式控制字,方式 2
    TH1 =0x64;
    TL1 =0x64;
    TR1 =1;                //启动定时器 1
    while(1)
    {
      if(TF1 = =1)         // TF1 = =1 溢出
      {
        TF1 =0;            //清除 TF1
        led1 = ~ led1;
      }
    }
}
```

【例 5-6】 由 P3.4 引脚（T0）输入一低频脉冲信号（其频率小于 0.5kHz），要求 P3.4 每发生一次负跳变时，P1.0 输出一个 200μs 的同步负脉冲，同时 P1.1 输出一个 400μs 的同步正脉冲。已知 f_{osc} =6MHz。

解：按题意画出信号的波形如图 5-10 所示。

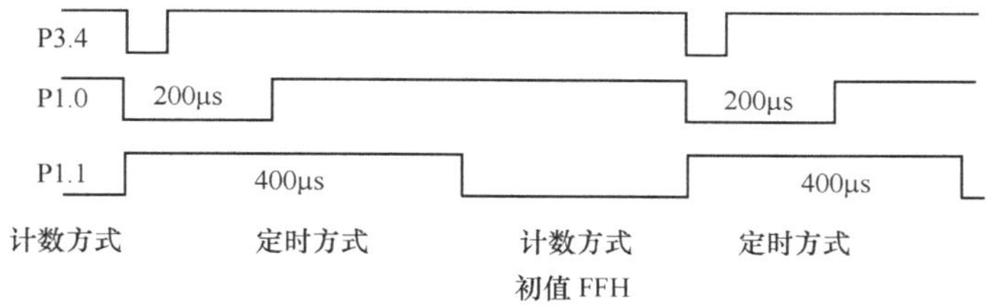

图 5-10　例 5-6 的波形

编程思路如下：

设初态 P1.0 输出高电平（系统复位时即为高），P1.1 输出低电压，设 T0 为方式 2，计数工作方式（初值为 FFH）。当加在 P3.4 上的外部脉冲产生由 1 至 0 的负跳变时，使 T0 计数器加 1 而产生溢出，当程序查询到 TF0 为 1 时，改变为 200μs 定时工作方式，并且使 P1.0 输出为 0、P1.1 输出为 1。当 T0 第一次定时 200μs 到时，计数器溢出后，使 P1.0 恢复为 1。T0 继续第二次 200μs 定时的计数，产生溢出后恢复 P1.1 为 0。然后 T0 又恢复对外部脉冲的计数方式，如此循环。

200μs 定时的计数初值 X 为

$$X = 256 - 200 \times 6/12 = 156$$

程序设计如下：

```
START:  MOV     TMOD, #06H      ; T0 方式 2，计数方式
        MOV     TH0, #0FFH      ; 计数初值
        MOV     TL0, #0FFH
        CLR     P1.1            ; P1.1 初态为 0
```

```
        SETB    TR0             ；启动 T0
LOOP:   JBC     TF0, LP1        ；检测外部信号负跳变
        SJMP    LOOP            ；等待
LP1:    CLR     TR0             ；关定时器
        MOV     TMOD, #02H      ；T0 改变为定时 200μs 方式 2
        MOV     TH0, #156       ；定时的计数初值
        MOV     TL0, #156
        SETB    P1.1            ；P1.1 输出为 1
        CLR     P1.0            ；P1.0 输出 0
        SETB    TR0             ；启动 T0 定时
LOOP1:  JBC     TF0, LP2        ；第一个 200μs 到否？
        SJMP    LOOP1           ；未到等待
LP2:    SETB    P1.0            ；到了，P1.0 恢复
LOOP2:  JBC     TF0, LP3        ；第二个 200μs 到否？
        SJMP    LOOP2
LP3:    CLR     P1.1            ；P1.0 恢复 0
        CLR     TR0             ；关定时器
        AJMP    START
```

C51 程序设计：

```
#include <reg52.h>
sbit led0 = P1^0;
sbit led1 = P1^1;
void main()
{
  TMOD = 0x06;                  //写入方式控制字,方式 2
  TH1 = 0xff;                   //计算初值
  TL1 = 0xff;
led1 = 0;                       // P1.1 初态为 0
  TR0 = 1;                      //启动 T0
  while(1)                      //检测外部信号负跳变
  {
    if(TF0 = = 1)               //
    { TF0 = 0;
    TR0 = 0;                    //关定时器
    TMOD = 0x02;                // T0 改变为定时 200μs,方式 2

    TH1 = 0x9c;                 //定时的计数初值
    TL1 = 0x9c;
```

```
        led1 = 1;                       // P1.1 输出为 1
        led0 = 0;                       // P1.0 输出 0
        TR0 = 1;                        //启动 T0 定时
        While(! TF0)                    //第一个 200μs 到否?
        {
          TF0 = 0; led0 = 1;            //到了,P1.0 恢复
        }
        While(! TF0)                    //第二个 200μs 到否?
        {
          TF0 = 0; led1 = 0; TR0 = 0;   //关定时器
        }
        }
      }
    }
```

5. 定时器/计数器的工作方式 3

工作方式 3 对 T0 和 T1 是大不相同的。

若将 T0 设置为方式 3，TL0 和 TH0 被分成两个互相独立的 8 位计数器。其中，TL0 用原 T0 的各控制位、引脚和中断源，即 $C/\overline{T}$，GATE、TR0、TF0 和 T0（P3.4）引脚、$\overline{INT0}$（P3.2）引脚。TL0 除仅用 8 位寄存器外，其功能和操作与方式 0（13 位计数器）、方式 1（16 位计数器）完全相同。TL0 也可设置为定时器方式或计数器方式。

TH0 只有简单的内部定时功能。它占用了定时器 T1 的控制位 TR1 和 T1 的中断标志位 TF1，其启动和关闭仅受 TR1 的控制，如图 5-11 所示。

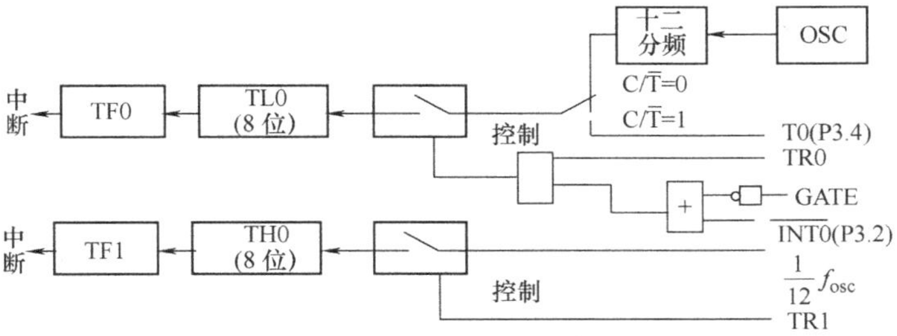

图 5-11　T0 方式 3 的结构

定时器 T1 无工作方式 3 状态，若将 T1 设置为方式 3，就会使 T1 立即停止计数，同时保持原有的计数值，其作用相当于使 TR1 = 0，封锁与门，断开计数开关。

在定时器 T0 用作方式 3 时，T1 仍可设置为方式 0 ~ 2。由于 TR1 和 TF1 被定时器 T0（TH0）占用，计数器开关已被接通，此时仅用 T1 控制位 $C/\overline{T}$ 切换其定时器或计数器工作方式就可使 T1 运行。寄存器（8 位、13 位或 16 位）溢出时，只能将输出送入串行口或用于不需要中断的场合。在一般情况下，当定时器 T1 用做串行口波特率发生器时，定时器 T0 才设置为工作方式 3。此时，常把定时器 T1 设置为方式 2，用做波特率发生器，如图 5-12 所示。

【例 5-7】　应用 T0 方式 3，分别设定 200μs 和 400μs 定时并使 P1.0 和 P1.1 分别产生周期为 400μs 和 800μs 方波，已知晶体振荡频率为 6MHz。本题要求采用中断控制方式。

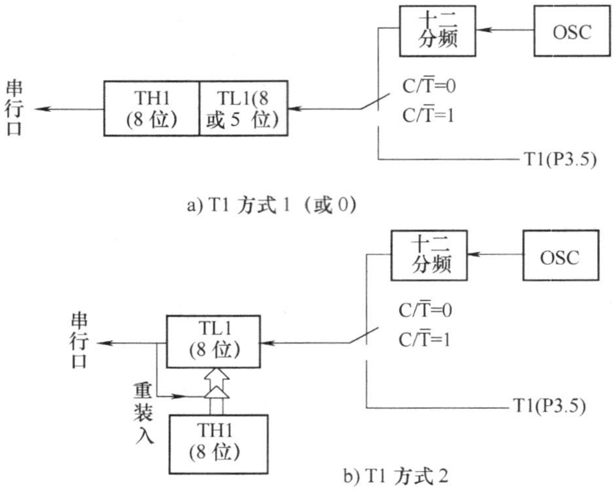

a) T1 方式 1（或 0）

b) T1 方式 2

图 5-12　T0 方式 3 下的 T1 结构

解： 定时 200μs 计数初值

$$(2^8 - X) \times 2 \times 10^{-6} = 200\mu s \times 10^{-6}$$
$$X = 156 = 9CH$$

定时 400μs 计数初值

$$(2^8 - X) \times 2 \times 10^{-6} = 400\mu s \times 10^{-6}$$
$$X = 56 = 38H$$

程序设计如下：

```
          ORG     2000H
START:    AJMP    MAIN
          ORG     000BH
          AJMP    PIT0           ；转 T0 中断处理入口
          ORG     001BH
          AJMP    PIT1           ；转 T1 中断处理入口
          ORG     2100H
MAIN:     MOV     SP，#60H
          MOV     TMOD，#03H     ；置方式 3
          MOV     TL0，#9CH      ；定时 200μs 计数初值
          MOV     TH0，#38H      ；定时 400μs 计数初值
          MOV     TCON，#50H     ；启动 TL0、TH0 计数
          MOV     IE，#8AH       ；中断允许 T0、T1 开放中断
LOOP:     AJMP    LOOP           ；等待中断
PITO:     MOV     TL0，#9CH      ；T0 中断处理程序
          CPL     P1.0
          RETI
PIT1:     MOV     TH0，#38H      ；T1 中断处理程序
          CPL     P1.1
```

```
            RETI
```

C51程序设计：

```
#include < reg52. h >
sbit led0 = P1^0;
sbit led1 = P1^1;
void main()
{
  TMOD = 0x03;              //写入方式控制字,方式3
  TH0 = 0x38;               //定时200μs计数初值
  TL0 = 0x9c;               //定时400μs计数初值

  TCON = 0x50;              //启动TL0、TH0计数
   IE = 0x8a;               //中断允许T0、T1开放中断

 While(1);                  //等待中断
}
void time0() interrupt 1    // T0中断处理程序
{
  TL0 = 0x9c;
  led0 = ~ led0;
}
void time1() interrupt 3    // T1中断处理程序
{
  TH0 = 0x38;
led1 = ~ led1;
}
```

5.2.4 定时器/计数器的应用

1. GATE位的应用

当门控位GATE设置为“0”时，定时器的启动只受TRi位控制；当GATE设置为“1”时，定时器的启动将受TRi位和外部中断$\overline{\mathrm{INT}i}$信号的共同控制。只有当$\overline{\mathrm{INT}i}=1$，同时TR$i$ = 1时才能启动计数；当$\overline{\mathrm{INT}i}=0$，则停止计数。可以利用这一特性测试外部输入脉冲的宽度。

【例5-8】 利用T0门控位GATE来测试由$\overline{\mathrm{INT0}}$引脚输入的正脉冲宽度，已知f_{osc} = 12MHz，所测得的高8位值存入片内RAM的21H单元，低8位值存入片内20H单元中。

解： 设外部脉冲由$\overline{\mathrm{INT0}}$（P3.2）引脚输入，T0工作于定时器方式，工作方式1（16位计数），GATE设置1，TR0设置为1，当$\overline{\mathrm{INT0}}$为高电平时，启动计数；当$\overline{\mathrm{INT0}}$再次变低时，停止计数。此时T0中的计数值即为被测正脉冲的宽度。工作过程如图5-13所示。

测试程序设计如下：

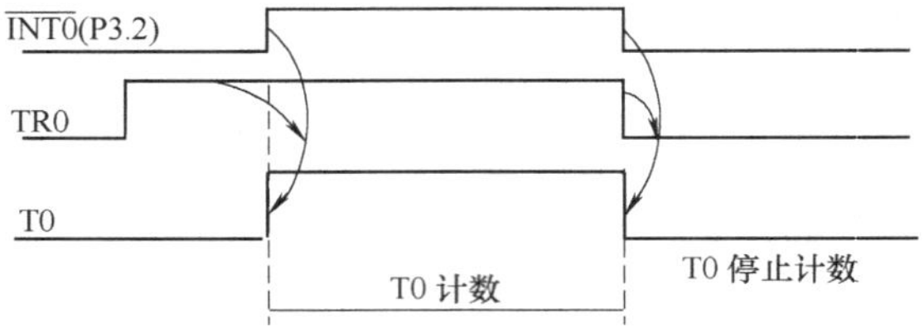

图 5-13　例 5-8 的工作过程

```
        MOV     TMOD, #09H      ; T0 定时, 方式 1, GATE = 1
        MOV     TH0, #00H       ; T0 的计数初值设为 0000H
        MOV     TL0, #00H
        MOV     R0, #20H        ; RAM 的地址指针
LOOP1:  JB      P3.2, LOOP1     ; 等待 INT0 变低
        SETB    TR0             ; INT0 变低, 启动 T0 准备计数
LOOP2:  JNB     P3.2, LOOP2     ; 等待 INT0 变高, 启动计数
LOOP3:  JB      P3.2, LOOP3     ; 等待 INT0 再次变低
        CLR     TR0             ; INT0 变低即停止计数
        MOV     @R0, TL0        ; 存入计数值
        INC     R0
        MOV     @R0, TH0
```

C51 程序设计:

```
#include <reg52.h>
#define uchar unsigned char
sbit led0 = P3^2;
uchar * a = 0x20;            // RAM 的地址指针
void main()
{
  TMOD = 0x09;               // T0 定时,方式 1,GATE = 1
  TH0 = 0x00;                //T0 的计数初值设为 0000H
  TL0 = 0x00;
While(led0);                 //等待 INT0 变低
  TR0 = 1;                   //INT0 变低,启动 T0 准备计数
While(! led0);               //等待 INT0 变高,启动计数
While(led0);                 //等待 INT0 再次变低
  TR0 = 0;                   //INT0 变低即停止计数

    * a = TL0;               //存入计数值

    a ++;
* a = TH0;
```

}

2. 综合应用

【例 5-9】 利用定时器实现较长时间定时。设在 P1.7 端接有一个发光二极管，要求利用定时器控制，使 LED 亮 1s 灭 1s，周而复始。已知晶体振荡频率为 6MHz。

解： 1）定时器/计数器工作方式的选择

定时器/计数器有四种工作方式，选择哪一种，应根据最大的定时间隔来确定。本例要求定时间隔较长（为 1s），各种方式都不能满足要求，必须采用复合的办法。

硬件连接如图 5-14 所示。根据题目要求，可将 T0 设定为 100 ms 的定时间隔，采用工作方式 1。当定时时间到时，将 P1.0 输出反相，再加到 T1 输入端作计数脉冲，需要定时两次才能构成一个完整的计数脉冲。因此，设 T1 计数次数为 5 次，就能完成 1s 的定时。

$$200ms \times 5 = 1000ms = 1s$$

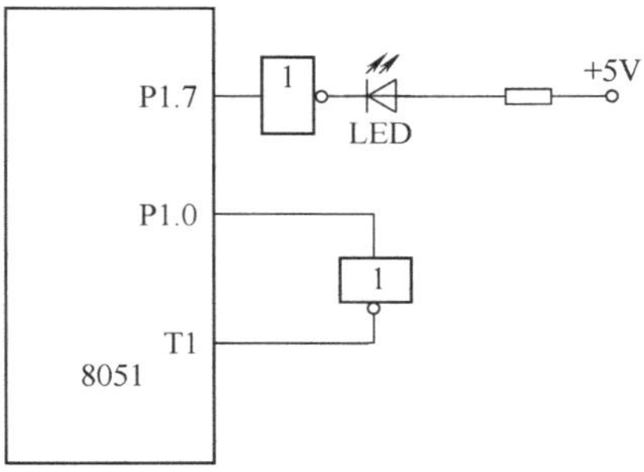

图 5-14 定时器控制 LED

按这种方案，TMOD 的初值格式如下：

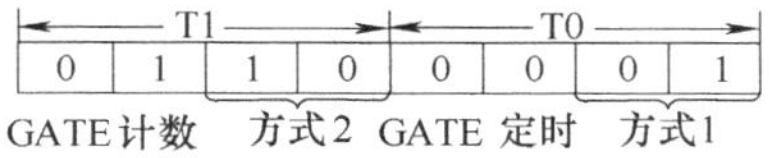

2）定时器/计数器初值的计算

T0 采用工作方式 1，定时 100ms 的计数初值如下：

$$(2^{16} - X)2\mu s \times 10^{-6} = 100ms \times 10^{-3}$$

$$X = 15536 = 3CB0H$$

$$TH0 = 3CH \text{ , } TL0 = 0B0H$$

T1 计数器在方式 2 下是 8 位的，计数 5 次的初值为（256 − 5）= 251 = FBH（同时装入 TH1 和 TL1），即 TH1 = 0FBH，TL1 = 0FBH。

程序设计如下：

```
          ORG     2000H
MAIN:     CLR     P1.7
          SETB    P1.0
          MOV     TMOD, #61H
          MOV     TH1, 0FBH
          MOV     TL1, 0FBH
          SETB    TR1
LOOP1:    CPL     P1.7
LOOP2:    MOV     TH0, #3CH
          MOV     TL0, #0B0H
          SETB    TR0
LOOP3:    JBC     TF0, LOOP4
          SJMP    LOOP3
```

```
LOOP4:    CPL     P1.0
          JBC     TF1, LOOP1
          SJMP    LOOP2
          END
```

C51 程序设计：

```
#include <reg52.h>
sbit led0 = P1^0;
sbit led1 = P1^7;
void main()
{
 led1 =0;
 led0 =1;
 TMOD =0x61;              //写入方式控制字,方式 2
 TH1 =0xfb;               //计数器初值计算
 TL1 =0xfb;
 TR1 =1;                  //启动 T1
 While(1)
 {
  led1 = ~ led1;          //P1.7 取反
  While(1)
  {
    TH0 =0x3C;            //计数器计算
    TL0 =0x0B0;
    TR0 =1;               //启动 T0
    While(! TF0);         //等待 TF0 溢出
    TF0 =0;               //清除 TF0
    led0 = ~ led0;        //P1^0 取反
    if(TF1 = =1);         //如果 TF1 溢出
    {
     TF1 =0;
     Break;
    }
  }
 }
}
```

5.3 MCS-51 单片机的串行口及串行总线

MCS-51 具有一个全双工的异步串行口。全双工是指在双机之间可以同时串行接收、发送数据；异步通信是指发送端和接收端可以有各自的时钟来控制数据的发送和接收。要传送的串行数据以数据帧形式一帧一帧地发送，通过传输线由接收数据设备一帧一帧地接收。

MCS-51 的串行口有四种工作方式，波特率可以通过软件设置，由片内的定时器/计数器产生。串行口接收、发送数据均可触发中断系统，使用十分方便。MCS-51 的串行口除了可以用于串行数据通信之外，还可以非常方便地扩展并行 I/O 口。

5.3.1　串行口结构及控制寄存器

MCS-51 中有一个全双工的串行口，通过软件编程，它可作异步通信串行口（UART）用，也可作同步移位寄存器用。它的字符帧格式可以是 8 位、10 位或 11 位，可以设置各种波特率，能方便地构成双机、多机串行通信接口，从而能实现单片机系统之间点对点的单机通信、多机通信以及与系统机的单机或多机通信。

1. 串行口的结构

MCS-51 串行口内部结构框图如图 5-15 所示。由图可见，MCS-51 串行口主要由两个物理上独立的串行数据缓冲寄存器 SBUF，以及发送控制器、接收控制器、输入移位寄存器和输出控制门组成。两个特殊功能寄存器 SCON 和 PCON 用来控制串行口的工作方式和波特率。发送数据缓冲寄存器 SBUF 只能写，不能读；接收数据缓冲寄存器 SBUF 只能读，不能写。两个缓冲寄存器共用一个地址 99H，可以用读/写指令区分。

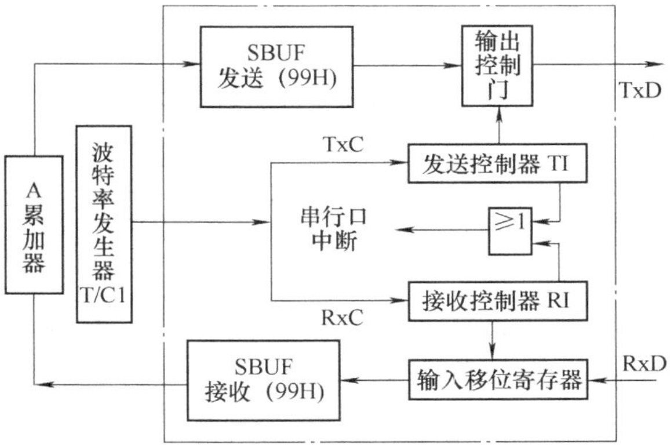

图 5-15　MCS-51 串行口内部结构框图

串行发送时，通过“MOV　SBUF，A”写指令，CPU 把累加器 A 的内容写入发送的 SBUF（99H），再由 TxD 引脚一位一位地向外发送；串行接收时，接收端从 RxD 一位一位地接收数据，直到收到一个完整的字符数据后通知 CPU，再通过“MOV　A，SBUF”读指令，CPU 从接收的 SBUF（99H）读出数据，送到累加器 A 中。发送和接收的过程可以采用中断方式，从而可以大大提高 CPU 的效率。

在进行通信时，外界数据是通过引脚 RxD（P3.0，串行数据接收端）和引脚 TxD（P3.1，串行数据发送端）与外界进行串行通信。输入数据先进入输入移位寄存器，再送入接收 SBUF。在此采用了双重缓冲结构，这是为了避免在接收到第二帧数据之前，CPU 未及时响应接收器的前一帧的中断请求，没有把前一帧数据读走，而造成接收过程中出现的帧重叠错误（又称为溢出错误）。与接收数据情况不同，发送数据时，由于 CPU 是主动的，不会产生帧重叠错误，因此发送电路就不需要双重缓冲结构。

2. 串行口的控制寄存器 SCON

在 MCS-51 的 SFR 中，与串行口有关的控制寄存器有四个。其中最重要的是串行口控制寄存器 SCON。在使用串行口时，必须首先对它初始化。

SCON 是 MCS-51 的一个可位寻址的 SFR，串行数据通信的方式选择、接收和发送控制以及串行口的状态标志均由专用寄存器 SCON 控制和指示。复位时所有位被清“0”。SCON

的格式如下：

	D7	D6	D5	D4	D3	D2	D1	D0	
SCON	SM0	SM1	SM2	REN	TB8	RB8	T1	R1	98H

SCON 各个位的功能说明如下：

1）SM0、SM1——串行口工作方式选择位。其工作方式和所用波特率见表 5-5。

表 5-5　串行口的工作方式和所用波特率

SM0　SM1	相应工作方式	说　明	所用波特率
0　0	方式 0	同步移位寄存器	$f_{osc}/12$
0　1	方式 1	10 位异步收发	由定时器控制
1　0	方式 2	11 位异步收发	$f_{osc}/32$ 或 $f_{osc}/64$
1　1	方式 3	11 位异步收发	由定时器控制

2）SM2——在方式 2 和方式 3 中用于多机通信控制。当方式 2 或方式 3 处于接收时，若置 SM2 =0，单机发送/接收工作方式，则接收一帧数据后，不管第 9 位数据（RB8）是 0 还是 1，都置 RI =1，接收到的数据装入 SBUF 中；若置 SM2 =1，则为允许多机通信。若接收到的第 9 位数据 RB8 是 0，则 RI 不置“1”。若 SM2 为“1”，且同时 RB8 为“1”时，RI 置“1”。在方式 1 时，若置 SM2 =1，未收到有效的停止位，RI 不置位。方式 0 时，不用 SM2，必须设置 SM2 =0。

3）REN——允许接收位。REN =0，禁止接收；REN =1，允许接收。该位由软件置位或复位。

4）TB8——在方式 2 和方式 3 时，是发送的第 9 位数据，也可作奇偶校验位。在多机通信中，TB8 位的状态表示主机发送的是地址还是数据：TB8 =0 为数据，TB8 =1 为地址。该位由软件置位或复位。

5）RB8——在方式 2 和方式 3 时，RB8 存放接收到的第 9 位数据。方式 1 时，若 SM2 = 0，则 RB8 存放接收到的停止位；在方式 0 时，不使用 RB8。

6）TI——发送中断标志位。在方式 0 时，发送第 8 位数据结束时由硬件置位；其他方式在停止位之前置位。TI 在发送前必须由软件清“0”。TI =1，表示发送帧结束，TI 可供软件查询，也可请求中断。

7）RI——接收中断标志。方式 0 时，接收第 8 位数据结束时由硬件置位；其他方式下，接收到停止位的中间位置时置位。RI 在接收一帧字符之后必须由软件清“0”，准备接收下一帧数据。RI =1，表示帧接收结束，RI 可供软件查询，也可请求中断。

串行发送中断标志 TI 和串行接收中断标志 RI 是同一个中断源，CPU 事先不知道是发送中断 TI 还是接收中断 RI 产生的中断请求，所以在全双工通信时，必须由软件来判别。

3. 电源控制寄存器 PCON

PCON 主要是为 CHMOS 型单片机的电源控制而设置的专用寄存器，地址为 87H。PCON 的最高位 SMOD 是串行口波特率倍增位。当 SMOD =1 时，波特率加倍，复位时，SMOD = 0。PCON 的格式如下：

	D7							D0	
PCON	SMOD								87H

5.3.2　串行口的工作方式

MCS-51 串行口有 0、1、2、3 四种工作方式。下面重点讨论各种方式的功能和特性，对串行口的内部逻辑和内部时序的细节不做详细讨论。

1. 串行口方式 0

在方式 0 下，串行口为同步移位寄存器方式，波特率固定为 $f_{osc}/12$。这时的数据传送，无论是输入还是输出，均由 RxD（P3.0）端完成，而由 TxD（P3.1）端输出移位时钟脉冲。发送和接收一帧的数据为 8 位二进制，不设起始位和停止位，低位在前，高位在后。串行口方式 0 一般用于 I/O 口扩展。

（1）方式 0 发送

方式 0 发送时，执行任何一条以 SBUF 为目的寄存器的指令，串行口即将 8 位数据以振荡频率的 1/12 的波特率，将数据从 RxD 端串行发送出去。在写信号有效后，相隔一个机器周期，发送控制端 SEND 有效（高电平，见图 5-16 的时序），允许 RxD 发送数据，同时，允许从 TxD 输出移位脉冲。1 帧（8 位）数据发送完毕时，各控制端均恢复原状态，只有 TI 保持高电平，呈中断申请状态。要再次发送数据时，必须由软件将 TI 清零。

（2）方式 0 接收

方式 0 接收时，在同时满足 REN = 1 和 RI = 0 的条件下，以读 SBUF 寄存器的指令开始。此时，RxD 为串行输入端，TxD 为同步脉冲输出端。串行接收的波特率也为振荡频率的 1/12。同样，当接收完一帧（8 位）数据后，控制信号复位，只有 RI 仍保持高电平，呈中断请求状态。再次接收时，必须通过软件对 RI 清零。

方式 0 的发送/接收时序如图 5-16 所示。

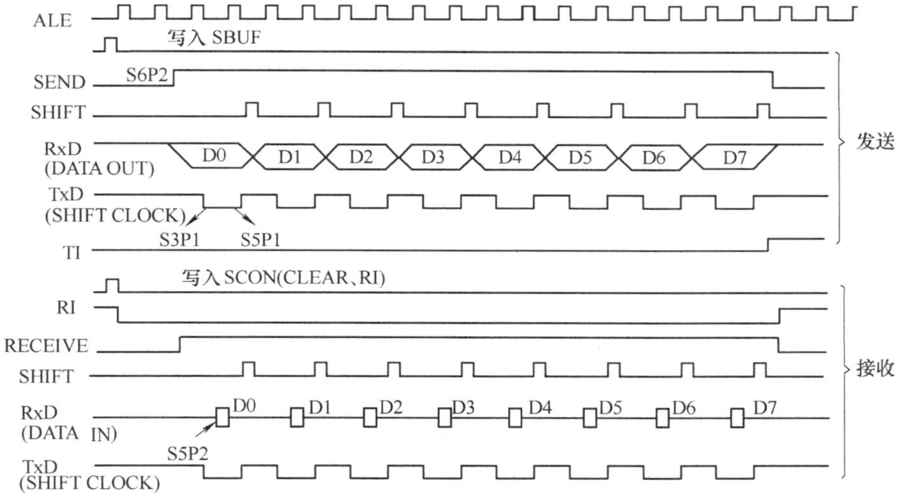

图 5-16　方式 0 的发送/接收时序

2. 串行口方式 1

在方式 1 下，串行口为 10 位通用异步通信接口。一帧信息包括 1 位起始位（0）、8 位数据位（低位在前）和 1 位停止位（1）。TxD 是发送端，RxD 是接收端。其传送波特率可调。方式 1 的发送/接收时序如图 5-17 所示。

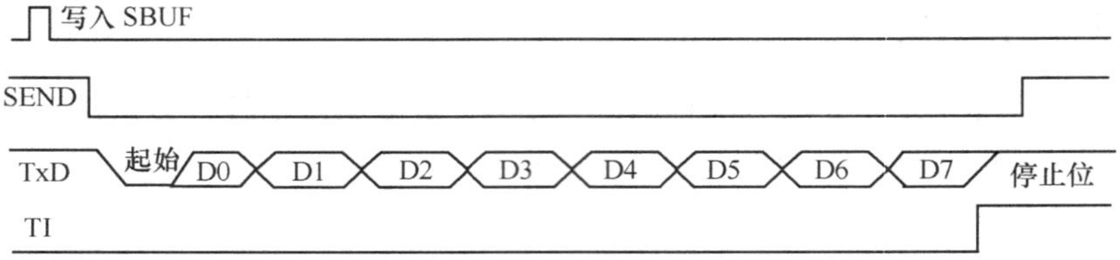

a) 发送时序

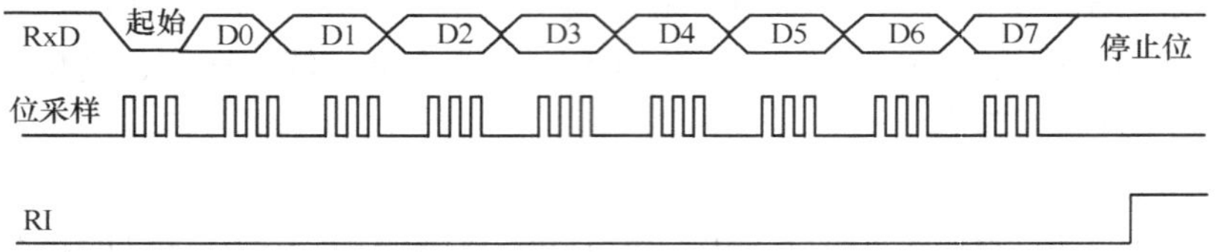

b) 接收时序

图 5-17　方式 1 的发送/接收时序

（1）方式 1 发送

串行口以方式 1 发送时，数据由 TxD 端输出，任何一条以 SBUF 为目的寄存器的指令都启动一次发送，发送条件是 TI = 0。发送开始时内部 SEND 信号变为有效电平，随后由 TxD 端输出自动加入的起始位，此后每过一个时钟脉冲，由 TxD 端输出一个数据位，8 位数据发送完后，置位 TI。TI 置“1”是通知 CPU 可发下一个字符。方式 1 的发送时序如图 5-17a 所示。

（2）方式 1 接收

方式 1 接收时，数据从 RxD 端输入。当 REN 置“1”后，就允许接收器接收，接收器便以波特率的 16 倍速率采样 RxD 端电平。当采样到 1 至 0 的跳变时，启动接收器接收，并复位内部的 16 分频计数器，以实现同步。计数器的 16 个状态把 1 位时间等分成 16 份，并在每位的第 7、8、9 个计数状态时，采样 RxD 电平。每一位的数值采样 3 次，至少有 2 次相同的值时才被确认。如果起始位接收到的值不是 0，则起始位无效，复位接收电路。在检测到一个 1 到 0 的跳变时，再重新启动接收器。如果接收值为 0，起始位有效，则开始接收本帧的其余信息。在 RI = 0 的状态下，接收到停止位为 1（或 SM2 = 0）时，将停止位送入 RB8，8 位数据进入接收缓冲器 SBUF，并置“1”中断标志 RI。

在方式 1 的接收器中设置有数据辨识功能，当同时满足以下两个条件时，接收的数据才有效，且实现装载 SBUF、把 RB8 及 RI 置“1”，接收控制器再次采样 RxD 的负跳变，以便接收下一帧数据。这两个条件是：①RI = 0；②SM2 = 0 或接收到的停止位 = 1。

如果上述条件任一不满足，所接收的数据无效，接收控制器不再恢复。

3. 方式 2 和方式 3

串行口工作在方式 2 和方式 3 时为 11 位异步通信口。该方式下，发送、接收一帧信息由 11 位组成，即 1 位起始位（0）、数据 8 位（低位在前）、1 位可编程位（第 9 数据位）和 1 位停止位（1）。发送时，可编程位（TB8）可设置 0 或 1，该位一般用做校验位；接收时，可编程位送入 SCON 中的 RB8。

方式 2 和方式 3 的区别在于：方式 2 的波特率为 $f_{osc}/32$ 或 $f_{osc}/64$，而方式 3 的波特率可变。方式 2 和方式 3 的发送/接收时序如图 5-18 所示。

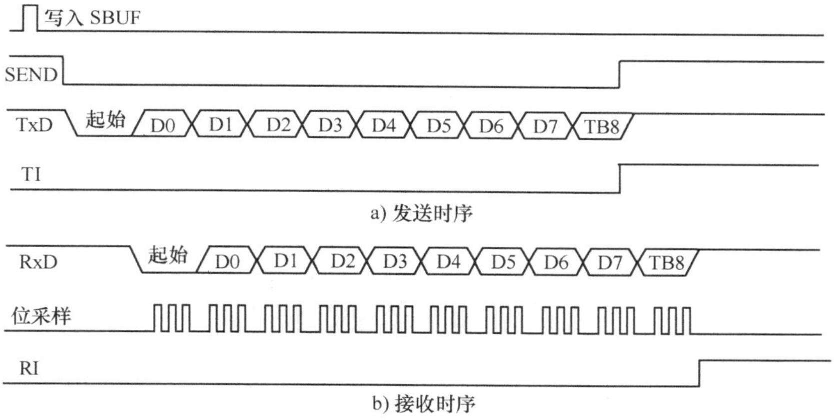

图 5-18　方式 2 和方式 3 的发送/接收时序

（1）方式 2 和方式 3 发送

方式 2 和方式 3 发送时，数据由 TxD 端输出，附加的第 9 位数据为 SCON 中的 TB8。发送前，先根据通信协议由软件设置 TB8（如作奇偶校验位或地址/数据标志位），然后将要发送的数据写入 SBUF，便立即启动发送器发送。发送过程是由任何一条以 SBUF 作为目的寄存器的指令而启动的。“写 SBUF”信号把 8 位数据装入 SBUF，同时还把 TB8 装到发送移位寄存器的第 9 位位置上，并通知发送控制器，要求进行一次发送。然后从 TxD（P3.1）端输出一帧信息。送完一帧信息时，置 TI = 1 中断标志。其时序如图 5-18a 所示。

（2）方式 2 和方式 3 接收

方式 2 和方式 3 接收与方式 1 类似。接收时，先置位 REN 为“1”，使串行口处于允许接收状态，同时还要将 RI 清“0”。当 REN = 1 时，CPU 开始不断对 RxD 采样，采样速率为波特率的 16 倍。当检测到负跳变后启动接收器，位检测器对每位采集 3 个值，用采 3 取 2 办法确定每位状态。当采至最后 1 位时，在根据 SM2 的状态和所接收到的 RB8 的状态才能决定此串行口是否会使 RI 置“1”，并申请中断，接收数据。

当 SM2 = 0 时，不管 RB8 为 0 还是为 1，都将 8 位数据装入 SBUF，第 9 位数据装入 RB8 并置 RI = 1。

当 SM2 = 1，且 RB8 为“1”时，表示在多机通信情况下，接收的信息为地址帧，此时 RI 置“1”，串行口接收发来的信息。

当 SM2 = 1，且 RB8 为“0”时，表示接收的信息为数据帧，但不是发给本从机的，此时 RI 不置“1”，因而所接收的数据帧将丢失。

由上述可知，方式 2 和方式 3 中同样也设置有数据辨识功能。即当 RI = 0、SM2 = 0 或接收到的第 9 位的数据为 1 的任一条件不满足时，接收的数据帧无效。

5.3.3　波特率设计

波特率是指每秒钟传送二进制数码的位数（也称比特数），单位是 bit/s。波特率是串行通信的重要指标，用于表征数据传送的速率。波特率越高，数据传输速度越快。字符的实际传送速率与波特率不同，字符的实际传送速率是指每秒钟内所传字符帧的帧数，与字符帧格式有关。

例如，波特率为2400bit/s的通信系统，若采用图5-19a的字符帧，则字符的实际传送速率为（2400/11）帧/s=218.18帧/s；若采用图5-19b的字符帧，则字符的实际传送速率为（2400/14）帧/s=171.43帧/s。

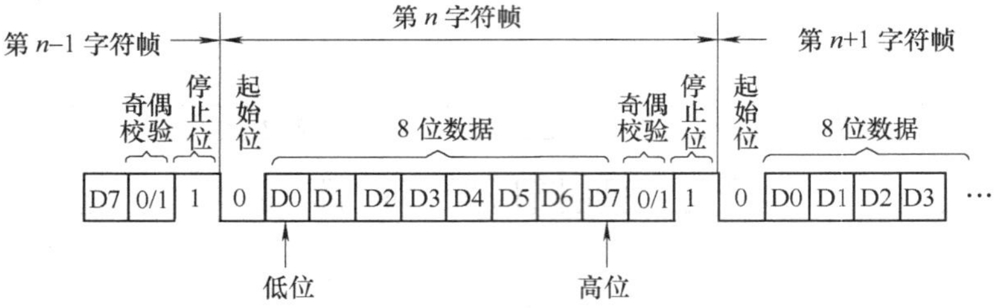

a) 无空闲位字符帧

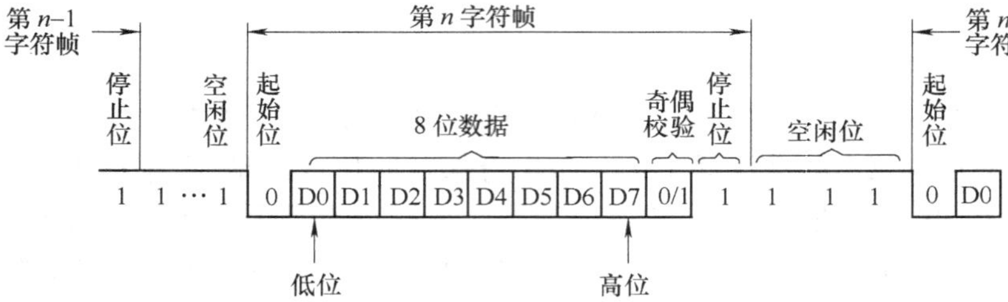

b) 有空闲位字符帧

图5-19　异步通信的字符帧格式

每位的传送时间定义为波特率的倒数。通常，异步通信的波特率在50～9600bit/s之间。波特率不同于发送时钟和接收时钟，时钟频率常是波特率的1、16或64倍。在异步串行通信中，接收设备和发送设备保持相同的传送波特率，并以字符数据的起始位与发送设备保持同步。起始位、奇偶校验位和停止位的约定在同一次传送过程中必须保持一致，这样才能成功地传送数据。

1. 方式0和方式2

在方式0时，每个机器周期发送或接收一位数据，因此波特率固定为单片机时钟频率的1/12（即$f_{osc}/12$），且不受SMOD的影响。若晶体振荡频率$f_{osc}=12MHz$时，则波特率$=f_{osc}/12=12MHz/12=1Mbit/s$，即1μs移位一次。

方式2的波特率取决于PCON中的SMOD之值，当SMOD=0时，波特率为f_{osc}的1/64；若SMOD=1时，则波特率为f_{osc}的1/32。即

$$\text{波特率}=\frac{2^{SMOD}}{64}f_{osc}$$

2. 方式1和方式3

方式1和方式3的波特率可变，由定时器T1的溢出率与SMOD的值共同决定。即

$$\text{波特率}=2^{SMOD}/32\times(\text{定时器1溢出率})$$

其中，溢出率取决于计数速率和定时器的预置值。当利用T1作波特率发生器时，通常选用

方式 2，即 8 位自动重装载模式。其中，TL1 作计数器，TH1 存放自动重装载的定时初值。因此，对 T1 初始化时，写入方式控制字（TMOD）=00100000B。这样每过“256－X”个机器周期，定时器 T1 就会产生一次溢出，溢出周期为

$$12(256-X)/f_{osc}$$

溢出率为溢出周期之倒数，因此，波特率的公式还可写成

$$波特率=(2^{SMOD}/32)[f_{osc}\times 12(256-X)]$$

实际应用时，总是先确定波特率，再计算定时器 1 的定时初值。根据上述波特率的公式，得出计算定时器方式 3 的初值的公式为

$$定时初值\ X=256-\frac{f_{osc}\times(SMOD+1)}{384\times 波特率}$$

【例 5-10】 已知 8051 时钟频率为 11.059 2MHz，选用定时器 T1 工作方式 2 作波特率发生器，波特率为 2400bit/s，求初值。

解：设波特率控制位 SMOD=0，则

$$X=256-\frac{11.0592\times 10^6\times 2^0}{384\times 2400}=256-12=0F4H$$

5.3.4 多机通信

MCS-51 的方式 2 和方式 3 有一个专门的应用领域，即多机通信。这一功能使它可以方便地应用于各种分布式系统。这种系统采用一台主机和多台从机，主机和各从机可实现全双工通信，其中主机发送的信息可被各从机接收，而各从机发送的信息只能由主机接收，从机与从机之间不能互相直接通信。它们的通信方式之一如图 5-20 所示。

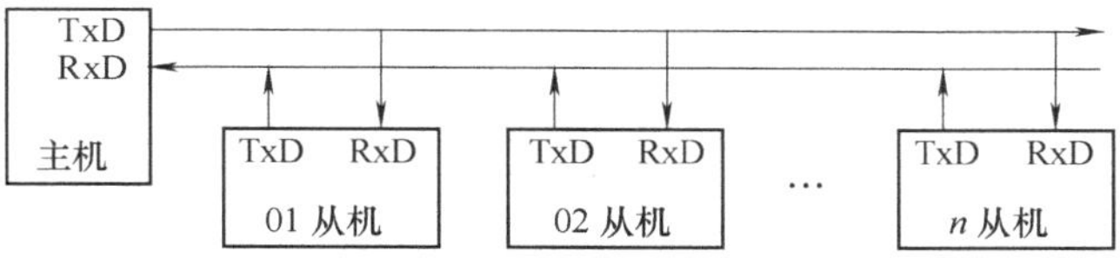

图 5-20 多机通信方式之一

多机通信的实现，主要靠主、从机之间正确地设置与判断多机通信控制位 SM2 和发送或接收的第 9 数据位（RB8 或 TB8）。

图 5-20 中，主机的 RxD 端与所有从机的 TxD 端相连，TxD 与所有从机的 RxD 端相连，主机发送的信息可传送到各个从机或指定的从机，而各从机发送的信息只能被主机接收。由于通信直接以 TTL 电平进行，因此主、从机之间的连线以不超过 1 m 为宜。此外，各从机应当编址，以便主机能按地址寻找通信伙伴。多机通信中，要保证主机与所选从机间可靠的通信，必须保证通信接口具有识别功能，而 MCS-51 串行口控制寄存器（SCON）中的控制位 SM2 就是为满足这一要求而设置的。多机通信控制原理是：当串行口以方式 2（或方式 3）工作时，发送和接收的每一帧信息都是 11 位，其中第 9 位数据是可编程的，通过对 SCON 的 TB8 置“1”或“0”，以区别发送的是数据帧还是地址帧。规定 TB8 置“0”时表示数据帧，TB8 置“1”时表示地址帧。

通信以主机发送信息，从机接收信息开始。当主机发送时，通过设置 TB8 位的状态来

说明发送的是地址还是数据。而在从机方面，为了接收信息，初始化时应把 SCON 的 SM2 位置“1”。因为，当 SM2 =1 时，表示置多机通信功能，这时出现两种可能的情况：当接收到的第 9 数据位状态为 1 时，才将数据送 SBUF，置 RI =1，并向 CPU 发出中断请求；如果接收的数据为 0，则不产生中断，信息将被抛弃。而当 SM2 =0 时，无论收到的第 9 数据位是 0 还是 1，都把接收到的数据送 SBUF，都置中断标志 RI =1，并向 CPU 发出中断请求。根据这个功能，可实现多个 MCS-51 应用系统的串行通信。通常规定具体的通信过程如下：

1）使所有的从机的 SM2 置“1”，处于只接收地址帧的状态。

2）主机置位 TB8，发送要寻址从机的一帧地址信息。

3）由于所有从机的 SM2 =1，因此所有从机都能收到主机发送的地址信息。所有从机接收到主机发的地址帧后，各自将所收到的地址与其本身地址相比较。

4）对于地址相符的从机，使 SM2 清“0”，同时向上机返回本从机地址供主机核对，并可以接收主机随后发来的所有信息。对于地址不符的从机，仍保持 SM2 =1，对主机随后发来的信息不予理睬，直至发送新的地址帧。

5）主机核对无误后，向已被寻址的从机发送控制命令（数据帧的第 9 位置“0”），通知从机是进行数据接收还是进行数据的发送。

6）主机只与被寻址的从机进行数据通信。

7）当主机改为与另外从机联系时，可再发出地址帧寻址其从机，而先前被寻址过的从机在分析出主机是与其他从机寻址时，恢复 SM2 =1，对随后主机发来的数据帧不予理睬。

多机通信原理流程如图 5-21 所示。如何编写主从机的初始化程序、中断服务子程序，要视系统的具体要求而定，这里不再赘述。

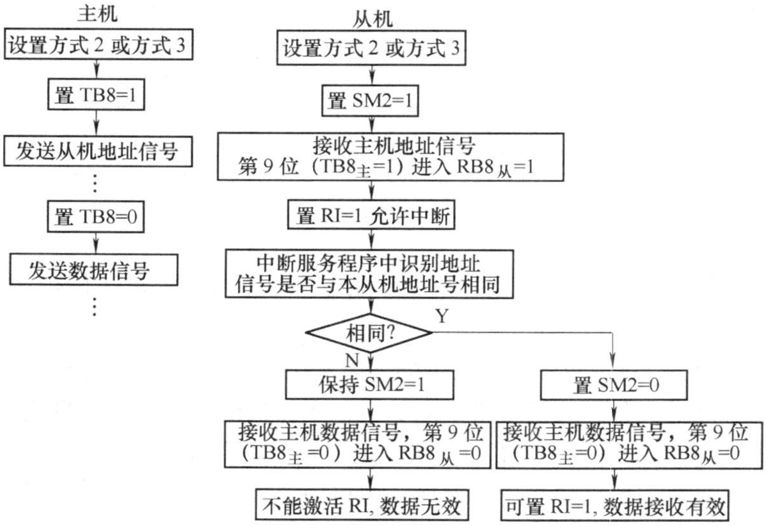

图 5-21　多机通信原理流程

5.3.5　串行口的应用

学习 MCS-51 的串行口，归根到底是要学会编制通信软件的方法和技巧。本节将介绍串行口在作 I/O 扩展及一般异步通信中的应用原理及实例。

1. 利用串行口方式 0（零）作 I/O 口扩展

串行口方式 0 是同步移位寄存器的通信方式，它主要用于扩展 I/O 口。利用它可以把串行口设置成“并入串出”的并行输入口，或“串入并出”的并行输出口。

把串行口变为并行输出口使用时，要有一个 8 位“串入并出”的同步移位寄存器配合（例如 CD4094 或 74LS164），电路如图 5-22 所示。当使用 74LS164 作扩展输出口时，要注意 74LS164 的输出无控制端，在串行输入过程中，其输出端的状态会不断变化，故在某些应用场合，在 74LS164 与输出装置之间，还应加上输出可控的缓冲级，以便串行输入过程结束后再输出。串行口变为并行输入口使用时，要有一个 8 位“并入串出”功能的同步移位寄存器（CD4014 或 74LS165）与串行口配合使用。现举例说明。

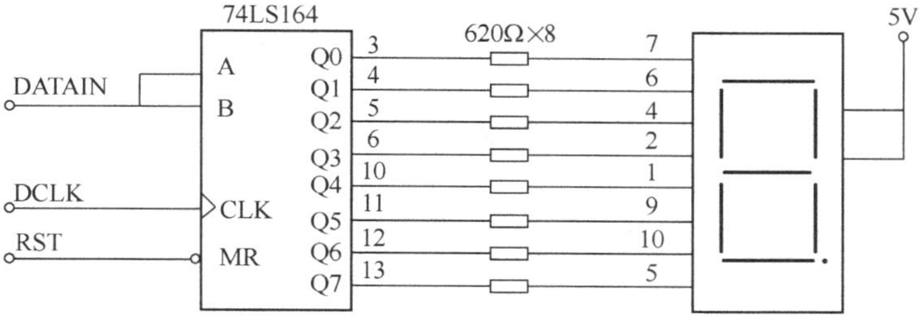

图 5-22　利用串行口扩展输出口电路

【例 5-11】 根据图 5-22 所示的电路，请编写在数码管上循环显示 0 ~ 9 这 10 个数字的程序。

解：串行口工作在方式 0 时，数据为 8 位，且只能从 RxD 端输入输出，TxD 端总是输出移位同步时钟信号，其波特率固定为晶体振荡频率的 1/12。本题利用定时器控制每个数字的显示时间，每秒显示 1 位。假设系统晶体振荡频率为 11.059 2MHz。程序设计如下：

```
          TIMER    EQU 30H
          ORG 0000H
          AJMP  START
          ORG   000BH
          AJMP  INT0
          ORG   0040H
START:    MOV   SP, #60H
          MOV   TMOD, #01H
          MOV   TL0, #00H
          MOV   TH0, #4BH           ；延时 50ms 的常数
          MOV   R0, #0H
          MOV   TIMER, #20          ；延时 1s 的常数
          MOV   SCON, #00H
          SETB  TR0
          SETB  ET0                 ；开中断
          SETB  EA
          SJMP  $
```

```
INT0:     PUSH  ACC
          PUSH  PSW
          CLR   EA
          CLR   TR0
          MOV   TL0, #00H
          MOV   TH0, #4BH
          SETB  TR0
          DJNZ  TIMER, EXIT
          MOV   TIMER, #20
          MOV   DPTR, #DATA          ; 置七段码表的基址
          MOV   A, R0                ; 置偏移量
          MOVC  A, @A+DPTR
          CLR   TI
          CPL   A
          MOV   SBUF, A
          INC   R0
          CJNE  R0, #0AH, EXIT       ; 判是否到表尾
          MOV   R0, #00H
EXIT:     SETB  EA
          POP   PSW
          POP   ACC
          RETI
          ORG   3000H
DATA:     DB    0FCH, 60H, 0DAH, 0F2H, 66H
          DB    0B6H, 0BEH, 0E0H, 0FEH, 0F6H
          END
```

C51 程序设计：

```
#include <reg52.h>
#define uchar unsigned char
uchar data[10] = {0xFC,0x60,0xDA,0xF2,0x66,
                  0xB6,0xBE,0xE0,0xFE,0xF6};
Uchar  i=0;
Uchar  TIMER =0x20;           //延时 1s 的常数
void main()
{
  TMOD =0x01;                 //写入方式控制字,方式 0
  TH0 =0x4B;                  //设置初值
  TL0 =0x00;
```

```
    SCON =0x00;
    TR0 =1;
    ET0 =1;                      //开中断
    EA =1;
    While(1);
  }
  void usa0( ) interrupt 1       //定时中断
  {
      TL0 =0x00;
      TH0 =0x4B;
              TR0 =1;
              TIMER --
      if(TIMER =0)
      {
    SBUF = Data[i];              //数码管显示
    i++;
    if(i= =9)
    i=0;
   }
  }
```

【例 5-12】 根据图 5-23 所示电路，编写从 16 位扩展口读入 10B 数据，并把它们转存到片内 RAM 的 20H～29H 中。

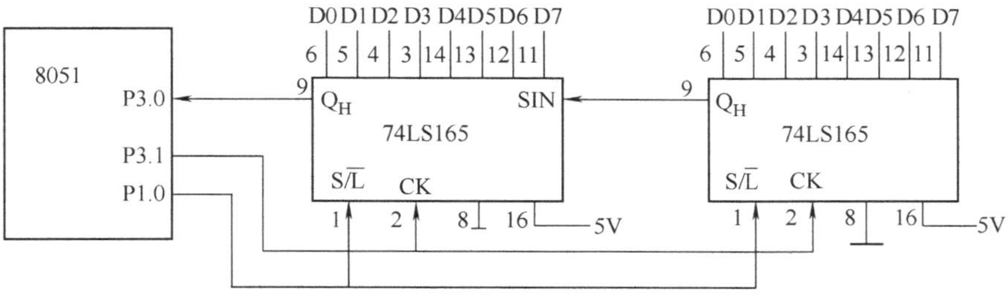

图 5-23 利用串行口扩展输入口的电路

解： 74LS165 是并行输入串行输出的同步移位寄存器。本例是利用 8051 的三根口线扩展为 16 个输入口的实用电路。理论上讲，继续串接 74LS165 可以扩展更多的输入口，但扩展得越多，口的操作速度会越慢。程序设计如下：

```
        DIZI EQU 20H
        ZJSUEQU 02H
        WSU  EQ U 05H
             ORG   2000H
START：     MOV   SP，#60H
```

```
            MOV   R7, #WSU          ; 置循环次数
            MOV   R6, #ZJSU         ; 置并入的字节数
            MOV   R0, #DIZI         ; 设片内 RAM 指针
REC0:       CLR   P1.0              ; 并行置入 16 位数据
            SETB  P1.0              ; 允许串行移位输出
            MOV   SCON, #10H
REC1:       JNB   RI, REC1
            CLR   RI
            MOV   A, SBUF
            MOV   @R0, A
            INC   R0
            DJNZ  R6, REC1
            MOV   R6, #ZJSU
            DJNZ  R7, REC0
            RET
```

C51 程序设计：

```
#include <reg52.h>
#define uchar unsigned char
sbit led0 = P1^0;
Uchar  WSU  =0x05;              //循环次数
Uchar  * ram =0x20;             //设片内 RAM 指针
Uchar  ZJSU  =0x02;             //置并入的字节数

void main()
  {
    While(WSU)
    {
        led0 =0;                //并行置入 16 位数据
        led0 =1;                //允许串行移位输出
      SCON =0x10;
      While(ZJSU)
      {
      While(! RI);
      RI =0;
      * ram = SBUF;
      ram ++;
      ZJSU -- ;
    }
```

```
        ZJSU = 0x02;
      }
      WSU -- ;
    }
```

2. 用串行口进行异步通信

串行口工作在方式1～方式3时，都用于异步通信，它们之间的主要差别在于字符帧格式和通信波特率的不同。双机异步通信的连接电路如图5-24所示。下面分别以甲机发送、乙机接收等情况举例分析。

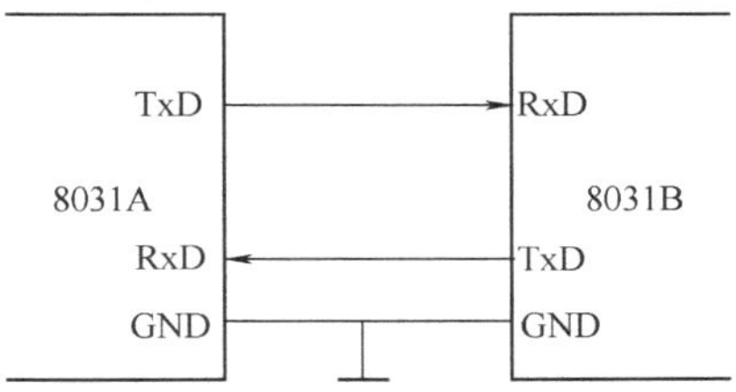

图5-24 双机异步通信的连接电路

【例5-13】 用查询法编写串行口方式1下的发送程序。设MCS-51主频为11.059MHz，采用定时器1方式2作波特率发生器，波特率为1200bit/s；发送数据在片内RAM的20H～3FH单元，要求在最高位上加奇偶校验位后由串行口发送。（注：该例只适合最高位为零的数据）

解： 根据发送的波特率1200bit/s，取SMOD = 0，通过下式计算得到TH1和TL1的时间常数初值X为：

$$X = 256 - 11.059 \times 10^6 \times 2^0 / (384 \times 1200) = 232 = 0E8H$$

所谓奇偶校验方法就是在发送时，在每一个字符的最高位（方式1）或最高位之后（方式2和方式3）都附加一个奇偶校验位。这个校验位可为“1”或“0”，以保证整个字符（包括校验位）为“1”的位数为偶数（偶校验）或为奇数（奇校验）。接收时，按照发送方规定的同样的奇偶性，对接收到的每一个字符进行校验。若二者不一致，说明出现了差错。

奇偶校验是一个字符校验一次，是针对单个字符进行的。奇偶校验只能提供最低级的错误检测，尤其是只能检测到那种影响了奇数个位的错误，因此通常只用在异步通信中。

参考程序设计如下：

```
        ORG   0000H
        AJMP  START
        ORG   1000H
        BLOCK DATA  40H
START:  MOV   SP, #70H
        MOV   TMOD, #20H      ；定时器T1为方式2
        MOV   TH1, #0E8H      ；波特率为1200bit/s
        MOV   TL1, #0E8H      ；给TH1送重装初值
        SETB  TR1             ；启动T1
        MOV   PCON, #00H      ；令SMOD = 0
        MOV   SCON, #40H      ；串行口为方式1
        MOV   R0, #20H        ；字符块始址送R0
        MOV   R2, #32
```

```
D01:    MOV   A, @R0          ; 发送字符送 A
        MOV   C, PSW.0        ; 奇偶校验位送 C
        CPL   C               ; 形成奇校验位送 C
        MOV   ACC.7, C        ; 使 A 中成为奇数 1
        MOV   SBUF, A         ; 启动发送
        JNB   TI, $
        CLR   TI
        INC   R0
        DJNZ R2, D01          ; 若字符块未发完则转到 D01
ED:     SJMP  ED
```

C51 程序设计:

```
#include <reg52.h>
#define uchar unsigned char
Uchar *a=0x20;                //设置字符块始地址
Uchar b=32;
Uchar c=0;
Uchar d=0;
void main()
{
  TMOD=0x20;                  //定时器 T1 为方式 2
    TH1 =0xe8;                //波特率为 1200bit/s
  TL1 =0xe8;                  //给 TH1 送重装初值
  TR1 =1;                     //启动 T1
  PCON=0x00;                  //令 SMOD=0
  SCON=0x40;                  //串行口为方式 1
  While(b)
{
    c = ~( PSW &0x01);        //形成奇偶校验位
    if(c = =1)                //使 A 中成为奇数 1
    {
    *a=(*a)| |0x80;
    }
else
{
     *a=(*a)&0xef;
    }
  SBUF=*a;                    //启动发送
  While(! TI);
```

```
    TI = 0;
    a ++;
    b -- ;
    }                                    //若字符块未发完则跳转
    while(1);

}
```

【例 5-14】 请用中断法编写串行口方式 3 下的接收程序。设 MCS-51 的主频为 11.059MHz，波特率为 1200bit/s，串行口接收器把接收到的 32B 数据存入片外 2000H ~ 201FH 单元。接收过程要求判奇偶校验标志 RB8。若出错置 F0 标志为“1”，正确置 F0 标志为“0”，然后返回。

解：根据波特率和主频选 SMOD = 0，按公式计算得 TH1 和 TL1 的初值为 0E8H。

参考程序设计如下：

```
          ORG   0000H
          AJMP   START
          ORG   0023H
          AJMP   SPIN
          ORG   1000H
START:    MOV   SP, #70H
          MOV   TMOD, #20H        ; T/C12 工作于方式 2
          MOV   TH1, #0E8H        ; 设置时间常数初值
          MOV   TL1, #0E8H
          SETB  TR1               ; 启动 T/C1
          MOV   DPTR, #2000H      ; 接收数据区始址送 R0
          MOV   R2, #32           ; 累加和寄存器清零
          MOV   PCON, #00H        ; 使 SMOD = 0
          MOV   SCON, #0D0H       ; 串行口工作于方式 3 接收
          SETB  EA
          SETB  ES
STOP:     SJMP  STOP              ; 等待串行中断
```

接收子程序设计如下：

```
          ORG 2000H
SPIN:     CLR   RI                ; 接收完后清 RI
          MOV   A, SBUF           ; 数据块长度字节选送 A
          JNB   PSW.0, PZ
          JNB   RB8, ERR
          SJMP  YES
PZ:       JB   RB8, ERR
```

```
YES:     MOVX   @DPTR, A        ; 存入 R2
         INC   DPTR
         DJNZ   R2, RIGH
         CLR   PSW.5
         CLR   ES
RIGH:    RETI
ERR:     SETB   PSW.5
         CLR   EA
         CLR   ES
         RETI
```

C51 程序设计:

```
#include <reg52.h>
#define uchar unsigned char
Uchar * a =0x20;
Uchar flag =0;
Volatile uchar xdata* xram
Uchar b =32;
Uchar c =0;
void main()
{
     TMOD =0x20;                //T/C12 工作于方式 2
     TH1 =0xe8;                 //设置时间常数初值
     TL1 =0xe8;
     TR1 =1;                    //启动 T/C1
     Xram =0x2000;
       PCON =0x00;              //使 SMOD =1
       SCON =0xD0;              //串行口工作于方式 3 接收
     EA =1;
     ES =1;
     While(1);                  //等待串行中断
     }
   void uart0() interrupt 4     //串口终端函数
   {
     RI =0;// 接收完后清 RI
    ACC =SBUF;
    if((PSW&0X01)! =1)
    {
     if(RB8! =1)
```

```
        Flag =2;
        else
        Flag =1;
      }
      Else
      {if(RB8 ==1)
      {
    Flag =2;
    }
    else
    Flag =1;}
    If(flag ==1)                  //yes
    {
        * xram = ACC;
        Xram ++;
        b- -;
        If(b = =0)
        {PSW = PSW&0xdf;
          ES =0;}
    }
    If(flag = =2)                 //err
    {
      PSW = PSW| |0x20;
      EA =0;
     ES =0;
    }
}
```

3. 双机异步通信

双机异步通信也称为点对点的串行异步通信。利用 MCS-51 的串行口，可以进行单片机与单片机、单片机与通用微机间的点对点的串行通信。

（1）TTL 电平信号直接传输

如果采用 TTL 电平直接在电缆（或双绞线）上传输信息，传输距离一般不超过 1m。例如 8051 与扩展的串行打印机的连接就是这样。这时双方的串行口可以直接相连。

如果传输的距离在 15m 之内，就应该采用 RS-232 电平信号传输。通用微机的串口采用的就是 RS-232 电平。

（2）RS-232C 电平信号传输

RS-232C 是广泛使用的串行总线标准。RS-232C 标准规定了传送的数据和控制信号的电平。其规定如下：

1）数据线上的信号电平：

mark（逻辑 1）：+3 ~ +25V；

space（逻辑 0）：−3 ~ −25V。

2）控制和状态线上的信号电平：

ON（逻辑 0）：+3 ~ +25V（接通）；

OFF（逻辑 1）：−3 ~ −25V（断开）。

以上信号电平与 TTL 电平显然是不匹配的。为了实现 RS-232C 电平与 TTL 电平的连接，必须进行信号电平转换。目前常用的实现 RS-232C 标准电平与 TTL 电平间相互转换的接口芯片是 MAX232。

MAX232 的芯片引脚排列如图 5-25 所示。各引脚功能说明如下：

① C_{0+}、C_{0-}、C_{1+}、C_{1-}是外接电容端。

② R_{1IN}、R_{2IN}是两路 RS-232C 电平信号接收输入端。

③ R_{1OUT}、R_{2OUT}是两路转换后的 TTL 电平接收信号输出端，接 8051 的 RxD 接收端。

④ T_{1IN}、T_{2IN}是两路 TTL 电平发送输入端，接 8051 的 TxD 发送端。

⑤ T_{1OUT}、T_{2OUT}是两路转换后的发送 RS-232C 电平信号输出端，接传输线。

⑥ V+经电容接电源+5V。

⑦ V−经电容接地。

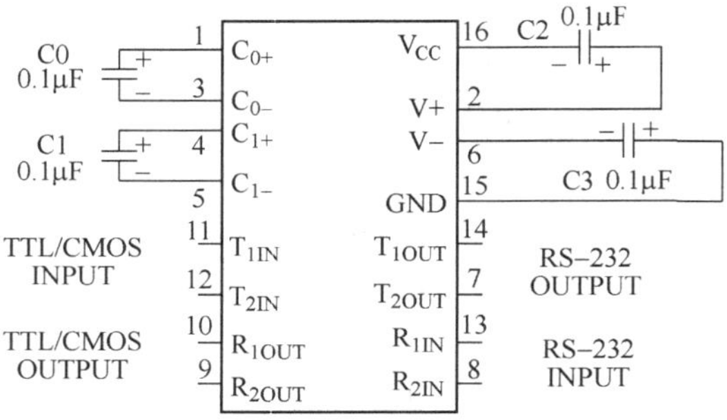

图 5-25　MAX232 芯片的引脚排列

这种连接的传输介质一般采用双绞线，通信距离一般不超过 15m，传输速率小于 20kB/s。在要求信号传输快、距离远时，可采用 RS-422A、RS-485 等其他通信标准。

（3）双机通信编程举例

【例 5-15】 按照图 5-26 所示的接口电路，分别编制发送通信程序和接收通信程序。

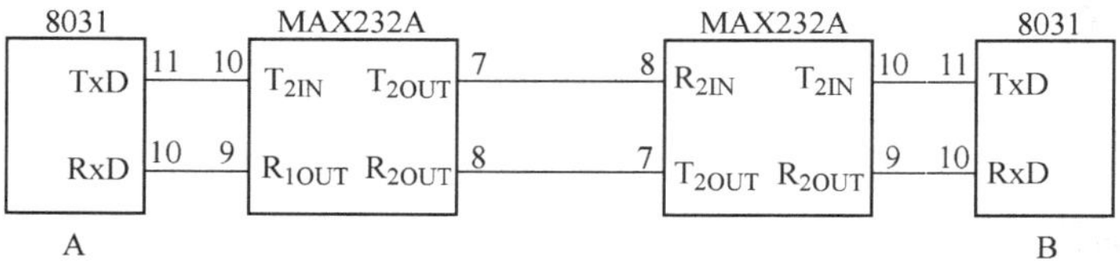

图 5-26　点对点双机通信

解： 1）通信双方的约定

假定 A 机为发送者，B 机为接收者，并假定数据块长度为 16B，数据缓冲区起始地址是 40H。当 A 机开始发送时，先送一个“0AAH”信号，B 机收到后回答一个“55H”，表示同意接收。当 A 机收到“55H”后，开始发送数据，在发送数据之前将数据块长度发送给乙机，当发送完 16B 时，向乙机发送一个“校验和”。校验和方法是针对数据块进行的。在数据发送时，发送方对块中数据简单求和，产生一单字节校验字符（校验和）附加到数据块结尾。

B 机接收数据并将其转储到数据缓冲区。起始地址也为 40H，每接收到一个数据也计算一次“校验和”。当收齐一个数据块时，再接收 A 机发来的“校验和”，并将它与 B 机求出的“校验和”进行比较。若两者相等，说明接收正确，B 机回答“00H”；若两者不等，说明接收不正确，B 机回答“0FFH”，请求重发。A 机收到 00H 的回答后，结束发送。若收到的答复非零，则将数据再重发一次。设双方约定的传输波特率为 1200bit/s，双方的 f_{osc} = 11.059 2MHz，T1 工作在定时方式 2，（TH1） = （TL1） = 0E8H，PCON 寄存器的 SMOD 位为 0。

2）用于 A 机发送的通信子程序

通信子程序设计如下：

```
        ORG 3000H
SENDA:  MOV   TMOD, #20H        ; 设 T1 为定时方式 2
        MOV   TH1, #0E8H        ; 设定波特率
        MOV   TL1, #0E8H
        MOV   PCON, #00H
        SETB  TR1               ; 启动 T/C1
        MOV   SCON, #50H        ; 串行口工作在方式 1
T1A:    MOV   SBUF, #0AAH       ; 发送联络信号
S1A:    JBC   TI, R1A           ; 等待发送出去
        SJMP  S1A
R1A:    JBC   RI, R2A           ; 等待 B 机回答
        SJMP  R1A
R2A:    MOV   A, SBUF           ; 接收联络信号
        XRL   A, #55H
        JNZ   T1A               ; B 机未好，继续联络
T2A:    MOV   SBUF, #16
        JNB   TI, $
        CLR   TI
        MOV   R0, #40H          ; R0 指向缓冲区首址
        MOV   R7, #10H          ; 装载计数初值
        MOV   R6, #00H          ; 清校验和寄存器
T3A:    MOV   SBUF, @R0         ; 发送一个数据字节
        MOV   A, R6
        ADD   A, @R0            ; 求校验和
        MOV   R6, A             ; 保存校验和
        INC   R0
S2A:    JBC   TI, T4A
        SJMP  S2A
T4A:    DJNZ  R7, T3A           ; 判数据块发送完否
        MOV   SBUF, R6          ; 发送校验和
S4A:    JBC   TI, R3A
        SJMP  S4
R3A:    JBC   RI, R4A           ; 等待 B 机应答
        SJMP  R3A
```

```
R4A:        MOV   A, SBUF
            JNZ   T2A                 ; 回答出错，则重发
            RET
```

C51 程序设计：

```
#include <reg52.h>
#define uchar unsigned char
Uchar  a=0;
Uchar * ra=0x40;      //指向缓冲区首址
Uchar rb=0x10;        //装载计数初值
Uchar rc=0x00;        //清校验和寄存器
void main()
{
     TMOD=0x20;       //设 T1 为定时方式 2
     TH1=0x0E8;       //设定波特率
     TL1=0x0E8;       //
     PCON=0x00;
     TR1=1;           //启动 T/C1
     SCON=0x50;          //串行口工作在方式 1
T1A: SBUF=0xaa;          //发送联络信号
S1A: While(! TI);        //等待发送出去
     {TI=0;}
R1A: While(! RI);        //等待 B 机回答

     {RI=0;}

R2A:      a=SBUF;        //接收联络信号


     a=a^0x55;
     if(a! =0)
     goto T1A;           //B 机未好,继续联络
T2A: SBUF=16;
       While(! TI);
        TI=0;
T3A: SBUF=* ra;
       rc=rc+* ra;       //求校验和,并保存
       ra++;             //
S2A: while(! TI);
        TI=0;
```

```
T4A:    if(rb - - )
          goto T3A;            //判断数据块发送完否,不使用 goto 可以使用 while 来
                                代替
          SBUF = rc;           //发送校验和
S4A:    while(! TI);
          TI =0;
R3A:    while(! RI);           //等待 B 机应答
          RI =0;
R4A:    a = SBUF;              //回答出错,则重发
      If(a!  =0)
      goto   T2A;
```

3）用于 B 机接收的通信子程序

子程序设计如下：

```
REVB:   MOV   TMOD, #20H          ; 设 T1 为定时方式 2
        MOV   TH1, #0E8H          ; 设定波特率
        MOV   TL1, #0E8H
        MOV   PCON, #00H
        SETB  TR1
        MOV   SCON, #50H          ; 串行口工作在方式 1
R1B:    JBC   RI, R2B             ; 等待 A 机联络信号
        SJMP  R1B
R2B:    MOV   A, SBUF
        XRL   A, #0AAH            ; 判 A 机请求否
        JZ    T1B
        MOV   SBUF, #0AAH
        SJMP  RIB
T1B:    MOV   SBUF, #55H          ; 发应答信号
S1B:    JBC   TI, R3B
        SJMP  S1B
R3B:    JNB   RI, $
        CLR   RI
        MOV   A, SBUF
        MOV   R7, A               ; R7 作长度计数器
        MOV   R0, #40H            ; R0 指向缓冲区首址
        MOV   R6, #00H            ; 校验和单元清零
R4B:    JBC   RI, R5B
        SJMP  R4B
R5B:    MOV   A, SBUF
```

```
        MOV   @R0, A
        INC   R0
        ADD   A, R6
        MOV   R6, A                 ; 求校验和
        DJNZ  R7, R4B               ; 判数据块发送完否
R6B:    JBC   RI, R7B               ; 接收A机校验和
        SJMP  R6B
R7B:    MOV   A, SBUF
        XRL   A, R6                 ; 比较校验和
        JZ    ENDB
        MOV, SBUF  #0FFH            ; 校验和不对, 出错
S3B:    JBC   TI, R3B
        SJMP  S3B                   ; 出错重新接收
ENDB:   MOV   SBUF, #00H
ENDB1:  JBC   T1, STOP
        SJMP  ENDB1
STOP:   RET
```

C51 程序设计:

```
    #include <reg52.h>
    #define uchar unsigned char
    Uchar a;
    Uchar cd;做长度计数器
    Uchar * b =0x40;指向缓冲区首址
    Uchar rc =0x00;校验和单元清零
    void main()
    {
    TMOD =0x20;            //设 T1 为定时方式
     TH1 =0x0E8;           //设定波特率
     TL1 =0x0E8;
     PCON =0x00;
     TR1 =1;               //启动 T/C1
     SCON =0x50            //串行口工作在方式 1
R1B:while(! RI);           //等待 A 机联络信号
     RI =0;
R2B:a =SBUF;
     A =a^0xaa;            //判 A 机请求否
     If(a! =0)
    {
       SBUF =0xaa;
```

```
        Goto    R1B;
       }
T1B:SBUF =0x55;                    //发应答信号
S1B:  While(! TI);
        TI =0;
R3B:  while(! RI);
        RI =0;
        a =SBUF;
        cd =a;
R4B:while(! RI);
        RI =0;
R5B: a =SBUF;
        * b =a;
        b ++;
        rc =rc +a;                 //求校验和
    if(cd - - )                    //判数据块发送完否
    goto R4B;
R6B: while(! RI);                  // 接收 A 机校验和
        RI =0;
R7B:a =SBUF;
        a =a^rc;                   // 比较校验和
        if(a! =0)
        {
          SBUF =0xff;              // 校验和不对,出错
S3B: while(! TI);
          TI =0;
           Goto R3B;
        }
        ENDB:SBUF =0x00;
        ENDB1: while(! TI);
TI =0;}
```

本 章 小 结

本章介绍了 MCS-51 中断系统的原理、中断响应过程以及中断服务程序的设计，片内定时器/计数器各工作方式的内部结构、工作原理、程序设计，片内全双工串行口的工作原理、程序设计，以及多机通信的工作原理。

习　　题

5-1　MCS-51 的中断系统由哪些功能部件组成？

5-2　MCS-51 有几个中断源，各中断标志是如何产生的？

5-3　MCS-51 有几个外部中断和内部中断？

5-4　MCS-51 的中断系统中有几个优先级？

5-5　MCS-51 的中断矢量地址分别是多少？

5-6　简述 MCS-51 中断响应的过程。

5-7　中断响应后，怎样保护断点和保护现场的？

5-8　CPU 响应中断有哪些条件？

5-9　MCS-51 中若要扩充中断源，可采用哪些方法？

5-10　8051 内部设有几个定时器/计数器？

5-11　MCS-51 的定时器/计数器有哪几种工作方式？各种工作方式的特点是什么？如何选择和设定定时器的工作方式？

5-12　MCS-51 的定时器有哪几个专用寄存器？它们各自的作用是什么？

5-13　怎样计算定时器计数的初值？

5-14　编写一个定时间隔为 25ms 的程序，晶体振荡频率为 6MHz。

5-15　8051 定时器做定时和计数时其计数脉冲分别由谁提供？

5-16　8051 定时器的门控信号 GATE 设置为 1 时，定时器如何启动？

5-17　已知 8051 的 $f_{osc}=12\text{MHz}$，用 T1 定时，试编程由 P1.0 输出周期为 2ms 的方波。

5-18　定时器/计数器的方式 3，分别用 TL0 和 TH0 作为两个独立的 8 位定时器/计数器，产生 100μs 和 200μs 的定时中断，使 P1.0 和 P1.1 产生周期为 200μs 和 400μs 的方波。已知晶体振荡频率为 6MHz。

5-19　并行通信与串行通信的主要区别是什么？各自有什么优缺点？

5-20　什么是异步通信？它有哪些特点，有几种帧格式？

5-21　什么是单工串行口、半双工串行口、全双工串行口？

5-22　请用查询方式编写一数据发送程序。数据块首地址为片内 RAM 的 30H 单元，块长度为 20 字节，设串行口工作于方式 1，波特率为 9600bit/s，主频 f_{osc} 为 11.059MHz。

5-23　请用中断方法编写一数据发送程序，数据块首地址为片外 RAM 的 TTAB，块长度为 30B，设串行口工作于方式 3，波特率为 4800bit/s，$f_{osc}=11.059\text{MHz}$，采用奇校验。

5-24　与题 5-23 相对应，编写串行口的接收程序，将接收到的数据放在片外 RAM 起始地址为 RTAB 处，波特率为 4800bit/s。若奇校验出错则置“1”标志 F0。

5-25　串行口多机通信的原理是什么？其中 SM2 的作用是什么？与双机通信的区别是什么？

5-26　为什么在 RS-232 与 TTL 之间需加电平转换器件？一般加什么转换器件？

第 6 章　MCS-51 单片机的扩展技术

教学目的

本章介绍了 MCS-51 单片机的扩展系统结构，重点介绍了存储器扩展、并行接口扩展、模数转换扩展、串行接口扩展，并给出了扩展实例。重点掌握各种扩展接口的电路设计及应用程序的编写。

一般情况下，采用 MCS-51 的最小系统只能用于一些很简单的场合，这种情况下直接使用其内部程序存储器、数据存储器、定时功能等内部资源，使得应用系统的成本较低。但在许多应用场合，仅靠其内部资源不能满足要求，因此，系统扩展是 MCS-51 应用系统硬件设计中最常遇到的问题。

6.1　MCS-51 单片机扩展及系统结构

6.1.1　扩展系统结构

MCS-51 扩展通常采用总线结构形式，图 6-1 所示就是其典型的扩展系统结构。

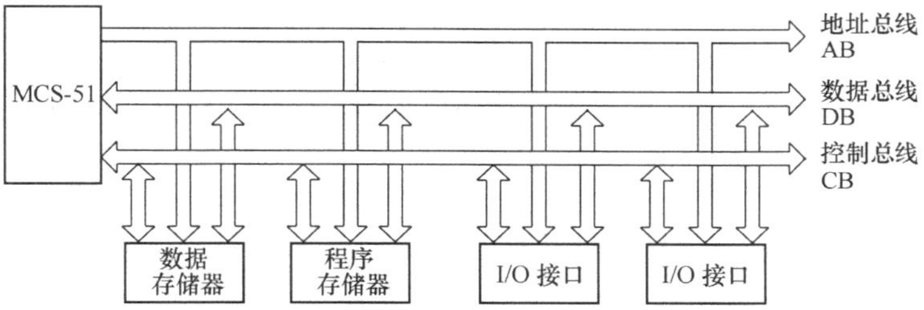

图 6-1　MCS-51 典型的扩展系统结构

整个扩展系统以 MCS-51 为核心，通过总线把各扩展部件连接起来，其形式如同各扩展部件“挂”在总线上一样。扩展内容可包括程序存储器 ROM、数据存储器 RAM 和 I/O 接口等。因为扩展是在 MCS-51 之外进行的，因此通常把扩展的部件也称之为片外 ROM 或片外 RAM。

所谓总线，就是连接系统中各扩展部件的一组公共信号线。按功能，通常把系统总线分为三组：地址总线、数据总线和控制总线。

1）地址总线（Address Bus）。地址总线用于传送 MCS-51 送出的地址信号，以便进行存储单元和 I/O 端口的选择。地址总线的数目决定着可直接访问的存储单元的数目。例如 n 位地址，可产生 2^n 个连续地址编码，因此可访问 2^n 个存储单元，即通常所说的寻址范围为 2^n 地址单元。MCS-51 存储器扩展最多可达 64KB，即 2^{16} 地址单元，因此，最多可需 16 位地址线。这 16 根地址线是由 P0 口和 P2 口构建的，其中 P0 口的 8 位口线作地址线的低 8 位，P2 口的 8 位口线作高位地址线。需要注意的是，在进行系统扩展时，P0 口还用作数据线，因此需采用分时复用技术，对地址和数据进行分离。为此在构造地址总线时要增加一个8位锁存器，先把这低8位地址送锁存器暂存。由地址锁存器给系统提供低8位地址，然后把P0口作为数据线使用。

2）数据总线（Data Bus）。数据总线用于在MCS-51与存储器之间或与I/O端口之间传送数据。单片机系统的数据总线的位数与其处理数据的字长一致。MCS-51是8位字长，所以数据总线的位数也是8位。在系统扩展时，数据总线是由P0口构造的。

3）控制总线（Control Bus）。控制总线是一组控制信号线。这些信号线有的是专用信号线，有的则是第二功能信号线，其中包括地址锁存信号ALE、程序存储器的读选通信号PSEN，以及读RD和写WR信号等。在MCS-51与外设进行数据交换时，必须要保证在整个的读写周期中地址线的状态不变。

6.1.2 常用地址锁存器

在MCS-51中的16位地址，分为高8位和低8位。高8位由P2口输出，低8位由P0口输出。而P0口同时又是数据输入/输出口，故在传送时采用分时方式，先输出低8位地址，然后再传送数据。但是，在对片外存储器进行读/写操作时，16位地址必须保持不变，这就需要选用适当的寄存器存放低8位地址，因此在进行程序存储器扩展时，必须利用地址锁存器将地址信号锁存起来。外部扩展电路结构如图6-2所示。

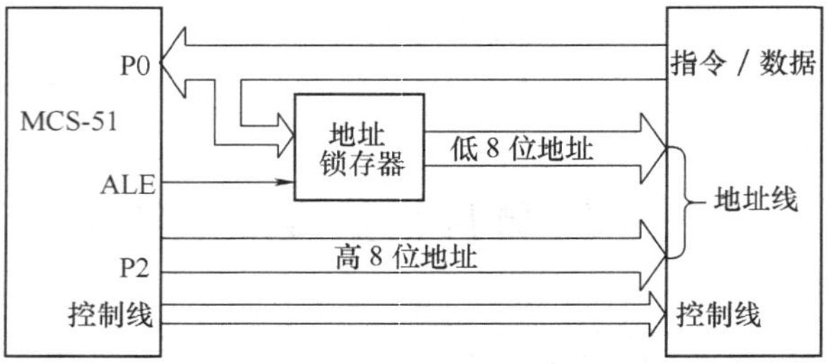

图6-2 外部扩展电路结构

通常，地址锁存器可使用带三态缓冲输出的8D锁存器74LS373或8282，也可使用带清除端的8D锁存器74LS273，地址锁存信号为ALE。其中，74LS373的功能表见表6-1，内部结构如图6-3所示。

表6-1 74LS373的功能表

OE	G	功　能
0	1	直通（OUT*i*=D*i*）
0	0	保持（OUT*i*保持不变）
1	×	输出高阻

注：×表示任意状态。

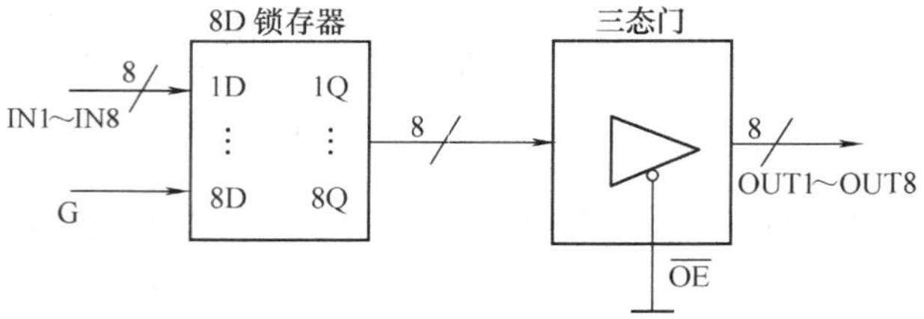

图6-3 74LS373内部结构

当三态门的使能控制信号线$\overline{OE}$为低电平时，三态门处于导通状态，允许1Q~8Q输出到OUT1~OUT8；当$\overline{OE}$端为高电平时，输出三态门断开，输出线OUT1~OUT8处于浮空状态。G称为数据打入线。当74LS373用作地址锁存器时，首先应使三态门的使能信号$\overline{OE}$为低电平。这时，当G输入端为高电平时，锁存器输出（1Q~8Q）状态和输入端（1D~8D）状态相同；当G端从高电平返回到低电平（下降沿）时，输入端（1D~8D）的数据锁入（1Q~8Q）到8位锁存器中。

当用74LS373作为地址锁存器时，它们的锁存控制端G可直接与MCS-51的锁存控制信号端 ALE 相连，在 ALE 下降沿进行地址锁存。

6.2　MCS-51 单片机程序存储器的扩展

MCS-51 的程序存储器空间、数据存储器空间是相互独立的。程序存储器寻址空间为 64KB（0000H～0FFFFH），其中 8051、8751 片内包含有 4KB 的 ROM 或 EPROM，8752 含有 8KB 的 EPROM，8031 片内不带 ROM。当片内 ROM 不够使用或采用 8031 芯片时，需扩展程序存储器。用作程序存储器的器件是 EPROM、E^2PROM 和闪速存储器（FLASH）。

6.2.1　外部程序存储器的扩展原理及时序

MCS-51 扩展程序存储器的硬件电路如图 6-2 所示。从图中可以看出，在进行系统扩展时采用的是总线结构。数据总线是由 P0 口提供；地址总线由 P0 口和 P2 口共同提供；控制总线用专用的控制信号，它们包括$\overline{PSEN}$、$\overline{RD}$和$\overline{WR}$。MCS-51 访问片外程序存储器所使用的控制信号有 ALE 和$\overline{PSEN}$。其中 ALE 是低 8 位地址锁存控制信号；$\overline{PSEN}$是片外程序存储器的“读选通”控制信号。

在片外程序存储器取指期间，P0 口和 P2 口有 16 根 I/O 线用于输出地址码，用途如下：P0 口作为分时复用地址/数据总线，送出程序计数器中的低 8 位地址（PCL），由 ALE 信号选通进入地址锁存器，然后变成浮置状态等待从程序存储器读出指令码，而 P2 口输出的程序计数器中的高 8 位地址（PCH）保持不变。最后，用$\overline{PSEN}$作为选通 EPROM/EEPROM 的信号，将指令码读入 MCS-51。

CPU 读取的指令有两种情况：一是不访问数据存储器的指令；二是访问数据存储器的指令。因此，对片外程序存储器就有两种操作时序，如图 6-4 所示。

从图 6-4 可以看出，MCS-51 的 CPU 在访问片外程序存储器的一个机器周期内，引脚 ALE 上出现两个正脉冲，且在下降沿时锁存 PCL；引脚$\overline{PSEN}$上出现两个负脉冲，说明在一个机器周期内 CPU 可以两次访问片外程序存储器。因此，MCS-51 的指令系统中有很多双字节单周期指令，这样，可使程序的执行速度大大提高。

当应用系统中接有片外数据存储器并执行 MOVX 指令时，程序存储器的操作时序有所变化，16 位地址应转而指向数据存储器。若指令以 DPTR 为间址，此地址就是 DPL（数据指针低 8 位），同时 P2 口上出现 DPH（数据指针高 8 位）。在同一机器周期的 S6 状态将不再出现$\overline{PSEN}$有效信号，下一个机器周期的第一个 ALE 有效信号也不再出现。而当$\overline{RD}$（或$\overline{WR}$）有效时，在 P0 总线上将出现有效的输入数据（或输出数据）。

6.2.2　典型 EPROM 扩展电路

1. 常用的 EPROM 芯片

紫外线擦除可编程只读存储器 EPROM 可作为 MCS-51 的片外程序存储器，其典型产品是 Intel 公司的系列芯片 2716（2KB×8bit）、2732（4KB×8bit）、2764（8KB×8bit）、27128（16KB×8bit）、27256（32KB×8bit）和 27512（64KB×8bit）等。这些芯片上均有一个玻璃窗口，在紫外光下照射 10min 左右，存储器中的各位信息均变为 1，此时，可以通过编程器将工作程序固化到这些芯片中。三种常用 EPROM 芯片引脚排列如图 6-5 所示。

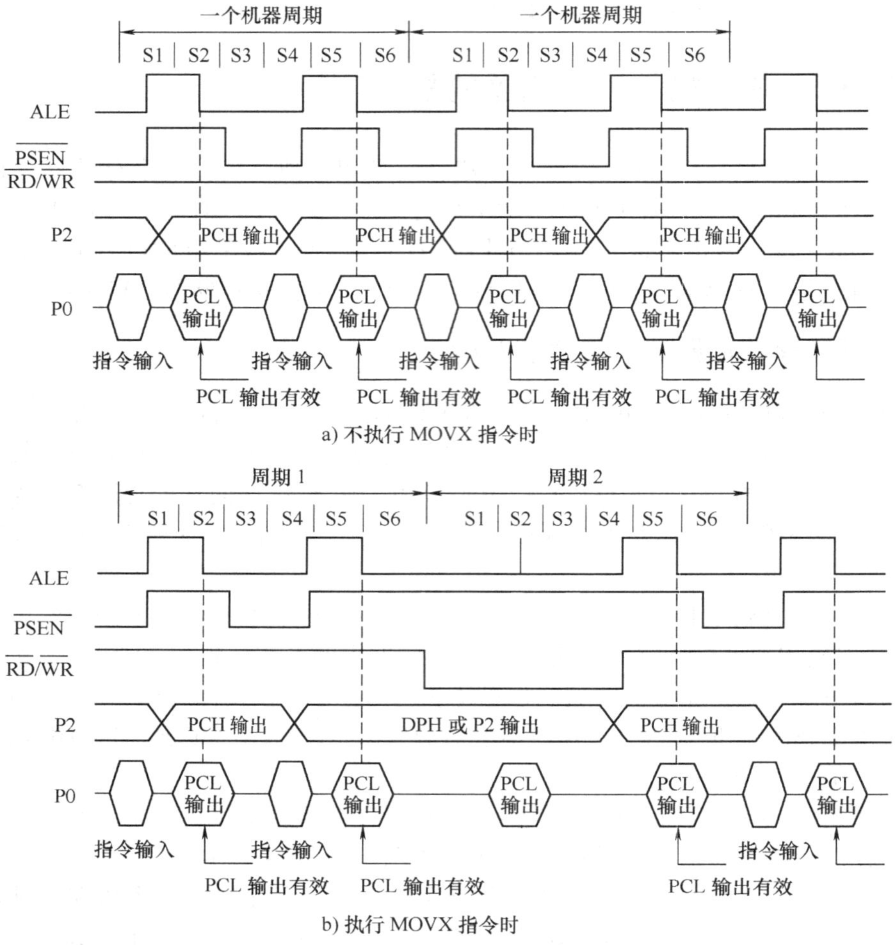

图 6-4　外部程序存储器的操作时序

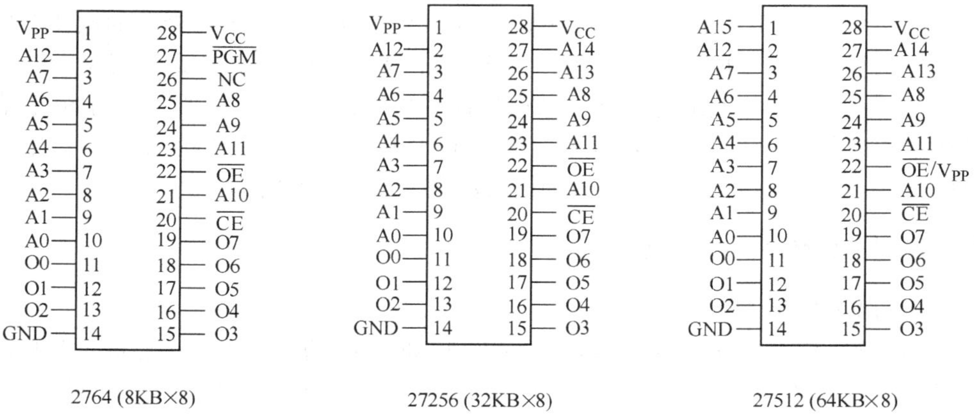

图 6-5　常用 EPROM 芯片引脚排列

图 6-5 中，A0 ~ A15 为地址线；O0 ~ O7 为数据输出线；CE 是片选线，OE/V_{PP}是数据

输出选通/编程电源线，PGM 是编程脉冲输入端。

2. 使用单片 EPROM 的扩展电路

在程序存储器扩展电路设计中，由于所选中的 EPROM 芯片及地址锁存器不同，电路的连接方式也有所不同，请参考使用的锁存器芯片资料。图 6-6 给出了 8031 外扩 16KB EPROM-27128 的接口电路。图中，8031 的无关部分均未给出。存储器扩展的主要工作是地址线、数据线和控制信号的连接。地址线的连接与存储器的容量有关。27128 的存储容量为 16KB，故需 14 根地址线进行存储单元的选择。因此先把芯片的 14 根地址线一一对应的接好，即把 A7 ~ A0 引脚与地址锁存器的 8 位地址输出对应连接，高 6 位地址 A13 ~ A8 与 P2 口的 P2.5 ~ P2.0 相连。这样就解决了存储器内的存储单元选择问题。至于芯片的选择，当扩展的存储器只有一片时，存储器的片选端可以直接接地。

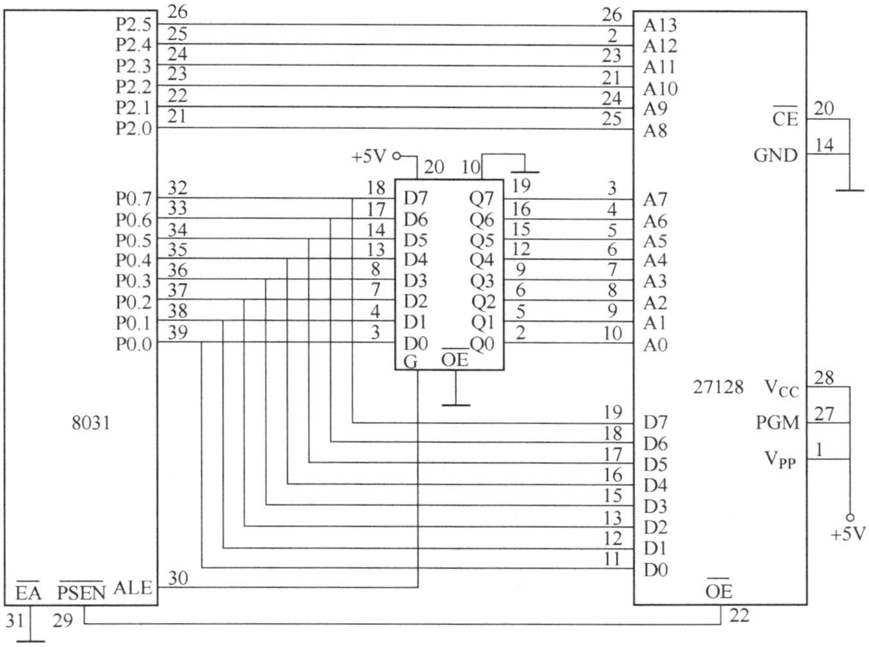

图 6-6　8031 与 27128 的接口电路

数据线的连接比较简单，只需把存储器的数据线与 MCS-51 的 P0 口线一一对应的相连即可。

程序存储器扩展时只涉及一根控制信号 $\overline{PSEN}$，把它与存储器的 $\overline{OE}$ 端相连就完成了控制线的连接。

当需扩展的程序存储器的容量不同时，只需选择相应容量的存储器芯片即可，扩展电路也基本相同。唯一区别是：当选择不同的存储芯片时，所用的地址线条数不同。

3. 扩展多片 EPROM 的扩展电路

与单片 EPROM 扩展电路相比，多片 EPROM 的扩展除片选线 $\overline{CE}$ 外，其他均与单片扩展电路相同。

在用多片存储器芯片构成片外存储器时，除了低 8 位地址需要锁存之外，还要由高位地址产生片选信号。产生片选信号有线选法和译码法两种。

所谓线选法就是用某几根多余的高位地址线作为存储器的片选信号，来实现扩展存储器的目的。这种方法由于剩余的高位地址不参加译码，可为任意状态，所以将有很多地址空间重叠。线选法的优点是电路简单；其缺点是不同的高位地址线控制不同芯片，使地址空间是不连续的，故只使用于外扩芯片数目较少、不太复杂的系统。

所谓译码法是由译码器组成译码电路，译码电路将地址空间划分为若干块，其输出分别选通各存储器芯片。这样，即充分利用了存储空间，又克服了空间分散的缺点。若全部地址都参加译码，则称为全译码；若部分地址参加译码，则称为部分译码，这时存在部分地址重叠的情况。常用的地址译码器是 3－8 线译码器 74LS138 和双 2-4 线译码器 74LS139。

图 6-7 给出了利用 27128 扩展 64KB EPROM 程序存储器的方法。片选信号由译码法产生。

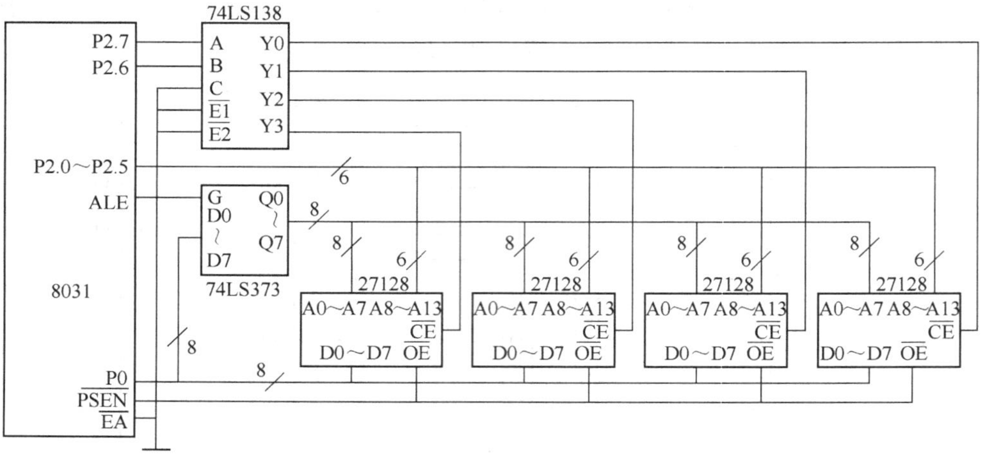

图 6-7　四片 27128 与 8031 的接口电路

图 6-7 所示电路属于全译码方式，即所有的地址线都参加了译码。每个芯片对应的地址空间就是根据地址线连接情况确定其最低地址和最高地址。因此，图中四片 27128 的地址分别为

0000H～3FFFH；4000H～7FFFH；8000H～0BFFFH；0C000H～0FFFFH

扩展多片程序存储器时，也可采用线选法产生片选信号。具体扩展电路如图 6-8 所示。

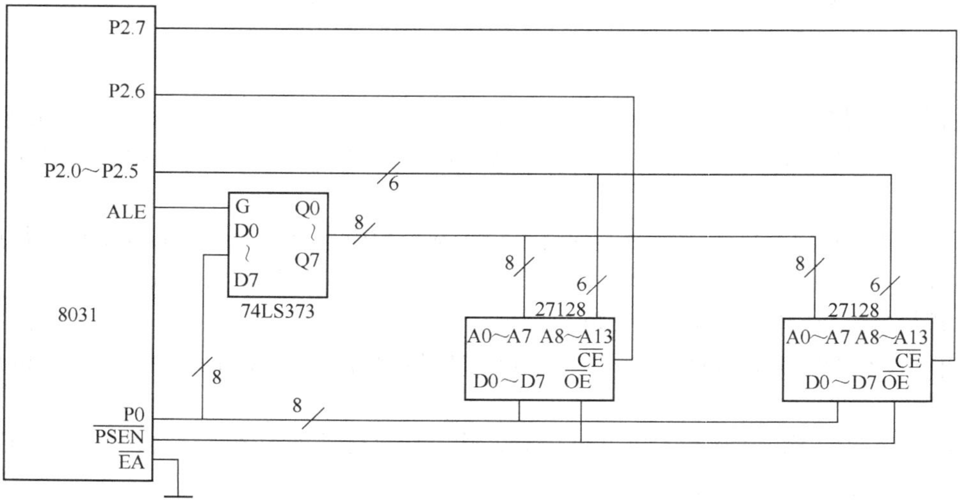

图 6-8　两片程序存储器扩展电路

从图 6-8 中可看到，采用线选法时，只能扩展两片 27128，因只有两根剩余的地址线。这两片 27128 的地址分别为 4000H ~ 7FFFH 和 8000H ~ 0BFFFH。

6.3　MCS-51 单片机数据存储器的扩展

MCS-51 片内有 128B 的 RAM 存储器，CPU 对片内 RAM 具有丰富的操作指令。但是，用于实时数据采集和处理时仅靠片内提供的 128B 的数据存储器是远远不够的，在这种情况下，可利用 MCS-51 的扩展功能扩展片外数据存储器。常用的扩展数据存储器有静态 RAM 和动态 RAM 两种。动态 RAM 与静态 RAM 相比，具有成本低、功耗小的优点，但它需要刷新电路，以保持数据信息不丢失，且其接口电路较复杂，故在单片机系统中没有得到广泛的应用。随着存储器技术的不断发展，近年来出现了一种新型的动态随机存储器——集成动态随机存取存储器 iRAM。它将一个完整的动态 RAM 系统（包括动态刷新硬件逻辑）集成到一个芯片之内，从而兼有静态 RAM 和动态 RAM 的优点。

与动态 RAM 相比，静态 RAM 无需考虑为保持数据而设置的刷新电路，故扩展电路较简单，但它的功耗及价格较动态 RAM 高。目前在 MCS-51 系统中最常用的 RAM 是静态 RAM，故本节主要讨论静态 RAM 与 MCS-51 的接口。

6.3.1　片外数据存储器的操作时序

MCS-51 设置了专门指令 MOVX 来访问外部数据存储器，共有四条寄存器间接寻址指令。MCS-51 读写片外数据存储器的时序如图 6-9 所示。

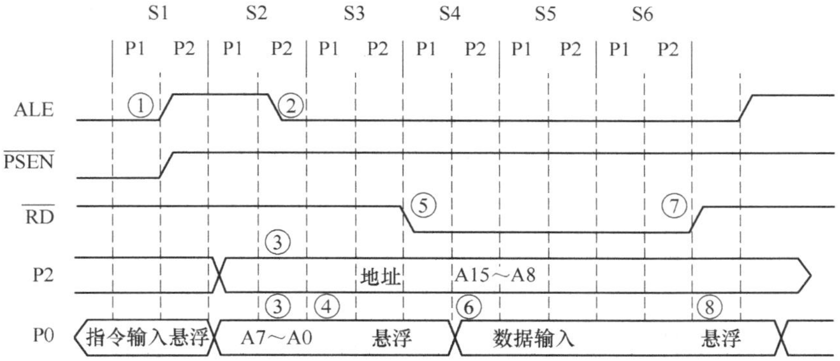

a) 片外数据存储器读时序

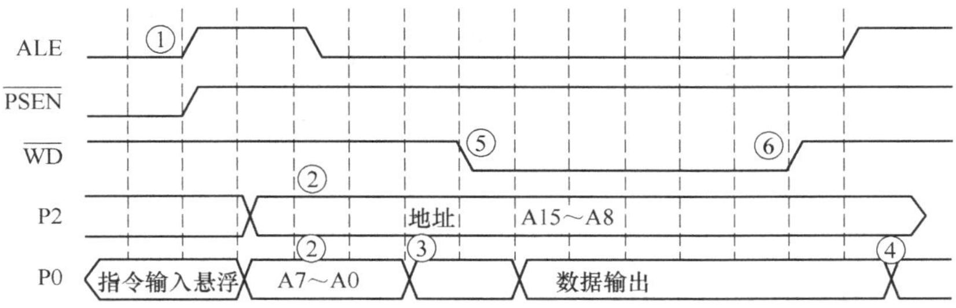

b) 片外数据存储器写时序

图 6-9　读写片外数据存储器的时序

在图 6-9a 所示的片外数据存储器读周期中，P2 口输出外部 RAM 单元的高 8 位地址，P0 口分时传送低 8 位地址及数据。当地址锁存允许信号 ALE 为高电平时，P0 口输出的地址信息有效，ALE 的下降沿将此地址打入地址锁存器。锁存后，P0 总线驱动器即进入高阻状态。接着是读片外 RAM 的操作，这时 P0 口变为输入方式，在读信号$\overline{RD}$有效时选通片外 RAM，片外 RAM 中相应存储单元的内容送到 P0 口上，由 CPU 读入累加器。当$\overline{RD}$回到高电平时，被寻址的存储器把其本身的总线驱动器悬浮起来，使 P0 总线进入高阻状态。

片外数据存储器写周期时序如图 6-9b 所示，操作过程与读周期类似。写操作时，在 ALE 下降为低电平以后，$\overline{WR}$信号才有效，P0 口上出现的数据写入相应的 RAM 单元。

从图 6-4 的片外程序存储器的操作时序可以看出：在整个取指令周期里，读/写信号$\overline{WR}$/$\overline{RD}$始终为高电平（无效），此时数据存储器不会被选通。而在访问片外数据存储器的周期内，读信号$\overline{RD}$或写信号$\overline{WR}$有效时，程序存储器选通信号$\overline{PSEN}$始终为高电平（无效），因此 CPU 只和片外数据存储器传送数据，程序存储器不被选通。即数据存储器只使用$\overline{WR}$、$\overline{RD}$控制线而不用$\overline{PSEN}$。正因为如此，数据存储器与程序存储器地址可完全重叠，均为 0000H ~ 0FFFFH。但数据存储器与 I/O 口是统一编址的，即任何扩展的 I/O 均占用数据存储器地址。

6.3.2 常用的静态 RAM 芯片

在 MCS-51 应用系统中，静态 RAM（SRAM）是最常见的，由于这种存储器的设计无需考虑刷新问题，因而它与微处理器的接口很简单。最常用的静态 RAM 芯片有 6116（2KB ×8）、6264（8KB ×8）、62128（16KB ×8）、62256（32KB ×8）等多种，它们都用单一 +5V 供电，双列直插封装，6116 为 24 引脚封装，6264、62128、62256 为 28 引脚封装。这些常用静态 RAM 的引脚排列如图 6-10 所示。

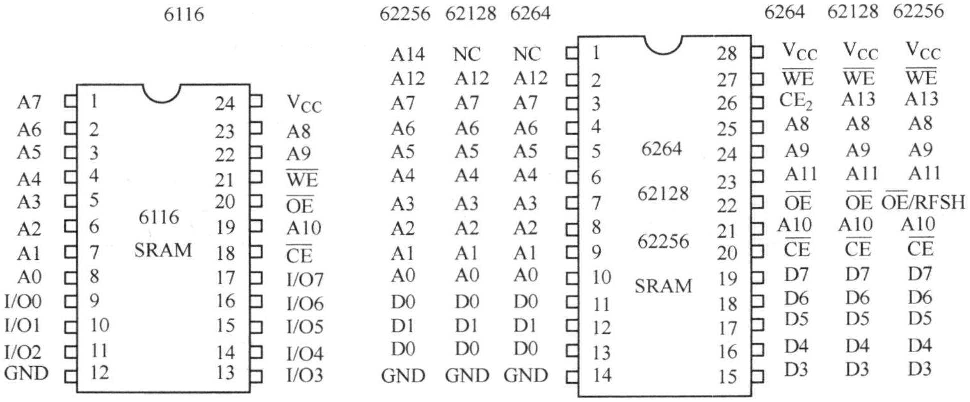

a) 6116 引脚排列　　　b) 6264、62128、62256 引脚排列

图 6-10　常用静态 RAM 的引脚排列

这些静态 RAM 的引脚功能描述如下：

1）A0 ~ An：地址输入线；对 6116，$n=10$；对 6264，$n=12$；其他依次类推。

2）D0 ~ D7：双向数据线。

3）$\overline{CE}$：是片选输入线，低电平有效；6264 的 CE_2 为高电平，且$\overline{CE}$为低电平时才选中该芯片。

4）$\overline{WE}$：写允许信号输入线，低电平有效。

5）$\overline{OE}$：读选通信号输入线，低电平有效。

6）V_{CC}：工作电源 +5V。

7）GND：电源地。

静态 RAM 通常有读出、写入和未选中三种工作方式。静态 RAM 的工作方式选择见表 6-2。

表 6-2　静态 RAM 的工作方式选择

方式＼信号	$\overline{CE}$	$\overline{OE}$	$\overline{WE}$	D0 ~ D7
读	0	0	1	DOUT
写	0	1	0	DIN
维持	1	×	×	高阻

注：×表示任意状态。

6.3.3　64KB 以内 SRAM 的扩展

扩展数据存储器空间地址同扩展程序存储器一样，由 P2 口提供高 8 位地址，P0 口分时提供低 8 位地址和 8 位双向数据总线。片外 SRAM 的读和写由 MCS-51 的$\overline{RD}$（P3.7）和$\overline{WR}$（P3.6）信号控制，片选端（$\overline{CE}$）由地址译码器的译码输出控制。因此，SRAM 在与 MCS-51 连接时，主要解决地址分配、数据线和控制信号线的连接。

图 6-11 给出了用线选法扩展 8031 片外数据存储器 6264 的电路。图中，数据存储器选用 6264，该芯片的地址线有 13 根，故 8031 剩余地址线为三根。用线选法可扩展三片 6264。三片 6264 对应的存储器空间见表 6-3。

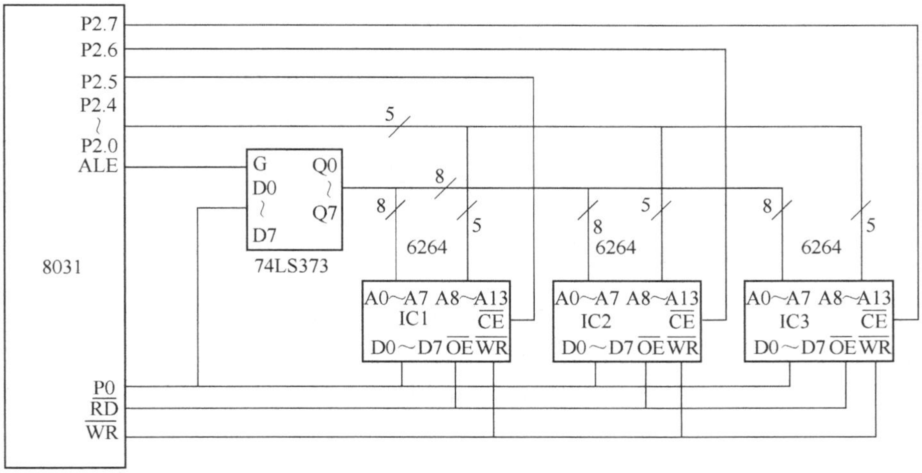

图 6-11　线选法扩展 6264 的电路

表 6-3 图 6-11 中各 6264 对应的存储器空间

P2.7 P2.6 P2.5	选中芯片	地址范围	存储空间
1 1 0	IC1	0C000H ~ 0DFFFH	8KB
1 0 1	IC2	0A000H ~ 0BFFFH	8KB
0 1 1	IC3	6000H ~ 7FFFH	8KB

用译码选通法扩展 8031 的片外数据存储器电路如图 6-12 所示。图中，数据存储器选用 62128，该芯片地址线为 14 根，剩余 2 根地址线，因此采用 2-4 译码器 74LS139 可扩展四片 62128。如果仍选用 6264，用 3-8 译码器可扩展八片 6264。对应图 6-12 扩展电路中的各芯片地址分配见表 6-4。

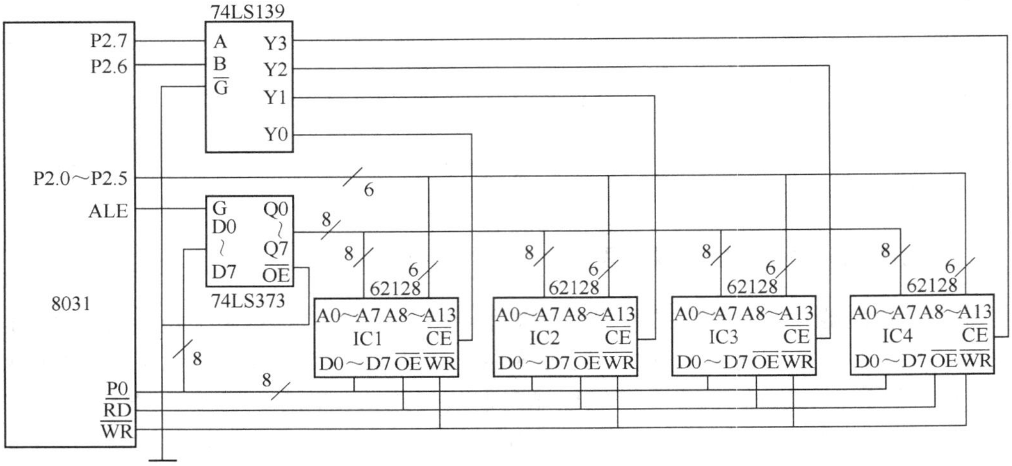

图 6-12 译码选通法扩展 8031 的片外数据存储器电路

表 6-4 图 6-12 中各 62128 地址分配

138 译码器输入 P2.7 P2.6	138 译码器有效输出	选中芯片	地址范围	存储容量
0 0	Y0	IC1	0000H ~ 3FFFH	16KB
0 1	Y1	IC2	4000H ~ 7FFFH	16KB
1 0	Y2	IC3	8000H ~ 0BFFFH	16KB
1 1	Y3	IC4	0C000H ~ 0FFFFH	16KB

6.3.4 超过 64KB SRAM 的扩展

MCS-51 的 64KB 片外 RAM 空间是由 P0 口和 P2 口提供的 16 根地址线决定的，要想扩大 RAM 空间，可用增加地址线的办法来解决。每增加一根地址线，空间扩大一倍。增加地址线的方法有以下两种：一种是利用 P1 口增加地址线，另一种是利用扩展 I/O 口的方法增加地址线。

所谓利用 P1 口增加地址线的方法就是利用 P1 口作地址线，这样扩展存储器的地址线可增加到 24 根。P1 口的 8 根地址线可直接接到存储器相应的地址线上，也可作为译码器的输入信号线，用来选择芯片。具体用法同前面介绍的高 8 位地址线的用法一样。例如，当选用 64K 的存储器芯片（62512）时，可用 P1 口作为每一个 64K 的片选信号。即可把 64K 看成一页，而页的选择由 P1 口控制，利用 P1 口可选择 256 个 64K 的页。利用 P1 口增加地址线的方法简单，但要占用 MCS-51 的 I/O 资源。

利用扩展 I/O 口的方法增加地址线需要一个锁存器，并将此锁存器作为扩展 RAM 的一个单元，分配一个地址，利用 MOVX 指令往锁存器写一个数，则锁存器的输出可作为新增加的地址线。这样，它就可和 MCS-51 的 16 根地址线及控制线配合选中不同的 64KB 区。

6.3.5　扩展既可读又可写的程序存储器

在 MCS-51 中，程序存储器和数据存储器是严格分开的，它们使用不同的读选通控制信号，通过不同的读指令进行读操作。读程序存储器时产生的是$\overline{PSEN}$控制信号，而访问数据存储器时产生的是$\overline{RD}$信号。由于程序存放在 EPROM 中，这就给程序调试带来了困难，因为放在程序存储器中的程序只能运行不能修改，而在数据存储器中的内容虽然可以修改，但却不能运行程序。为解决这一矛盾，可把数据存储器芯片经过特殊的连接，充作程序存储器使用，使之既可以运行程序，又可以修改程序。这时的数据存储器可称为仿真的程序存储器。

从前面的介绍中已知，程序存储器使用$\overline{PSEN}$作选通信号，而数据存储器使用$\overline{RD}$作选通信号。如果把这两个信号经过与门综合后，再作为 RAM 存储芯片的读选通信号，就可达到扩展可读写程序存储器的目的。图 6-13 所示说明了把数据存储器芯片改造为既可读又可写的程序存储器的方法。

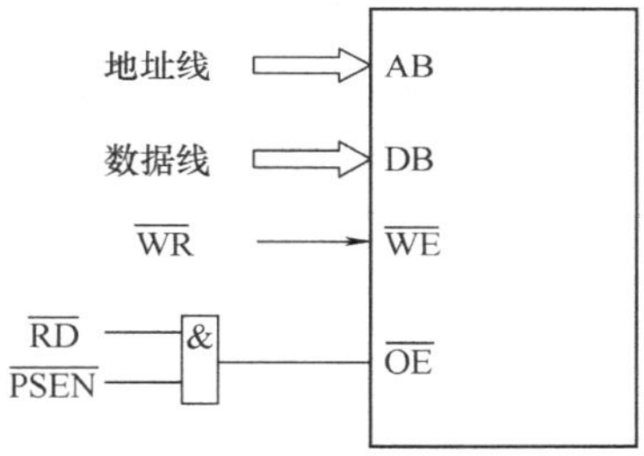

图 6-13　可读写程序存储器的连接

按图 6-13 中的连接，如果$\overline{RD}$或$\overline{PSEN}$两个信号中有一个有效（低电平），则与门的输出就为低电平，在$\overline{OE}$端就可得到一个有效的读选通信号，从而使两个选通信号中任何一个都可以控制该存储芯片。这样，该芯片就既可以作为数据存储器使用，又可以作为程序存储器使用了。

6.4　MCS-51 单片机的 I/O 扩展

由于 MCS-51 本身提供的输入输出口线并不多，只有 P1 准双向口的 8 位 I/O 线和 P3 口的某些位线可作为输入输出线使用，因此，在多数应用系统中，MCS-51 都需要外扩输入输出（I/O）接口芯片。

6.4.1　I/O 扩展概述

MCS-51 的片外 RAM 和 I/O 是统一编址的，用户可以把片外 64KB RAM 空间的一部分作为扩展 I/O 接口的地址空间，每一个接口芯片中的一个功能寄存器口地址就相当于一个 RAM 存储单元，CPU 可以像访问片外 RAM 那样访问外围接口芯片，对其功能寄存器进行读、写操作。MCS-51 是 Intel 公司的产品，而 Intel 公司的配套的外围接口芯片的种类齐全，并且与 MCS-51 的接口电路逻辑简单，这样就为 MCS-51 扩展外围接口芯片提供了很大方便。

常用的 Intel 公司外围接口芯片产品如下：

8255：可编程的通用并行接口电路（三个 8 位 I/O 口）。

8155：可编程的 RAM/IO 扩展接口电路（256 个 RAM 字节单元，两个 8 位 I/O 口，一个 6 位 I/O 口，一个 14 位的减法定时器/计数器）。

8279：可编程键盘、显示接口。

它们都可以和 MCS-51 直接接口，且接口逻辑十分简单。另外，74LS 系列的 LS TTL 电路也可以作为 MCS-51 的扩展 I/O 口，如 74LS373、74LS377 等。本章主要介绍 MCS-51 如何利用 74LS373、74LS377 等来扩展并行 I/O 口，以及如何扩展可编程接口芯片。

在进行 I/O 扩展时，同样存在编址的问题。存储器是对存储单元进行编址，而接口电路则是对其中的端口进行编址。对端口编址是为 I/O 操作而进行的，因此也称为 I/O 编址。常用的 I/O 编址有两种方式：独立编址方式和统一编址方式。

独立编址，就是把 I/O 和存储器分开进行编址，也即各编各的地址。这样在计算机系统中就形成了两个独立的地址空间：存储器地址空间和 I/O 地址空间。因此在使用独立编址方式的计算机指令系统中，除存储器读写指令外，还有专门的 I/O 指令以进行数据输入输出操作。

统一编址就是把系统中的 I/O 和存储器统一进行编址。在这种编址方式中，把 I/O 接口中的寄存器（端口）与存储器中的存储单元同等对待。采用这种编址方式的计算机只有一个统一的地址空间，该地址空间既供存储器编址使用，也供 I/O 编址使用。

MCS-51 使用统一编址方式。因此在接口电路中的 I/O 编址也采用 16 位地址，同存储单元地址长度一样。对片外 I/O 的输入输出指令就是访问 RAM 的指令。

MCS-51 进行扩展 I/O 接口设计时，要注意以下几个问题：

1）熟悉 MCS-51 本身的 P0 ~ P3 口特性及指令功能。

2）分析清楚要扩展的接口芯片的功能、结构及能力。

3）在进行硬件设计时要注意接口电平及驱动能力。

4）设计驱动程序要注意防止总线上的数据冲突，应根据实际情况采用不同的数据传送控制方式。

6.4.2 简单输入接口扩展

在一些控制系统中，如果其输入输出是一些简单的开关量，可以采用 TTL 或 CMOS 电路的锁存器，如 74LS273、74LS373、74LS377、74LS244 等。这些芯片结构简单，配置灵活方便，比较容易扩展，使系统降低了成本、缩小了体积，因而在 MCS-51 应用系统中经常被采用。

简单输入扩展只解决数据输入的缓冲问题。由于数据总线要求挂在它上面的所有数据源必须具有三态缓冲功能，因此简单输入扩展实际上就是扩展数据缓冲器。其作用是当输入设备被选通时，使数据源能与数据总线直接沟通；而当输入设备处于非选通状态时，把数据源与数据总线隔离，即缓冲器输出高阻抗状态。常用的扩展输入口的 TTL 芯片有 74LS244、74LS373 等。

例如，74LS244 是一个三态输出八缓冲器及总线驱动器，以 CE 作选通信号。其负载能力强，可直接驱动小于 130Ω 的负载。它可以作为 8051 外部的一个扩展输入口，接口电路如图 6-14 所示。

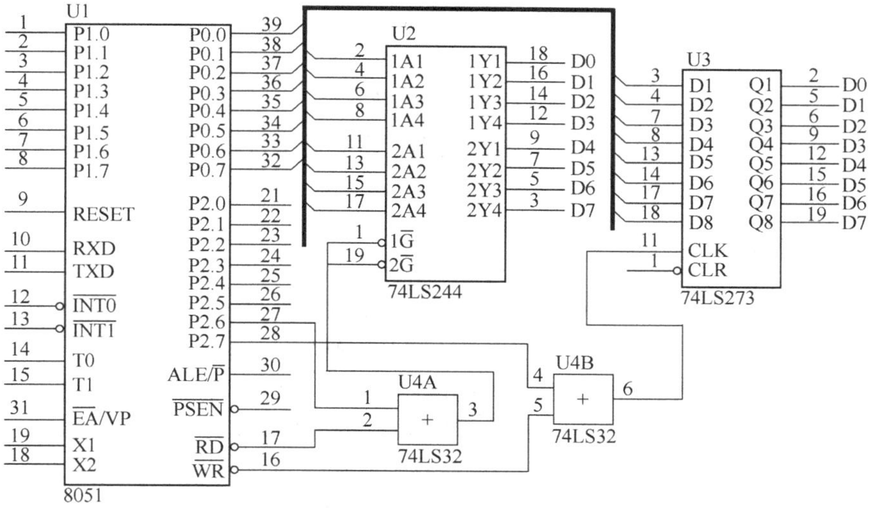

图 6-14　8051 和 74LS244 的接口

图 6-14 中，8 位并行输入口 74LS244，由 P2.6 和 $\overline{RD}$ 相“或”控制，地址为 0BFFFH，当引脚 P2.6 = 0 时，执行 MOVX　A，@DPTR 类指令可产生 $\overline{RD}$ 信号，将数据读入 8051。读入程序如下：

```
MOV     DPTR, #0BFFFH    ; 指向 74LS244 输入口
MOVX    A, @DPTR         ; 输入数据
```

74LS373 为一个带三态门的 8D 锁存器，它可以作为 8051 外部的一个扩展输入口，接口电路如图 6-15 所示。

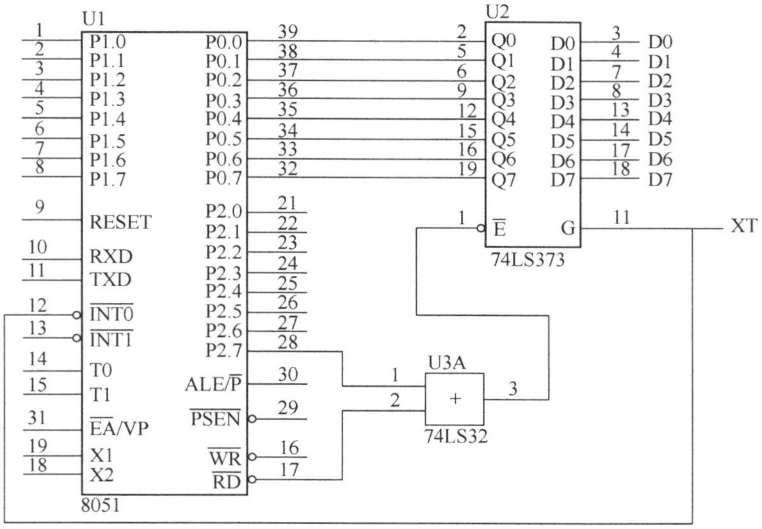

图 6-15　8051 与 74LS373 的接口电路

外设向 8051 传送数据时，产生一个选通信号 XT 连接到 74LS373 的打入端 G 上，在选

通信号的下降沿将数据锁存，同时向 8051 发中断请求。此时 8051 响应中断。通过 P0 口在 74LS373 锁存器中读取数据。74LS373 的输出由 P2.7 和 $\overline{RD}$ 相“或”控制。74LS373 的口地址为 7FFFH（即 P2.7 为 0）。

从上面两个例子可看出，74LS373 和 74LS244 作输入口的区别是，74LS244 只有三态缓冲的功能，而 74LS373 还有一个接收数据控制端。因此，当外设的数据是暂态数据时，采用 74LS373 做输入扩展更方便。

6.4.3 简单输出接口扩展

输出接口的主要功能是进行数据保持，或者说是数据锁存，所以简单输出接口扩展的电路是锁存器。简单输出接口扩展通常使用 74LS377、74LS373 等。

例如，74LS377 为带有允许输出端的 8D 锁存器，有八个 D 输入端，八个 Q 输出端，一个时钟输入端 CLK，一个锁存允许信号 E。当 E = 0 时，CLK 端信号的上升沿，把 8D 输入端的数据打入 8 位锁存器。利用 74LS377 这些特性，通过 8051 的 P0 口扩展一片 74LS377 锁存器作输出口，该锁存器被视为 8051 的一个片外 RAM 单元。使用 MOVX @DPTR，A 类指令访问它，输出控制信号为 WR，接口电路如图 6-16 所示。图中，74LS377 的口地址为 7FFFH（即 P2.7 = 0），其输出操作程序如下：

```
MOV     DPTR, #7FFFH     ; 指向 74LS377 口地址
MOV     A, #DATA         ; 取数
MOVX    @DPTR, A         ; 送 74LS377 锁存器
```

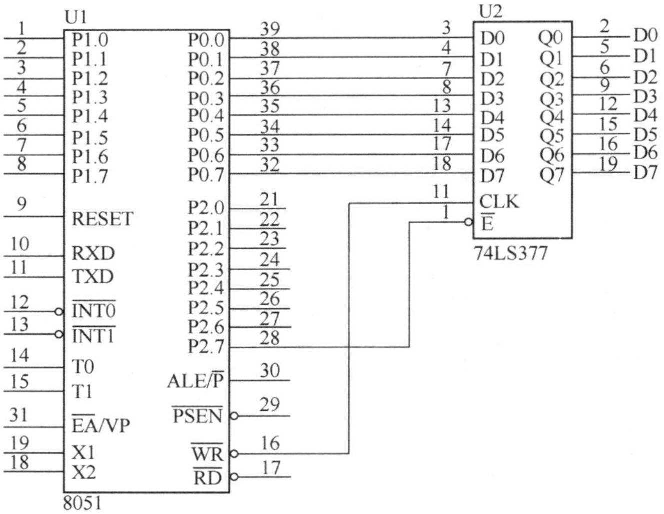

图 6-16 8051 与 74LS377 的接口电路

6.4.4 可编程接口芯片扩展

利用 74LS 系列芯片扩展的 I/O 口只能实现输入或输出功能，而且一旦芯片选择好，信号传输方向也固定不变。可编程接口芯片可以通过软件编程设定其接口的类型，而且这些芯片大多能提供数据接口，使用起来非常方便。典型的可编程接口芯片有 8255、8155 等。

1. 8255A 芯片介绍

8255A 是 Intel 公司生产的可编程输入输出接口芯片，它具有三个 8 位的并行 I/O 口，分别为 PA 口、PB 口和 PC 口，其中 PC 口又分为高 4 位口（PC7 ~ PC4）和低 4 位口（PC3 ~ PC0），它们都可以通过软件编程来改变 I/O 口的工作方式。8255A 可以与 MCS-51 直接接口。

8255A 的引脚排列如图 6-17 所示。8255A 的结构框图如图 6-18 所示。

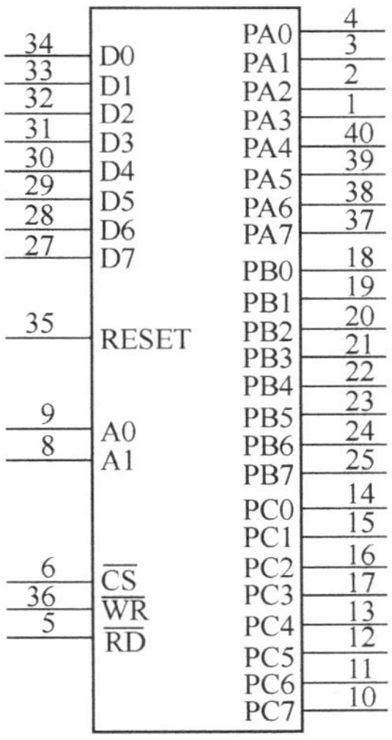

图 6-17　8255A 的引脚排列

它由以下几个部分组成：

（1）数据端口 A、B、C

8255A 有三个并行口，PA、PB 和 PC，都可以选择作为输入输出工作模式，但在功能和结构上有些差异。

1）PA 口：一个 8 位数据输出锁存器和缓冲器；一个 8 位数据输入锁存器。

2）PB 口：一个 8 位数据输出锁存器和缓冲器；一个 8 位数据输入缓冲器。

3）PC 口：一个 8 位的输出锁存器；一个 8 位数据输入缓冲器。

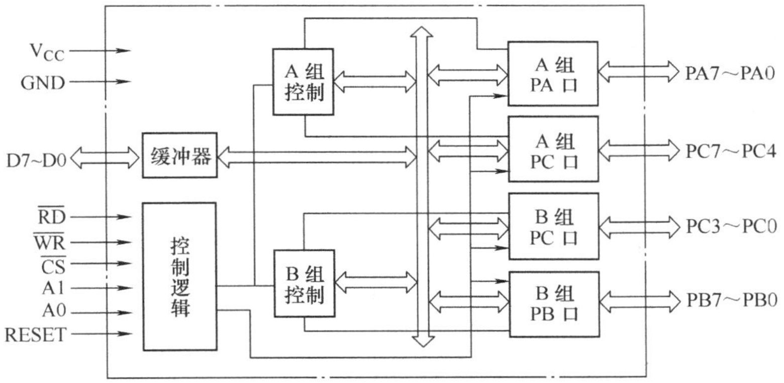

图 6-18　8255A 的结构框图

通常 PA 口、PB 口作为输入输出口，PC 口可作为输入输出口，也可在软件的控制下，分为两个 4 位的端口，作为端口 A、B 选通方式操作时的状态控制信号。

（2）A 组和 B 组控制电路

这是两组根据 CPU 写入的“命令字”控制 8255A 工作方式的控制电路。A 组控制 PA 口和 PC 口的上半部（PC7 ~ PC4）；B 组控制 PB 口和 PC 口的下半部（PC3 ~ PC0）。

（3）双向三态数据缓冲器

这是 8255A 和 CPU 数据总线的接口，CPU 和 8255A 之间的命令、数据和状态的传递都是通过双向三态总线缓冲器传送的，D7 ~ D0 接 CPU 的数据总线。

（4）读写和控制逻辑

A0、A1、$\overline{CS}$为 8255A 的端口选择信号和片选信号，$\overline{RD}$、$\overline{WR}$为 8255A 的读写控制信号，这些

信号线分别和 MCS-51 的地址线和读写信号线相连接，实现 CPU 对 8255A 的口选择和数据传送。

CPU 对 8255A 的 A 口、B 口、C 口和控制口的寻址见表 6-5。

表 6-5　8255A 端口的选择

操　作	$\overline{CS}$	A1	A0	$\overline{RD}$	$\overline{WR}$	功　能
输入	0	0	0	0	1	A 口→数据总线（读端口 A）
输入	0	0	1	0	1	B 口→数据总线（读端口 B）
输入	0	1	0	0	1	C 口→数据总线（读端口 C）
输入	0	1	1	0	1	状态寄存器→数据总线
输出	0	0	0	1	0	数据总线→A 口（写端口 A）
输出	0	0	1	1	0	数据总线→B 口（写端口 B）
输出	0	1	0	1	0	数据总线→C 口（写端口 C）
输出	0	1	1	1	0	数据总线→控制寄存器
禁止	1	×	×	×	×	数据总线为高阻态

注：×表示状态不定。

（5）复位控制

引脚 RESET 为复位信号输入脚，高电平有效。复位有效时，它把控制寄存器清零和置所有端口（A、B、C）为输入方式。

2. 8255A 的三种工作方式及选择

8255A 有三种基本工作方式：

方式 0——基本输入输出；

方式 1——选通输入输出；

方式 2——双向传送（仅 PA 口）。

工作方式的选择由 CPU 输出的控制字决定。

（1）“方式”选择控制字

8255A 的工作方式可由 CPU 送出一个控制字到 8255A 的控制字寄存器来选择。这个控制字的格式如图 6-19 所示，可以分别选择端口 A 和端口 B 的工作方式，端口 C 分成两部分，上半部分随端口 A，下半部随端口 B。端口 A 有方式 0、1 和 2 三种，而端口 B 只能工作于方式 0 和 1。最高位 D7 是该控制字的标志位，其状态固定为 1，用于表明本字节是方式控制字。

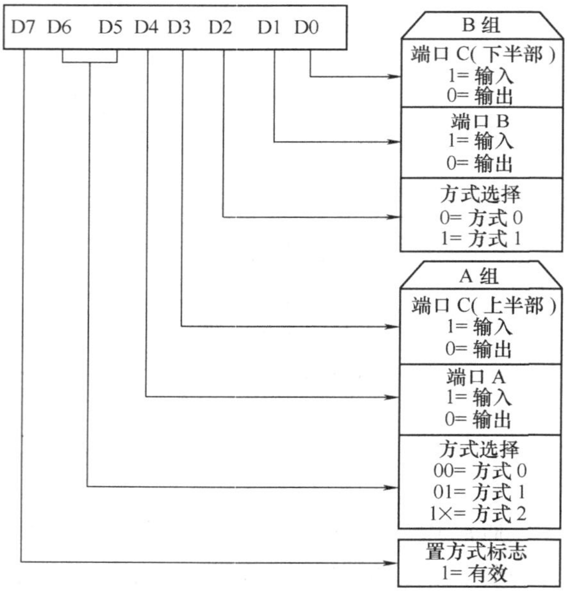

图 6-19　8255A 的控制字的格式

【例 6-1】　若对 8255A 作如下设置：A 口方式 0 输入，B 口方式 1 输出，C 口高位部分为输出，低位部分为输入。设控制寄存器地址为 0FFFBH。按各口的设置要求，工作方式控制字为 10010101B，即 95H。则初始化程序段如下：

```
MOV   DPTR，#0FFFBH
MOV   A，#95H
MOVX @DPTR，A
```

（2）C 口按位置位/复位功能

端口 C 的 8 位中的任一位，可用一个写入 8255A 的控制口的置位复位控制字来置位或复位。这个功能主要用于控制。控制字的格式如图 6-20 所示。D7 是该控制字的标志，其状态固定为 0。

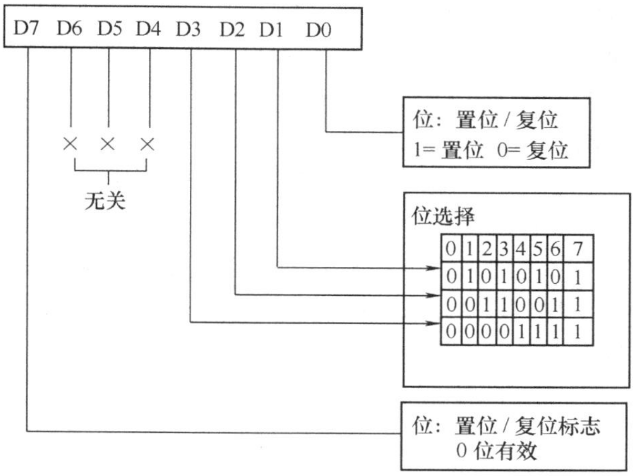

图 6-20　端口 C 按位置位/复位控制字的格式

【例 6-2】　如果想把 8255A 的 C 口的 PC1 置 1，PC7 复位，该如何对 8255A 编程。将 03H 写入控制口，置“1”PC1；0EH 写入控制口，清“0”PC7。设控制寄存器地址为 0FFFBH。则初始化程序段如下：

```
MOV   DPTR，#0FFFBH
MOV   A，#03H
MOVX  @DPTR，A
MOV   A，#0EH
MOVX  @DPTR，A
```

3. 接口应用举例

方式 0 是一种基本的输入或输出方式。在这种工作方式下，三个端口的每一个都可由程序选定作为输入或输出，这种方式适用于无条件地传送数据的设备。

【例 6-3】　在 8051 上扩展一片 8255A 芯片，设端口 A 为方式 0 输入，端口 B 方式 0 输出，端口 C（上半部）PC7～PC4 输入，端口 C（下半部）PC3～PC0 输出。要求从 A 口读入的数据从 B 口输出。试设计扩展接口电路，并给出初始化程序。

完成上述功能的接口电路如图 6-21 所示。

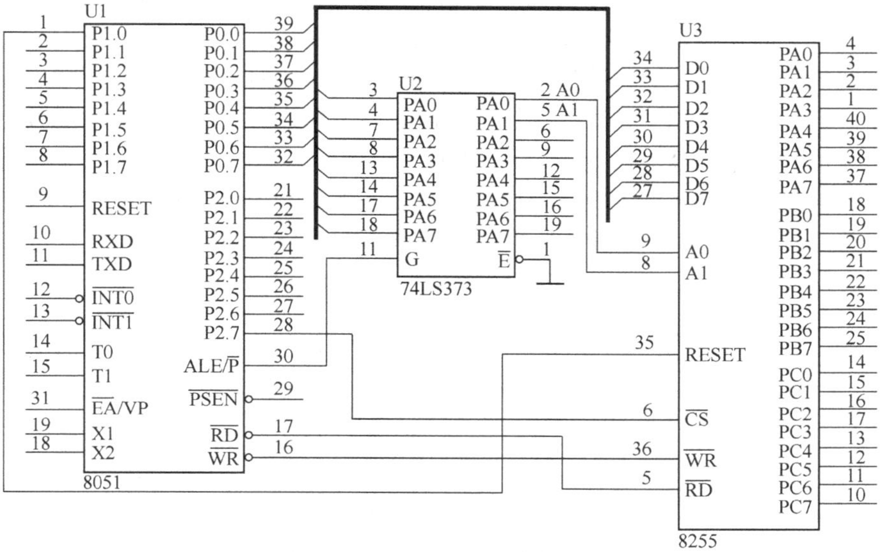

图 6-21　8255A 的扩展接口电路

根据图 6-21 所示的硬件接口方式，并结合前面的分析得知，芯片的片选端 CS 是用线选法产生的，即直接用地址线 P2.7 作为片选信号。因此，8255A 芯片的 PA 端口的地址为 7FFCH，PB 口的地址为 7FFDH，PC 口的地址为 7FFEH，控制寄存器的地址为 7FFFH。可用“MOVX”指令来访问这些端口。图 6-21 中，8255A 的复位信号由 8051 的 P1.0 口控制，这样做的优点是可用软件控制 8255A 有足够长的复位时间。

8255A 复位时，所有端口均被置为基本输入方式，如果不符合应用系统的要求，就必须进行编程改变这个工作方式。所谓编程，就是向 8255A 控制寄存器写入一个控制字，这个控制字是用来确定各个端口的工作方式及输入/输出方向的。

根据题目要求，8255A 的控制字为 10011000B = 98H（控制字的格式如图 6-19 所示）。初始化程序清单如下：

```
#include <reg51.h>
#define PD8255 XBYTE [0X7FFF]
#define PA8255 XBYTE [0X7FFC]
#define PB8255 XBYTE [0X7FFD]
void main (void)
 {
     char a;
     PD8255 =0X98;
     a = PA8255;
     PB8255 = a;
 }
```

6.5 MCS-51 单片机与 A-D、D-A 转换器的接口

在微机过程控制和数据采集等系统中，经常要对一些过程参数进行测量和控制，这些参数往往是连续变化的物理量，如温度、压力、流量、速度和位移等。这里所指的连续变化即数值是随时间连续可变的，通常称这些物理量为模拟量。然而计算机本身所能识别和处理的都是数字量，因此这些模拟量在进入计算机之前必须转换成二进制数码表示的数字信号。能够把模拟量变成数字量的器件称为模/数（A-D）转换器。相反，微机加工处理的结果是数字量，也要转换成模拟量才能去控制相应的设备。能够把数字量变成模拟量的器件称为数/模（D-A）转换器。具有模拟量输入输出的 MCS-51 应用系统结构如图 6-22 所示。本节将介绍数模（D-A）及模数（A-D）转换器与 MCS-51 的接口应用技术。

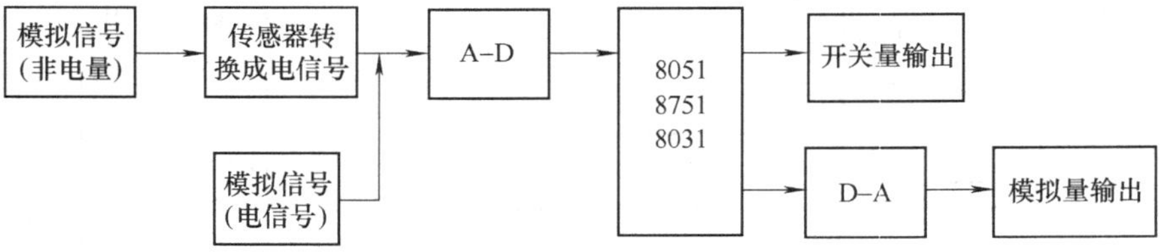

图 6-22　具有模拟量输入输出的 MCS-51 应用系统结构

6.5.1　并行输出 A-D 转换器的接口技术

A-D 转换器的品种相当繁多。不同厂商以不同原理实现的单片集成 A-D 转换器比比皆是，它们的性能也不尽相同。但若单从 A-D 转换器与微机的接口实现来说，则所关心的只是它们的输出特性。输出特性决定了接口形式。

1. 8 位并行输出 A-D 转换器接口

并行输出型 A-D 转换器是目前应用较多的一种。它通过 I/O 口与微机连接，其接口包括三态缓冲器、状态应答和地址选择等部分，这些部分可以集成于 A-D 转换器之内，也可以包含在由 CPU、I/O 端口及内存等组成的单片机内。其接口的一般形式可用图 6-23 来表示。

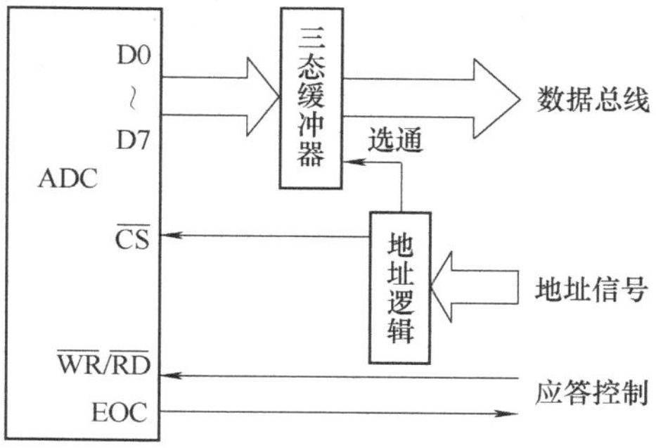

图 6-23　并行输出 A-D 转换器接口的一般形式

其中，三态缓冲器用于 A-D 转换器输出与总线的隔离；状态应答是 CPU 控制 A-D 转换器工作并从 A-D 转换器读取有效数据所必需的。只有当 A-D 转换器一次转换结束并更新其输出线的数据时，CPU 才能读取有效的转换结果。地址逻辑产生芯片选通信号，以供读取数据时打开三态缓冲器。

2. A-D 转换器 ADC0809 与 MCS-51 的接口

（1） ADC0809 的结构

ADC0809 是一种 8 路模拟输入 8 位数字输出的 A-D 转换器，它是采用逐次逼近的方法完成 A-D 转换的。

ADC0809 的结构框图如图 6-24 所示。ADC0809 由单一 +5V 电源供电，此时输入范围为 0 ~ 5V；片内有一个带有锁存功能的 8 通道多路模拟开关，可对 8 路 0 ~ 5V 的输入模拟电压信号分时进行转换，三个地址信号 A、B 和 C 决定是哪一路模拟信号被选中并送到内部 A-D 转换器中进行转换，完成一次转换约需 100μs；片内具有多路开关、地址译码器和锁存电路以及逐次逼近寄存器。输出具有 TTL 三态锁存缓冲器，可直接接到 MCS-51 数据总线上。

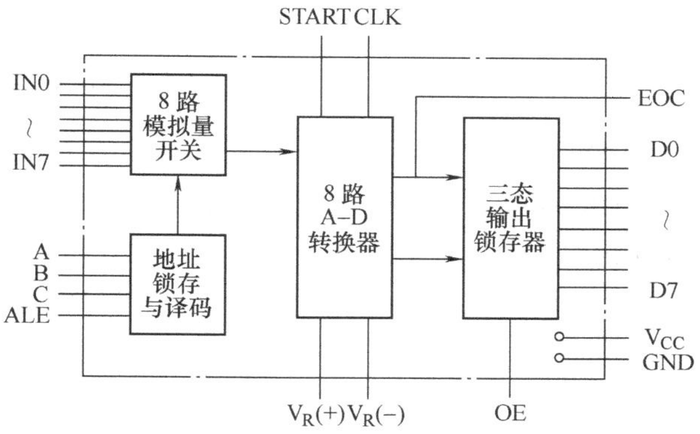

图 6-24　ADC0809 的结构框图

（2）ADC0809 的引脚及工作时序

ADC0809 是 28 脚双列直插式封装，引脚排列如图 6-25 所示。

各引脚功能如下：

IN0 ~ IN7：8 路模拟量输入引脚。

START：A-D 转换启动信号输入端，当 START，上升沿时，复位 ADC0809；START 下降沿时启动芯片，A-D 开始转换。

ALE：通道地址锁存允许信号输入端，上升沿有效。

EOC：转换结束信号输出引脚，开始转换时为低电平，当转换结束时为高电平。

OE：输出允许控制端，用以打开三态数据输出锁存器。

CLK：时钟信号输入端。

A、B、C：地址输入线，经译码后可选通 IN0～IN7 八通道中的一个通道进行转换。A 为最低，C 为最高。

D7～D0：8 位数字量输出引脚。

REF（+）：参考电压正端，一般接 +5V 高精度参考电源。

REF（-）：参考电压负端，一般接模拟地。

V_{CC}，GND：电源引脚 V_{CC} 接 +5V，GND 为数字地。

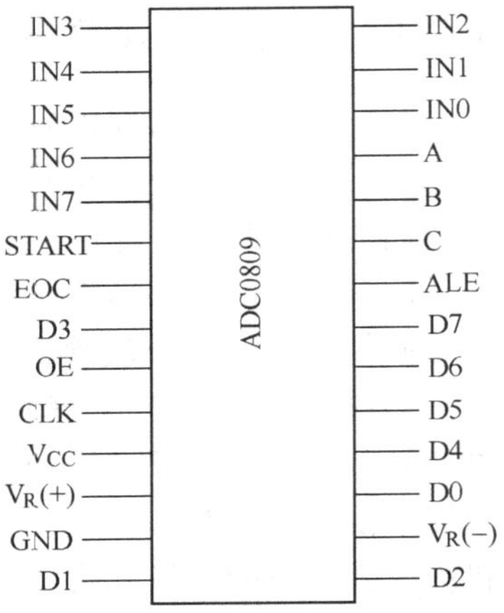

图 6-25　ADC0809 引脚排列

ADC0809 的工作时序如图 6-26 所示。

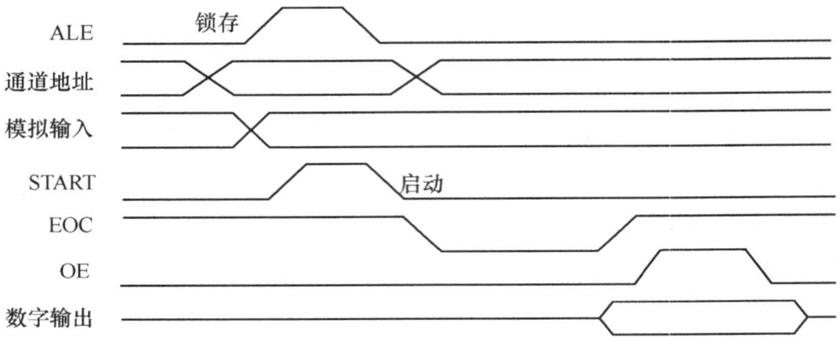

图 6-26　ADC0809 的工作时序

（3）ADC0809 与 8051 的接口电路

ADC0809 与 8051 的接口电路如图 6-27 所示。ADC0809 片内无时钟，可利用 8051 提供的地址锁存允许信号 ALE 经 D 触发器二分频后获得，ALE 脚的频率是 8051 时钟频率的 1/6（但要注意的是，每当访问片外数据存储器时，将跳过一个 ALE 脉冲）。如果 8051 时钟频率采用 6MHz，则 ALE 脚的输出频率为 1MHz，再二分频后为 500kHz，恰好符合 ADC0809 对时钟频率的要求。由于 ADC0809 具有输出三态锁存器，其 8 位数据输出引脚可直接与数据总线相连。地址译码引脚 A、B、C 分别与地址总线的低三位 A0、A1、A2 相连，以选通 IN0～IN7 中的一个通路。将 P2.0 作为片选信号，在启动 A-D 转换时，由 8051 的写信号和 P2.0 控制 ADC 的地址锁存和转换启动，由于 ALE 和 START 是连在一起的，因此 ADC0809 在锁存通道地址的同时，

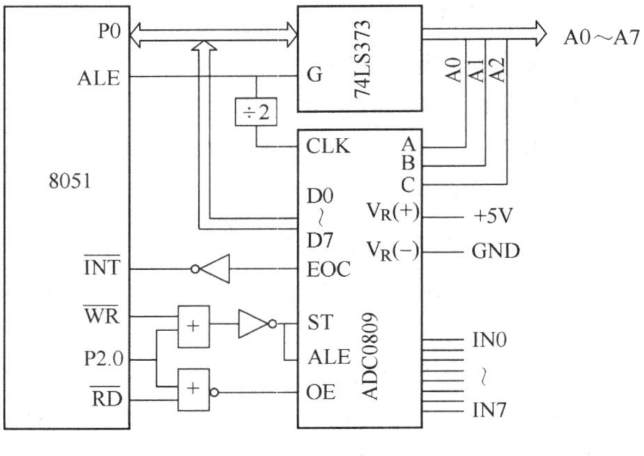

图 6-27　ADC0809 与 8051 的接口电路

启动并进行转换。在读取转换结果时，用低电平的读信号和 P2.0 脚经一级或非门后，产生的正脉冲作为 OE 信号，用以打开三态输出锁存器。

（4） ADC0809 接口控制程序

设有一个 8 路模拟量输入的巡回检测系统，采样数据依次存放在片外 RAM 2000H ~ 2007H 单元中，其数据采样的初始化程序和中断服务程序如下：

C51 程序设计：

```
# include <stdio. h>
# include <reg51. h>
unsigned char  xdata  AD0809[0x8]    -  at -0xfef0;   //AD0809 端口地址
unsigned char  xdata  buf [0x8]  -  at  - 0x2000;     //存放采集数据
unsigned int  idata  pointer;
unsigned char  idata  count;
void main (void)
  {
pointer =0x2000;
count =0x8;
IT1 =1;
EA =1;
EX1 =1;
AD0898 [8 - count] =0x00;
while (1);
}
```

中断服务程序设计如下：

```
void ad intrrupt 1 using 2
  {
unsigned char idata tmp, j;
tmp =AD0809 [8 - count];
buf [pointer] =tmp;
pointer =pointer +1;
count =count - 1
if (count = =0)
  {
EX1 =0;}
}
```

6.5.2 串行输出 A-D 转换器的接口技术

以串行数据形式输出的 A-D 转换器通常具有引脚少、体积小的特点，接口所需的 I/O 位数也比较少。这对于提高仪器的集成度和减小体积是有利的，特别是在需要进行模拟与数字隔离的场合，能方便、廉价地实现隔离。具备串行输出接口的 A-D 转换器有多种型号，虽然其接口时序随型号不同而有所不同，但从接口的实现和控制方法来说，还是基本相同的。现以 MAX1241 为例来说明串行输出 A-D 转换器的接口技术及其实现。

1. MAX1241 串行输出 ADC 简介

MAX1241 是一种低功耗、低电压的 12 位串行 A-D 转换器。它使用逐次逼近技术完成 A-D 转换过程；最大非线性误差小于 1LSB，转换时间 9μs；采用三线式串行接口，内置快速采样/保持电路。其内部结构和引脚定义如图 6-28 所示。

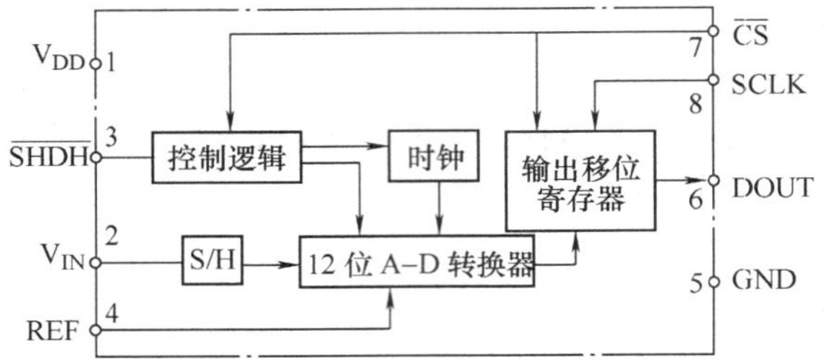

图 6-28　MAX1241 内部结构和引脚定义

MAX1241 的引脚功能见表 6-6。采用单电源供电，动态功耗在以每秒 73ksample/s 转换速率工作时，仅需 0.9mA 电流。在停止转换时，可通过 SHDN 控制端使其处于休眠状态，以降低静态功耗。在休眠方式下，电源电流仅 1μA。

表 6-6　MAX1241 的引脚功能

管　脚	名　称	功　能	参　数
1	V_{DD}	电源输入	+2.7 ~ +5.2V
2	V_{IN}	模拟电压输入	0 ~ V_{REF}
3	$\overline{SHDN}$	节电方式控制端	“0” ——节电方式（休眠状态） “1” 或浮空——工作
4	REF	参考电压 V_{REF} 输入端	10V ~ V_{DD}
5	GND	模拟、数字地	
6	DOUT	串行数据输出	三态
7	$\overline{CS}$	芯片选通	“0” ——选通 “1” ——禁止
8	SCLK	串行输出驱动时钟输入	频率范围：0 ~ 2.1MHz

MAX1241 的工作时序如图 6-29 所示。每次转换由芯片选通信号的下降沿触发，但此时驱动时钟 SCLK 必须为低。A-D 转换一旦启动，内部控制逻辑首先将采样/保持（S/H）电路切换为保持状态，并使输出数据线 DOUT 变低，表示转换开始。在整个转换周期内，SCLK 应保持低电平。转换结束时 DOUT 由低变高。一次转换结束，内部控制逻辑将自动把采样/保持器切换为捕捉状态。

对 MAX1241 转换结果的输入操作应在转换结束后进行，由驱动时钟 SCLK 的下降沿触发一位数据输出。在下一个 SCLK 脉冲下降沿到来前，该位数据将始终保持在 DOUT 输出端上。数据输出从最高位开始，每个 SCLK 脉冲下降沿输出一位。第 12 个 SCLK 的下降沿输出最低位。在数据输出周期内，CS 必须保持低电平，若在第 13 个 SCLK 下降沿后，CS 仍保持低电平，DOUT 则一直保持为低电平。

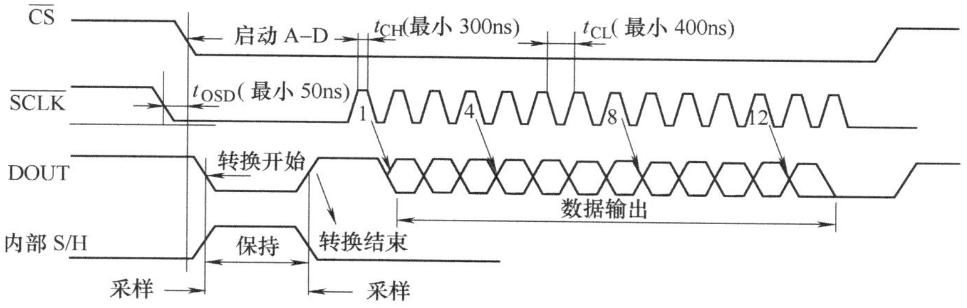

图 6-29　MAX1241 的工作时序

2. A-D 转换器 MAX1241 与 8051 的接口

MAX1241 与 8051 接口的实现有两种选择：一是使用普通端口，利用程序实现串行输入；另一种是直接使用串行口。前者输入速度低，后者需占用串行通信口。这两种接口方式的电路如图 6-30 所示。

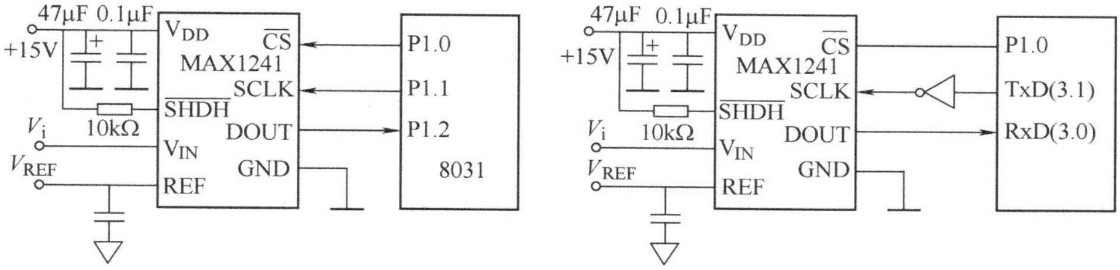

a) 使用普通端口的接口电路　　　　b) 使用串行口的接口电路

图 6-30　MAX1241 与 8051 的接口电路

图 6-30a 中，接口使用三位通用 I/O 端口 P1.0 ~ P1.2。其中 P1.0 用于片选信号。P1.2 为数据输入，P1.1 产生驱动脉冲 SCLK。按此接口电路的采集 C51 程序设计如下：

```
#include <reg51.h>
#define uchar unsigned char
#define uint unsigned int
sbit ADC_CS = P1^0
sbit ADC_CLK = P1^1
sbit ADC_DOUT = P1^2
uint Read_Max1241 ()
 {
     uint ADC_Date;
     uchar I;
     ADC_CLK = 0;
     ADC_CS = 0;
     ADC_Data = 0;
     While (! ADC_DOUT);
```

```
        ADC_CLK=1;
        ADC_CLK=0;
        For (i=0; i<12; i++)
        {
            ADC_CLK=1;
            ADC_Data <<1;
            If (ADC - DOOT =1)
            ADC_Data+ =1
            ADC_CLK=0;
        }
        ADC_CS=1;
        ADC_CLK=0;
        Return ADC_Data;
    }
```

当使用8051的串行口与MAX1241连接时，如图6-30b所示，串行口应工作在方式0，即同步移位寄存器方式。此时，串行口的RxD被用于接收MAX1241的输出数据，而发送数据端TxD则被用于提供驱动时钟，为满足时序要求，应将其反相。

由于8051的串行口一次只能接收8位数据，故12位的A-D转换结果必须分两次接收。接收程序同串行口方式0的编程类似，

6.5.3 MCS-51与8位D-A转换器接口技术

有的D-A转换器不带数据锁存器，其与微机连接时需要扩展并行I/O接口，使用起来不够方便。目前应用较为广泛的是带数据锁存器的D-A转换器，可以直接与单片机相连接。本节将通过8位典型芯片DAC0832来介绍这类D-A转换器的接口。

1. DAC0832的特性

DAC0832是应用较多的一种8位D-A转换器，它具有两级输入数据寄存器，能直接与MCS-51相连接，不需要附加任何其他I/O接口芯片。其主要特性如下：

1）分辨率为8位。

2）电流输出，稳定时间为1μs。

3）可双缓冲、单缓冲或直接数字输入。

4）只需在满量程下调整其线性度。

5）单一电源供电（+5～+15V）。

6）低功耗，20mW。

2. DAC0832的逻辑结构及引脚功能

DAC0832的引脚排列和内部结构框图如图6-31和图6-32所示。

DAC0832主要由一个8位输入寄存器、一个8位DAC寄存器和一个8位D-A转换器组成。在D-A转换器中采用的是T形*R*-2*R*电阻网络。DAC0832由于有两个可以分别控制的数据寄存器，使用时有较大的灵活性，因此可以根据需要接成多种工作方式。它的工作原理简述如下：

图 6-32 中，$\overline{LE}$为寄存控制端。当$\overline{LE}$ = 1 时，寄存器的输出随输入变化；$\overline{LE}$ = 0 时，数据锁存在寄存器中，而不随输入数据的变化而变化。由此可见，当 ILE = 1、$\overline{CS}$ = 0、$\overline{WR1}$ = 0 时，$\overline{LE1}$ = 1，允许数据输入，而当$\overline{WR1}$ = 1 或$\overline{CS}$ = 1 时，$\overline{LE1}$ = 0，数据被锁存。能否进行 D-A 转换，除了取决于$\overline{LE1}$以外，还要依赖于$\overline{LE2}$。

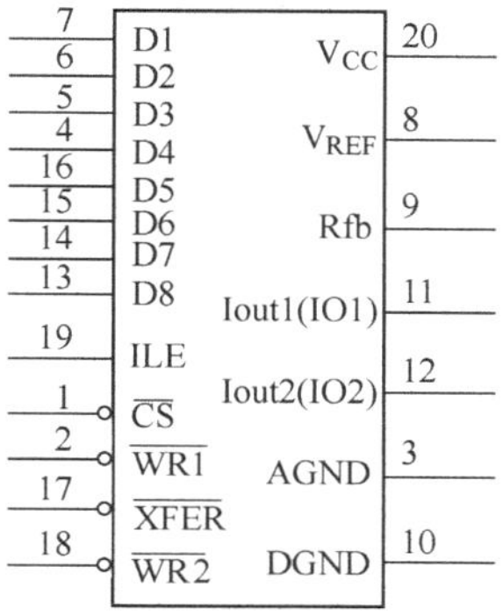

图 6-31　DAC0832 引脚排列

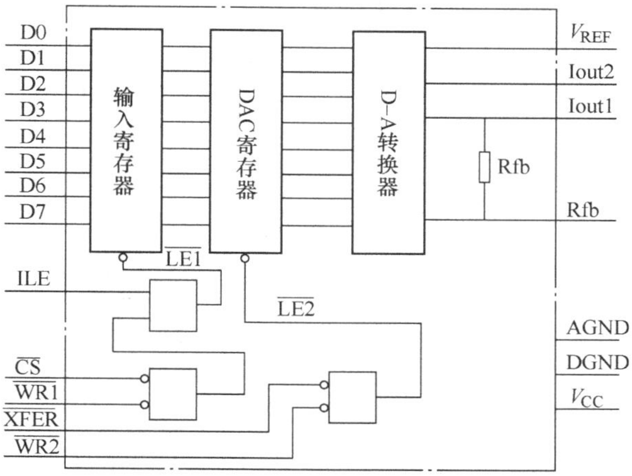

图 6-32　DAC0832 内部结构框图

由图 6-32 可知，当$\overline{WR2}$和$\overline{XFER}$均为低电平时，$\overline{LE2}$ = 1，此时允许 D-A 转换，否则$\overline{LE2}$ = 0，将数据锁存于 DAC 寄存器中。

DAC0832 在使用时可以采用双缓冲方式（两级输入锁存），也可以采用单缓冲方式（只用一级输入锁存，另一级始终直通），或者接成完全直通的形式。因此，这种转换器用起来非常灵活方便。

DAC0832 芯片为 20 脚双列直插式封装，各引脚的功能如下：

$\overline{CS}$：片选信号引脚（低电平有效）。

ILE：数据锁存允许控制信号输入线（高电平有效）。

$\overline{WR1}$：第一级锁存写选通（低电平有效）。当 ILE 为“1”，$\overline{CS}$ 为“0”，$\overline{WR1}$ 有效时 D0 ~ D7 状态被锁存到输入寄存器。

$\overline{XFER}$：数据传输控制信号输入线，低电平有效。

$\overline{WR2}$：第二级锁存写选通（低电平有效）。当$\overline{XFER}$ = 0，$\overline{WR2}$ = 0 时，可使输入寄存器中的数据传送到 DAC 寄存器中 。

D0 ~ D7：数据输入线。D0 是最低位（LSB），D7 是最高位（MSB）。

Iout1 （IO1）：D-A 转换器的电流输出线。当 DAC 寄存器为全 1 时，表示 I_{out1} 为最大值，当 DAC 寄存器为全 0 时，表示 I_{out1} 为 0。

Iout2 （IO2）：D-A 转换器的电流输出线。I_{out2} 为常数减去 I_{out1}，或者 $I_{out1} + I_{out2}$ = 常数。在单极性输出时，I_{out2} 通常接地。

Rfb：内部集成反馈电阻，为外部运算放大器提供一个反馈电压。Rfb 可由内部提供，也可由外部提供。

V_{REF}：参考电压输入端，要求外部接一个精密的电源。当 V_{REF} 为 ±10V/（或 ±5V）时，可获得满量程四象限的可乘操作。

V_{CC}：数字电路供电电压输入端，一般 V_{CC} 为 +5V/5V ~ +15V。

AGND：模拟地。

DGND：数字地。这是两种不同的地，但在一般情况下，这两个地最后总有一点接在一起，以便提高抗干扰能力。

3. DAC0832 与 MCS-51 的接口

由于 DAC0832 的输出是电流型，要输出电压信号，需要进行 *I/V* 转换。DAC0832 与 8051 的接口电路如图 6-33 所示，DAC0832 的端口地址为 7FFFH。

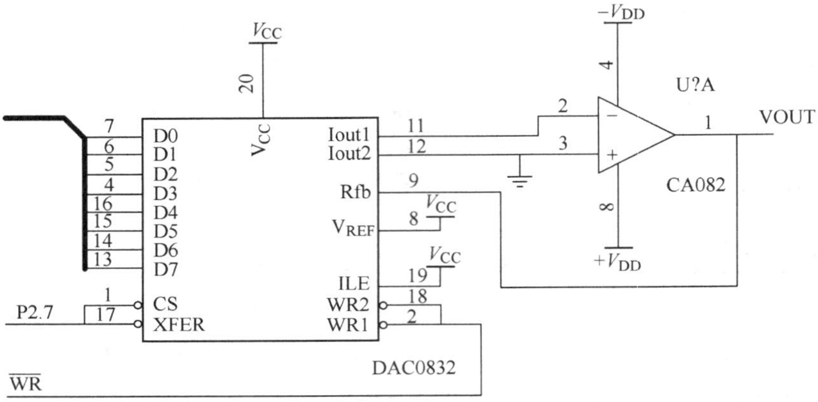

图 6-33　DAC0832 与 8051 接口电路

利用 DAC0832 可以产生各种波形，产生锯齿波的 C51 程序设计如下：

```
# include <reg51. h>
# define  DAC0832  XBYTE [0x7fff]
void delay (unsigned char t)
 {
 while (t- - );
}
void saw (void)
 {
unsigned char j;
for (j=0; j<255; j++)
 {
DAC0832 =j;
delay (10);
}
}
void main (void)
 {
while (1)
```

```
{
saw ();
}
}
```

利用 DAC0832 产生梯形波的 C51 程序设计如下：

```
# include <reg51. h>
# define   DAC0832   XBYTE [0x7fff]
void delay (unsigned char t)
 {
while (t - - );
}
void saw (void)
 {
unsigned char  j;
for (j=0; j<255; j++)
 {
DAC0832 =j;
delay (10);
}
delay (250);
for (j=0; j<255; j++)
 {
DAC0832 =255 - j;
delay (10);
}
}
void main (void)
 {
while (1)
 {
saw ();
}
}
```

6.6　I^2C 总线及 8051 模拟

6.6.1　I^2C 总线简介

I^2C 总线是一种简单、双向二线制同步串行总线，它只需要两根线（串行时钟线和串行数据线）即可在连接于总线上的器件之间传送信息。这种总线的主要特征如下：

1）总线只有两根线：串行时钟线和串行数据线。

2）每个连到总线上的器件都可由软件以唯一的地址寻址，并建立简单的主从关系，主器件既可作为发送器，也可作为接收器。

3）它是一个真正的多主总线，带有竞争检测和仲裁电路，可使多个主机任意同时发送数据而不破坏总线上的数据信息。

4）同步时钟允许器件通过总线以不同的波特率进行通信。

5）同步时钟可以作为停止和重新启动串行口发送的握手方式。

6）连接到同一总线上的器件数量仅受400pF的最大总线电容的限制。

I^2C 总线极大地方便了系统设计者，无需设计总线接口，因为总线接口已经集成在片内了，从而使设计时间大为缩短，而且从系统中移去或增加集成电路芯片对总线上的其他集成电路芯片没有影响。I^2C 总线的简单结构便于产品改型或升级，改型或升级时只需从总线上取消或增加相应的集成电路芯片即可。目前具有 I^2C 总线的 8051 系列单片机有 8XC550、8XC552、8XC652、8XC654、8XC751、8XC752 等，以及包括 LED 驱动器、LCD 驱动器、D-A 转换器、A-D 转换器、RAM、EPROM 及 I/O 接口等在内的上百种 I^2C 接口电路芯片供应市场。对于原来没有 I^2C 总线的单片机如 8031 等，可以采用软件程序模拟 I^2C 总线的时序完成接口功能。

组成 I^2C 总线的串行数据线 SDA 和串行时钟线 SCL 必须经过上拉电阻 R_p 接到正电源上，连接到总线上的器件的输出级必须为“开漏”或“开集”的形式，以便完成“线与”的功能。

I^2C 总线上可以实现多主双向同步数据传送，所有主器件可发出同步时钟，但因为 SCL 接口的“线与”结构，所以一旦一个主要器件时钟跳变为低电平，将使 SCL 线保持为低电平直至时钟达到高电平。因此，SCL 线上的时钟低电平时间由各器件中时钟最长的低电平时间决定，而时钟高电平时间则由高电平时间最短的器件决定。为了使多个主数据传送能够正确实现，I^2C 总线中带有竞争检测和仲裁电路。总线竞争的仲裁及处理由内部硬件电路来完成。当两个主器件发送数据相同时不会出现总线竞争；当两个主器件发送数据不同时才出现总线竞争。例如，当某一时刻主器件 1 发送高电平而主器件 2 发送低电平，此时由于 SDA 的“线与”作用，主器件 1 发送的高电平在 SDA 线上反映的是主器件 2 的低电平状态，这个读回的低电平状态与器件 1 发出的高电平状态不同，从而使器件 1 退出竞争。

I^2C 总线可以构成多主数据传送系统，但只有带 CPU 的器件可以成为主器件。主器件发送时钟、启动位、数据工作方式，从器件则接收时钟及数据工作方式。接收或发送根据数据的传送方向决定。I^2C 总线上数据传送时的启动、结束和有效状态都由 SDA 线和 SCL 线上的电平状态决定，在 I^2C 总线规约中启动和停止条件规定如下：

启动条件：当 SCL 线为高电平时，若 SDA 线上出现一个下降沿，则启动 I^2C 总线。

停止条件：当 SCL 线为高电平时，若 SDA 线上出现一个上升沿，则停止使用 I^2C 总线。

除了启动和停止状态外，在其余状态下，SCL 线的高电平都对应于 SDA 线的稳定数据状态。

每一个被传送的数据位由 SDA 线上的高、低电平表示，对于每一个被传送的数据位都在 SCL 线上产生一个时钟脉冲。在时钟脉冲为高电平期间，SDA 线上的数据必须稳定，否则被认为是控制信号。SDA 线只能在时钟脉冲 SCL 线为低电平期间改变。启动条件后总线为“忙”，在结束信号过后的一定时间总线被认为是“空闲”的。在启动和停止条件之间可传送的数据不受限制，但每个字节必须为 8 位。首先传送最高位，采用串行传送方式，但在每个字节之后必须跟一个响应位。主器件收发每一个字节后产生一个时钟应答脉冲，在这期间，发送器必须保证 SDA 线为高，由接收器将 SDA 线拉低，称为应答信号（ACK）。主器件作为接收器时，在接收了最后一个字节之后不发应答信号，也称为非应答信号（NOT ACK）。当从器件不能再接收另外的字节时也会出现这种情况。

I^2C 总线中每个器件都有自己唯一确定的地址。启动条件后主器件发送的第一个字节就是被读写的从器件的地址，其中第 8 位为方向位，“0”（W）表示主器件发送，“1”（R）表示主器件接收。总线上每个器件在启动条件后都把自己的地址与前 7 位相比较，若相同则器件被选中，产生应答，并根据读写位决定在数据传送中是接收还是发送。无论是主发、主收还是从发、从收都是由主器件控制的。在主发送方式下，由主器件先发出启动信号（S），接着发从器件的 7 位地址（SLA）和表明主器件发送的方向位 0（W），即这个字节为 SAL + W。被寻址的器件在接收到这个字节后，返回一个应答信号（A），在确定主从握手应答正常后，主器件向从器件发送字节数据，从器件每收到一个字节数据后都要返回一个应答信号，直到全部数据都发送完为止。在主接收方式下，主器件先发出启动信号（S），接着发从器件的 7 位地址（SLA）和表明主器件接收的方向位 1（R），即这个字节为 SLA + R。在发送完这个字节后，（SCL）继续输出时钟，通过（SDA）接收器件发来的串行数据。主器件每接收一个字节后都要发出一个应答信号（A）。当全部数据都发送或接收完毕时，主器件应发出停止信号（P）。

6.6.2　I^2C 总线通用读写程序

对于没有内部硬件 I^2C 总线接口的 8051 系列单片机，可以采用软件模拟的方法实现 I^2C 总线接口功能。下面给出一个采用 C51 编写的模拟 I^2C 总线通用读写程序，它可用于没有内部 I^2C 硬件的 8051 单片机与 I^2C 总线器件的接口。在程序开始处定义了 8051 的 P1.6 和 P1.7 作为 I^2C 总线的 SCL 和 SDA 信号。程序中包括如下 I^2C 功能函数：

I_init ( ); //初始化
delay ( ); //延时
I_clock ( ); //SCL 时钟信号
I_start ( ); //起始信号
I_stop ( ); //停止信号
I_send ( ); //数据发送
I_Ack ( ); //应答信号

程序中还包含有几个关于 I^2C 总线接口器件的 24C04 应用的功能函数。24C04 是一种具有 I^2C 接口的 EEPROM，它具有 512 × 8 位的存储容量，工作于从器件方式，每个字节可擦/写 100 万次，数据保存时间大于 40 年。写入时具有自动擦除功能，具有页写入功能，可一次写入 16B。24C04 芯片采用 8 脚 DIP 封装，具有 V_{CC}、V_{SS} 电源引脚，SCL、SDA 读写引脚，A0、A1、A2 地址引脚和 WP 写保护引脚。WP 引脚接 V_{CC} 时，禁止写入高位地址（100H ~ 1FFH），WP 脚接 V_{SS}，允许写入任何地址。

8051 与 24C04 之间进行数据传递时，首先传送器件的从地址 SLA，格式如下：

START	1	0	1	0	A2	A1	BA	R/W	ACK

START 为起始信号，1010 为 24C04 器件地址，A2 和 A1 由芯片的 A2、A1 引脚上的电平决定，这样可最多接入四片 24C04 芯片，BA 为块地址（每块 256B），R/W 决定是写入（0）还是读出（1），ACK 为 24C04 给出的应答信号。在对 24C04 进行写入时，应先发出从器件地址字节 SLAW（R/W 为 0），再发出字节地址 WORDADR 和写入的数据 data（可为 1 ~ 16B），写入结束后应发出停止信号。

通常对 EEPROM 器件写入时总需要一定的写入时间（5 ~ 10ms），因此在写入程序中无法连续写入多个数据字节。为了解决连续写入多个数据字节的问题，EEPROM 器件中常设有一定容量的页写入数据寄存器。用户一次写入 EEPROM 的数据字节不大于页写入字节数时，可按通常 RAM 的写入速度将数据装入 EEPROM 的数据寄存器中，随后启动自动写入定时控制逻辑，经过 5 ~ 10ms 的时间，自动将数据寄存器中的数据同步写入 EEPROM 的指定单元。这样一来，只要一次写入的字节数不多于页写入容量，总线对 EEPROM 的操作可视为对静态 RAM 操作，但要求下次数据写入操作在 5 ~ 10ms 之后进行。24C04 的页写入字节数为 16。对 24C04 进行页写入，是指向其片内指定首地址（WORDADR）连续写入不多于 n 个字节数据的操作。n 为页写入字节数，m 为写入字节数，$m \leqslant n$。页写入数据操作格式如下：

S	SLAW	A	WORDADR	A	data1	A	data2	A	…	data*m*	A	P	ACK

这种数据写入操作实际上就是 $m+1$ 个字节的 I^2C 总线进行主发送的数据操作。

对 24C04 写入数据时也可以按字节方式进行，即每次向其中片内指定单写入一个字节的数据，这种写入方式的可靠性高。字节写入数据操作格式如下：

S	SLAW	A	WORDADR	A	data	A	P

24C04 的读操作与通常的 SDRAM 相同，但每读一个字节地址将自动加 1。24C04 有三种读操作方式，即现行地址读、指定地址读和序列读。

现行地址读，是指不给定片内地址的读操作，读出的是现行地址中的数据。现行地址是片内地址寄存器当前的内容，每完成一个字节的读操作，地址自动加 1，故现行地址是上次操作完成后的下一个地址。现行地址读操作时，应先发送从器件地址字节 SLAR（R/W 为 1），接收到应答信号（ACK）后即开始接收来自 24C04 的数据字节，每接收到一个字节的数据都必须发出一个应答信号（ACK）。现行地址读的数据操作格式如下：

S	SLAR	A	data	A	P

指定地址读，是指按指定的片内地址读出一个字节数据的操作。由于要写入片内指定地址，因此应先发出从器件地址字节 SLAW（R/W 为 0），再进行一个片内字节地址的写入操作，然后发出重复起始信号和从器件地址 SLAR（R/W 为 W ），开始接收来自 24C04 的数据字节。指定地址读的数据操作格式如下：

S	SLAW	A	WORDADR	A	S	SLAR	A	data	A	P

序列读，是指连续读入 *m* 个字节数据的操作。序列读入字节的首地址可以是现行地址或指定地址，其读数据操作可连在上述两种操作的 SLAR 发送之后。序列读的数据操作格式如下：

S	SLAR	A	data1	A	data2	…	data*m*	A	P

下面的程序中包含如下 24C04 操作功能函数：

E_address（）; //写入器件从地址和片内字节地址

E_read_block（）; //从 24C04 中读出指定个字节（BLOCK_SIZE = 32）的数据并送入片外数据存储器单元，采用的是序列读操作方式

E_write_block（）; //将片外数据存储器中的数据内容写入从 24C04 首地址开始的指定个字节（BLOCK_SIZE = 32），采用的是字节写入操作方式。如果希望采用页写入操作方式，可对该函数作适当的修改

Wait_5ms（）; //为保证写入正确而设置的 5ms 延时

C51 程序设计如下：

```
#include <reg51. h >
/*  全局符号定义*/
#define HIGH 1
#define LOW 0
#define FALSE 0
#define TRUE  ~FALSE
#define function
#define byte unsigned char
sbit SCL  =0x96; //P1. 6
sbit SDA  =0x97; //P1. 7
/************************
函数原型：void function delay (void);
功能：本函数实际上只有一条返回指令，在具体应用中可视具体要求增加延时指令。
**************************/
  void function delay (void)
  {
    ;
  }
/**************************
函数原型：void function I_start (void);
功能：提供 I²C 总线工作时序中的起始位。
*************************/
  void function I_start (void)
  {
```

```
    SCL = HIGH;
    delay ( );
    SDA = LOW;
    delay ( );
    SCL = LOW;
    delay ( );
}
    /**************************
    函数原型：void function I_stop (void);
    功能：提供 I²C 总线工作时序中的停止位。
    **************************/
void function I_stop (void)
    {
    SDA = LOW;
    delay ( );
    SCL = HIGH;
    delay ( );
    SDA = HIGH;
    delay ( );
    SCL = LOW;
    delay ( );
    }
/**************************
函数原型：void function I_init (void);
功能：I²C 总线初始化。在 main 函数中应首先调用本函数，然后再调用其他函数。
**********************/
void function I_init (void)
  {
    SCL = LOW
    I_stop ( );
}
    /**************************
    函数原型：bit  function I_clock (void);
    功能：提供 I²C 总线时钟信号，并返回时钟电平为高期间 SDA 信号线上状态。本
    函数可用于数据发送，也可用于数据接收。
**********************/
      bit  function I_clock (void)
      {
      bit sample;
```

```
    SCL = HIGH;
    dealy ( );
    sample = SDA;
    SCL = LOW;
    dealy ( );
    return (sample);
    }
/************************
函数原型：bit function I_send (byte I_data);
功    能：从 I²C 总线发送 8 位数据，并请求一个应答信号 ACK。如果收到 ACK
应答则返回 1（TRUE），否则返回 0（FALSE）。
*******************************/
    bit function I_send (byte I_data)
    {
    register byte I;
    /* 发送 8 位数据*/
    for  (I =0; I <8; I ++)
        {
        SDA = (bit) ( I_data  & 0x80);
        I_data = I_data << 1;
        I_clock ( );
        }
    /* 请求应答信号 ACK*/
    SDA = HIGH;
    return ( ~I_clock ());
    }
/*****************************
函数原型：bit function I_receive (void);
功    能：从 I²C 总线发送 8 位数据，并将接收到 8 位数据作为一个字节返回，不
回送应答信号 ACK。主函数在调用本函数之前应保证 SDA 信号线处于浮置状态，
即使 8051 的 P1. 7 脚置 1。
*******************************/
    byte function I_receive (void)
    {
    byte I_data =0;
    register byteI;
    for (I =0; I <8; I ++)
    {
    I_data*  =2;
```

```
    if (I_clock ( ) )
    I_data ++;
    end_if
    }
    return (I_data);
    }
/**********************
* 函数原型：void function I_Ack (void);
功    能：向I²C总线上发送一个应答数据信号ACK，一般用于连续数据读取时。
***********************/
    void function I_Ack (void)
    {
    SDA = LOW;
    I_clock ( );
    SDA = HIGH;
    }
    /***************/
```

上面给出的是 I^{2}C 总线基本操作函数，下面给出的是几个对 I^{2}C 总线接口器件 24C04 操作的函数：

```
#define WRITE 0xA0 /* 定义24C04的器件地址SLA和方向位W*/
#define READ 0xA1 /* 定义24C04的器件地址SLA和方向位R*/
#define BLOCK_SIZE 32/* 定义指定字节个数*/
extern xdata byte EAROMImage [BLOCK_SIZE] /* 在外部RAM中定义存储映像单元*/
/*********************************************
函数原型：bit function E_address (byte Address);
功    能：向24C04写入器件地址和一个指定的字节地址。
*********************************************/
bit function E_address (byte Address)
 {
I_start ( );
if (I_send (WRITE))
   return (I_send (Address));
else
return (FALSE);
}
/******************
函数原型：bit function E_read_block (void);
功    能：从24C04中读取BLOCK_SIZE个字节的数据并转存于片外RAM存取映
```

像单元，采用序列读操作方式从片内 0 地址开始连续读取数据。如果 24C04 不接受指定的地址则返回 0（FALSE）。

```
*******************/
bit function E_read_block (void)
 {
register byte I;
if (E_address (0))
 {
I_start ();
if (I_send (read))
 {
for (I =0; I < =BLOCK_SIZE; I ++)
 {
EAROMImage [I] = (I_receive ());
if (I! =BLOCK_SIZE)
I_Ack ();
Else
 {
I_clock ();
I_stop ();
}
}
return (TRUE);
}
else
 {
I_stop ();
return (FALSE);
}
}
else
I_stop ();
return (FALSE);
}
/***************************
函数原型: void function wait_5ms (void);
功    能: 提供 5ms 延时（时钟频率为 12MHz）。
******************************/
void function wait_5ms (void)
```

```
 {
  register int I;
for (I =0; I <1000; I ++);
}
/***********************************
函数原型：bit function E_write_block (void);
功    能：将片外存储器映像单元中的数据写入到24C04的头BLOCK_SIZE个字
节。采用字节写操作方式，每次写入时都需要指定片内地址。如果24C04不接收指定的地
址或某个传送的字节未收到应答信号ACK，则返回0（FALSE）。
 ***********************************/
 bit function E_write_block (void)
 {
 register byte I;
 for (I =0; I < = BLOCK_SIZE; I ++)
 {   if (E_address (i) &&I_send (EAROMImage [I]))
 {
 I_stop ();
 Wait_5ms ();
 }
 else
 return (FALSE);
 }
 return (TRUE);
}
```

6.7 SPI 总线及8051模拟

6.7.1 SPI 总线规范

SPI（Serial Peripheral Interface）总线是一种串行外设接口，它是Motorola公司推出的一种同步串行通信方式，主要应用在EEPROM、FLASH、A-D转换器与MCU及数字信号处理器和数字信号解码器之间。SPI总线是一种高速、全双工、同步的通信总线，它在芯片的引脚上只占用3、4根线，节约了芯片的引脚，同时为印制电路板的布局节省了空间，并提供了连接上的方便。现在，越来越多的芯片集成了这种通信协议，很多MCU上都设计了SPI总线接口。SPI总线系统可直接与各个厂商生产的多种标准外围器件直接接口，利用SPI总线可在软件的控制下构成各种系统。

SPI总线接口一般使用四条线：串行时钟线SCLK、主机输入/从机输出数据线MISO（数据输入SDI）、主机输出/从机输入数据线MOSI（数据输出SDO）和低电平有效的从机选择线SS（片选CS）。另外，有的SPI接口芯片带有中断信号线INT，有的SPI接口芯片没

有主机输出/从机输入数据线MOSI。

SPI的通信原理很简单，它以主从方式工作，这种模式通常有一个主设备和一个或多个从设备，在大多数应用场合，可使用一个MCU作为主控机，从设备只有在主机发命令时才能接收或发送数据。SPI总线的数据传输格式是高位（MSB）在前，低位（LSB）在后。SPI总线接口系统的典型结构如图6-34所示。当一个主控机通过SPI总线与多个从设备相连时，必须使每片的允许控制端即片选端CS有效，也就是说只有片选信号为预先规定的使能信号（高电位或低电位）时，对此芯片的操作才有效，未选中的芯片，其控制输出端处于高阻态。若芯片本身无三态控制输出，则应外接三态门。只有被选中的芯片，SCLK脉冲才能把串行数据移入该芯片，若芯片没有允许控制端，则应在片外用门电路对SCLK进行控制，然后再加到芯片的时钟输入端。

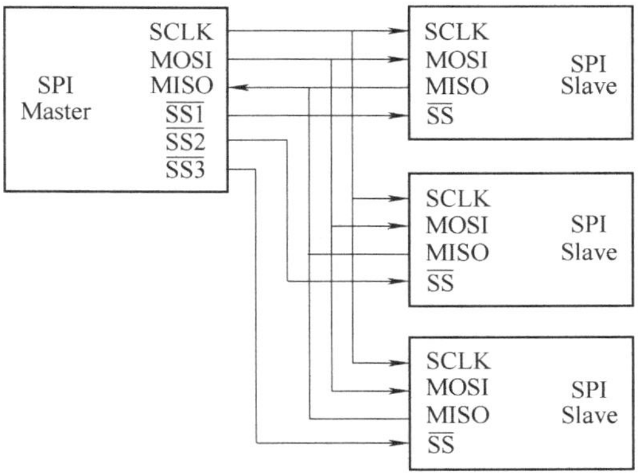

图6-34 SPI总线接口系统的典型结构

SPI总线的数据传输过程中，要保证主设备发出的同步时钟SCLK的极性和相位满足从设备的要求，因为不同的串行接口芯片其时钟的极性是不同的，有的是在时钟SCK的上升沿接收数据，在下降沿发送数据，而有的则相反。要注意的是，SCLK信号线只由主设备控制，从设备不能控制信号线。这样的传输方式有一个优点，与普通的串行通信不同，普通的串行通信一次连续传送至少8位数据，而SPI允许数据1位1位地传送，甚至允许暂停，原因是，SCLK时钟线由主控设备控制，当没有时钟跳变时，从设备不采集或传送数据。也就是说，主设备通过对SCLK时钟线的控制可以完成对通信的控制。另外，因为SPI的数据输入和输出线独立，所以允许同时完成数据的输入和输出。不同的SPI设备的实现方式不尽相同，主要是数据改变和采集的时间不同，在时钟信号上沿或下沿采集有不同定义，具体请参考相关器件的文档。

6.7.2 SPI总线读写程序

对于不带SPI串行总线接口的MCS-51系列单片机来说，可以使用软件来模拟SPI的操作，包括串行时钟、数据输入和数据输出。由于不同的串行接口外围芯片的时钟时序是不同的，因此对于在SCLK的上升沿输入（接收）数据和在下降沿输出（发送）数据的器件，一般应将其串行时钟输出口的初始状态设置为“1”，而在允许接口后再置该时钟输出口为“0”。这样，MCU在输出1位SCLK时钟的同时，将使接口芯片串行左移，从而输出1位数据至MCS-51的模拟MISO口，此后再置SCLK为“1”，使MCS-51从模拟MOSI口线输出1位数据（先为高位）至串行接口芯片。至此，模拟1位数据输入输出过程结束。此后，再置SCLK为“0”，模拟下一位数据的输入输出。依次循环8次，即可完成通过SPI总线传输8位数据（一个字节）的操作。对于在SCLK的下降沿输入数据和上升沿输出数据的器件，则应取串行时钟输出的初始状态为“0”，即在接口芯片允许时，先置SCLK为“1”，以便外围接口芯片输出1位数据（MCU接收1位数据），之后再置时钟SCK为“0”，使外围接口芯片接收1位数据（MCU发送1位数据），从而完成1位数据的传送。

由于8051没有SPI总线接口，如果要同SPI总线接口器件连接，其必须模拟SPI规范。下面给出SPI总线典型环节的C51程序设计，供读者参考：

8051发送一个字节的子程序如下：

```
#include <reg51.h>
#include <intrins.h>
sbit SCLK = P1^0;                    //将P1.0口模拟时钟输出
sbit MOSI = P1^1;                    //将P1.1口模拟主机输出
sbit MISO = P1^2;                    //将P1.2口模拟主机输入
sbit SS1 = P1^3;                     //将P1.3口模拟片选

void SPISendByte (unsigned char ch)
 {
    unsigned char idata n = 8;       //向SDA上发送数据1B，共8位
        SCLK = 1;                    //时钟置高
        SS1 = 0;                     //选择从机
    while (n - - )
{
      SCLK = 0;                      //时钟置低
      if ( (ch&0x80) = = 0x80)       //若要发送的数据最高位为1则发送位1
        {
                MOSI = 1;            //传送位1
        }
        else
        {
           MOSI = 0;                 //否则传送位0
        }
        ch = ch<<1;                  //数据左移1位
        SCLK = 1;                    //时钟置高
    }
 }
```

8051接收1B的子程序如下：

```
unsigned char SPIreceiveByte ()
 {
    unsigned char idata n = 8;      //从MISO线上读取数据1B，共8位
    unsigned char tdata;
    SCLK = 1;                       //时钟为高
    SS1 = 0;                        //选择从机
    while (n - - )
```

```
            {
            SCLK  =  0;                //时钟为低
            tdata  =  tdata << 1;      //左移 1 位
            if (MISO  = =  1)
            tdata  =  tdata | 0x01;    //若接收到的位为 1，则数据的最后一位置“1”
            else
                tdata  =  tdata&0xfe;  //否则数据的最后一位置“0”
            SCLK = 1;
            }
            return  (tdata);
        }
```

串行输入/输出的子程序如下：

```
    unsigned char SPIsend_receiveByte  (unsigned char ch)
     {
        unsigned char idata n = 8;        //从 MISO 线上读取数据 1B，共 8 位
        unsigned char tdata;
            SCLK  =  1;                   //时钟为高
            SS1  =  0;                    //选择从机
        while  (n - - )
        {
                SCLK  =  0;               //时钟为低
                tdata  =  tdata << 1;     //左移 1 位，或_crol_ (temp, 1)
                if (MISO  = =  1)
               tdata  =  tdata | 0x01;    //若接收到的位为 1，则数据的最后一位置“1”
                else
                tdata  =  tdata&0xfe;     //否则数据的最后一位置“0”
                 if ( (ch&0x80)  = =  0x80)       //若要发送的数据最高位为 1 则发送位
1
                        {
                       MOSI  =  1;                //传送位 1
                         }
                         else
                         {
                         MOSI  =  0;              //否则传送位 0
                         }
                    ch  =  ch << 1;               //数据左移 1 位
            SCLK = 1;
        }
```

```
        return (tdata);
    }
```

6.8 单相电子式预付费电能表的设计与实现

电能表作为电能计量工具，在国民经济各部门得到广泛应用。长期以来，电能计量使用的是机械式感应电能表，这种电能表的缺点是耗电多、笨重、需要人工抄表、防窃电性能差等。随着电子技术的迅猛发展，以及微控制器（单片机）和大规模集成电路的应用，电能表的技术水平和性能得到了长足发展，出现了许多新型的机电式和电子式电能表。其中单相电子式预付费电能表就是典型实例。

所谓预付费就是用户“先付款，再用电”，这符合一般商品的消费特点。这种方式必须有一种媒介把用户购买的电量送入电能表内，其媒介就是 IC 卡。用户通过售电管理系统购得所需电量后，将写有所购电量的 IC 卡插入预付费电能表的卡槽，电能表内部的单片机将卡中电量读出，且写入 E^2PROM 中，同时把 IC 卡中的电量清“0”，即完成一次购电。

机电式预付费电能表仍采用感应式电能表的原理，通过对转盘转动圈数的计数来测量电能。其是在转盘上涂大约 1cm 宽的“黑条”，并在转盘的上方或下方设置一个红外线发射接收对管。当红外线照射在“黑条”处时，红外线被吸收，无反射，即接收管接收不到红外线；当红外线照在其他部分时，即可被反射，接收管能接收到红外线。这样，转盘每转一圈就产生一个脉冲，再由单片机通过对脉冲的计数红外线完成电能的计量。电子式预付费电能表是利用电能测量集成电路来测量电能，由微控制器通过对脉冲计数来累计所消耗的电量。两种表对 IC 卡的操作是相同的。

虽然微控制器的引入使预付费电能表的使用性能大大提升，但其也对设计者提出了更高的要求。这是因为由电源等引入的干扰很容易致 PC 指针跳飞，造成诸如剩余电量等数据的丢失或改变、死机等，引起不可预测的后果。例如，对于家用计算机和普通仪器仪表，死机等故障是允许的，可通过人工复位、重新设置等手段进行恢复即可，但对于电能表则是致命的。另外，预付费电能表的工作条件是相当恶劣的，对其可靠性的要求很高：①常年不间断运行；②校表时要经历最恶劣的慢上下电的考验，慢上下电对一般仪表是有好处的，能减小冲击、延长使用寿命，但极易使电表的单片机 PC 指针跳飞；③工作时要经受雷电、电网波动的冲击；④面向大众，成本要尽可能低，因此应硬件简单，软件可靠；⑤直接涉及经济问题，不允许出现差错等。很显然，电表有多少功能并不是最重要的，关键看其可靠性。

6.8.1 单相电子式预付费电能表的工作过程

1. 预付费电能表功能

预付费电能表具备以下功能：

1）用户将存有电量的 IC 卡插入卡槽，卡中电量被读入表内，且写入表内 EEPROM 中，同时把 IC 卡清“0”

2）电能表在正常工作时，有工作指示灯和功率指示灯，使用户可直观地了解电能表工作是否正常及用电负荷的大小。

3）用电时，能按一定精度（精度为 1% 称 1 级表，2% 称 2 级表）计量电能，并能随时改写剩余电量数（千瓦时数和脉冲数）。

4）当表内剩余电能不大于 10kW·h 时，在 LED 上进行显示，以提醒用户余电不多，及时购电。

5）当剩余电能为 0 时，自动断电，这时用户不能用电。当用户将重新购电的 IC 卡（可反复使用）插入卡槽时，电能表完成步骤 1）的功能，并立即恢复供电。

6）有负荷限制功能。当用电电流大于 25A 时，自动断电。5min 后恢复供电。

7）有防窃电功能。当不法者试图窃电时，电能表仍在计量电能。

8）具有掉电保护功能。掉电时，自动把剩余电量从 RAM 转储在 EEPROM 中。

9）专卡专用，一户一卡。当有非本机卡或异物插入卡槽时，能及时发现，并切断卡座的供电，保护电能表，提高安全性。

10）整机耗电不大于 5W。

11）为了防止累计电量丢失，仍沿用了累计电量计度器，其工作方式为步进脉冲驱动方式。

12）有良好的起动性能，起动电流小于 10mA。

13）有防潜动特性，即无负载时，不输出脉冲。

14）接线端子定义和底座与老式表相同，安装方便。

2. 预付费电能表工作过程

预付费电能表工作过程如下：

1）上电时，在 LED 数码显示器上显示 5 次“8888”，对数码显示器进行自测，然后将存放在 EEPROM 中的剩余电量调出到 RAM 中。

2）当单片机工作正常时，绿色指示灯以秒间隔闪烁。

3）当有本机 IC 卡插入卡槽时，根据有电卡和无电卡（空卡）作不同的处理。若为有电卡，则显示“U06”，稍后显示表中剩余千瓦时数和卡中千瓦时数之和（不显示脉冲数）。这时卡中电量即被写入表中，且将卡清“0”；若为空卡，则显示“U05”，稍后显示表中的剩余千瓦时数。该功能可供用户随时查询表里还剩多少千瓦时电量。

4）当有用电量时，由功率指示灯（红灯）指示用电负荷的大小。闪烁频率越高，用电量越大。

5）当插入非法卡时，显示“U04”。

6）当电量用完时，切断电源，并显示“U07”

LED 显示器显示的内容与其含义见表 6-7。

表 6-7 LED 显示器显示的内容与其含义

显示内容	含 义	处 理
U01	超负荷	减小用电量
U02	密码有误	非本机卡，换卡
U03	卡短路	卡座的电源短路，可能是人为破坏
U04	非法卡	卡型号不对，换卡
U05	空卡	卡内无电量，显示表内剩余千瓦时数
U06	有电卡	将卡内千瓦时数送到表中，清卡
U07	电用完	断电，购电送表中方能恢复供电
U08	读写错	卡可能以坏，换卡
UU	窃电	表仍在计量用电，不用处理

6.8.2 硬件电路及其工作原理

1. 有功电能测量的基本原理

电能是功率的积分。功率表达式为

$$P(t)=V(t)I(t)$$

将 $V(t)$ 和 $I(t)$ 输入到电子乘法器中相乘，得到一个与功率 P 成正比的模拟电压（或电流），再经 V—F 变换或 I—F 变换）变成频率信号 f_0，在一段时间 Δt 内计数为 N，便得到这段时间内的平均功率为 $N/\Delta t$。在一段长时间 T 内测得的电能为

$$W=\int P(t)\mathrm{d}t=\int V(t)I(t)\mathrm{d}t=N$$

也就是在时间 T 内得到计数值 N。

在实际测量中，220V 的交流电压和负载上的电流不能直接接入运算，而是经分压取样得到电压取样 V_v；负载电流也需取样，得到电流取样电压 V_i，才能输入。

假设 V_v、V_i是工频交流 V_x、I_x的取样值，则有

$$V_v=K_vV_m\sin(\omega t)$$
$$V_i=K_iI_m\sin(\omega t+\phi)$$

式中，K_v为 V_x转变为 V_v的转换系数；K_i为 I_x转变为 V_i的转换系数；ϕ 为 V_x和 I_x之间的相位角。

V_v和 V_i经乘法器运算产生功率 P，即

$$\begin{aligned}P&=K_vV_m\sin(\omega t)K_iI_m\sin(\omega t+\phi)\\&=K_pV_i\cos(\phi)-K_pVI\cos(2\omega t+\phi)\end{aligned}$$

式中，$K_p=KK_vK_i$；$\cos(\phi)$为功率因数；V 为幅值等于 V_m 的交流电压的有效值；I 为幅值等于 I_m 的交流电流的有效值。

一段时间 T 内的电能 W 为

$$\begin{aligned}W&=\int P\mathrm{d}t=\int K_pVI\cos(\phi)\mathrm{d}t-\int K_pVI\cos(2\omega t+\phi)\mathrm{d}t\\&=TK_pVI\cos(\phi)\end{aligned}$$

上式中，第一项 $K_pVI\cos(\phi)$ 为直流成分，它与视在功率 VI 和功率因数 $\cos(\phi)$ 成正比，即与有功功率因数成正比；而第二项 $K_pVI\cos(2\omega t+\phi)$是经相乘产生的 2 倍于被测频率的交流成分。在集成乘法器中，电压/频率转换器 VFC 把第一项转换成与其大小成正比的频率，而把第二项交流成分经滤波抑制掉了。

预付费电能表有功电能测量原理电路如图 6-35 所示。其中，U2（BL0932）为有功电能测量集成电路，芯片内部包含了模拟乘法器、电压频率转换器 VFC、计数器（分频器）及控制逻辑。电压取样信号 V_v从电阻网络获得，包括 $R14\sim R22$，经 U2 的 3、4 脚输入；电流取样信号 V_i由锰-铜分流器（RP）和电阻 $R23$、$R24$ 电容 $C4$、$C5$ 产生，经 U2 的 1、2 脚输入。电压/电流取样电路各元件与 V_v和 V_i的关系请参考有关资料，这里不再介绍。U2 的 8 脚输出与有功功率成正比的频率信号。在锰-铜分流器电阻为 340Ω 条件下，表常数为 3200 脉冲/kW・h，即每千瓦时电产生 3200 个脉冲。再经八分频由 13、14 脚差动输出（400 个脉冲/kW・h）以驱动步进式计度器 MOTOR。同时，13 脚的脉冲经光耦合器隔离，供单片机

计量电能（200 脉冲/kW · h）。

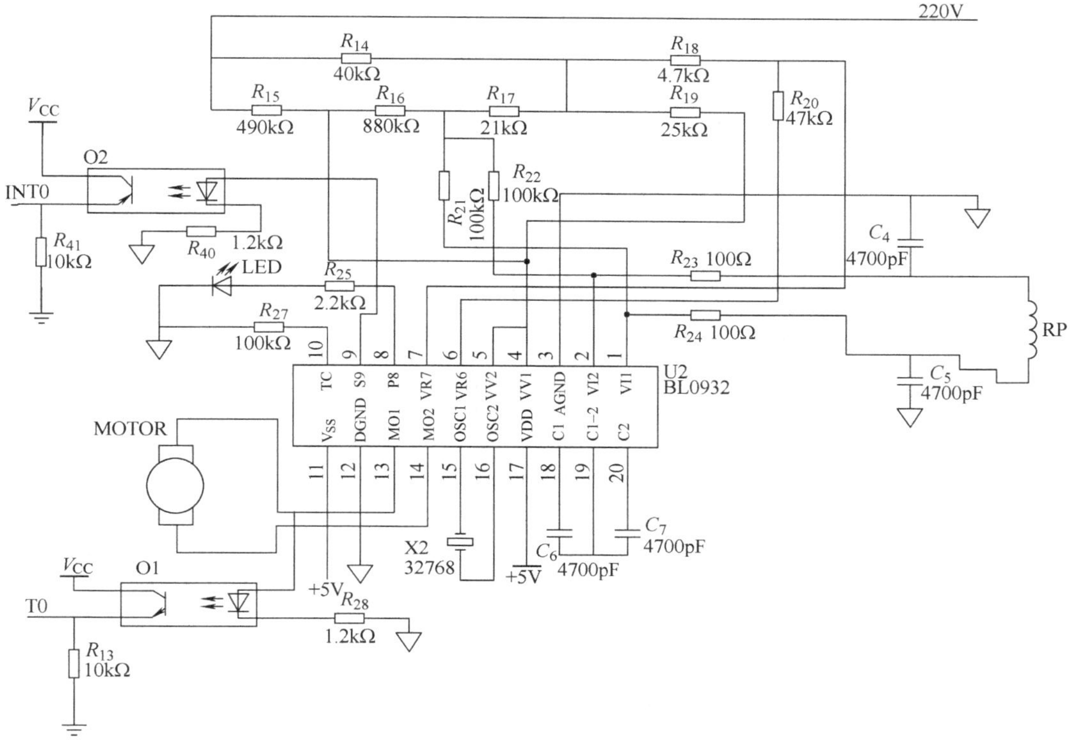

图 6-35　有功电能测量原理电路

2. 预付费电能表的工作原理

单相预付费电能表的工作原理如图 6-36 所示。

图 6-36 中分为控制、电能测量、显示驱动、IC 卡接口、电量存储器、掉电检测、磁保持继电器驱动和电源几大模块。电能测量已作了介绍，其余各部分工作原理如下：

（1）控制部分

控制部分是整个电能表的心脏，实现电能脉冲、窃电信号、掉电信号、IC 卡信号、串行 EEPROM 数据的采集和读写，完成显示驱动模块的控制和磁保持继电器 L1（图中未示出）的驱动等功能。

单片机的选择是决定电能表性能的关键因素，应选择功耗低、电磁兼容性好、可靠性高、保密程度高的型号，并应已为大家熟悉，具有通用性强、堆栈丰富、编程容易等特点。8051 系列单片机符合上述要求，其 FLASH 型如 Atmel 公司的 89C51、89C52、89C1051、89C2052 和台湾华帮公司的 W78E51、W78E52 等，以及其 OTP（PROM）型如 LG 公司的 GMS97C51、GMS97C52 等，使用都十分方便。

本设计选用了性能优异 Atmel 公司的 89C52。

U1 与时钟电路（包括晶体 X1、电容 C_{21}、C_{22} 和内部电路）、上电复位电路、硬件狗电路构成单片机系统。

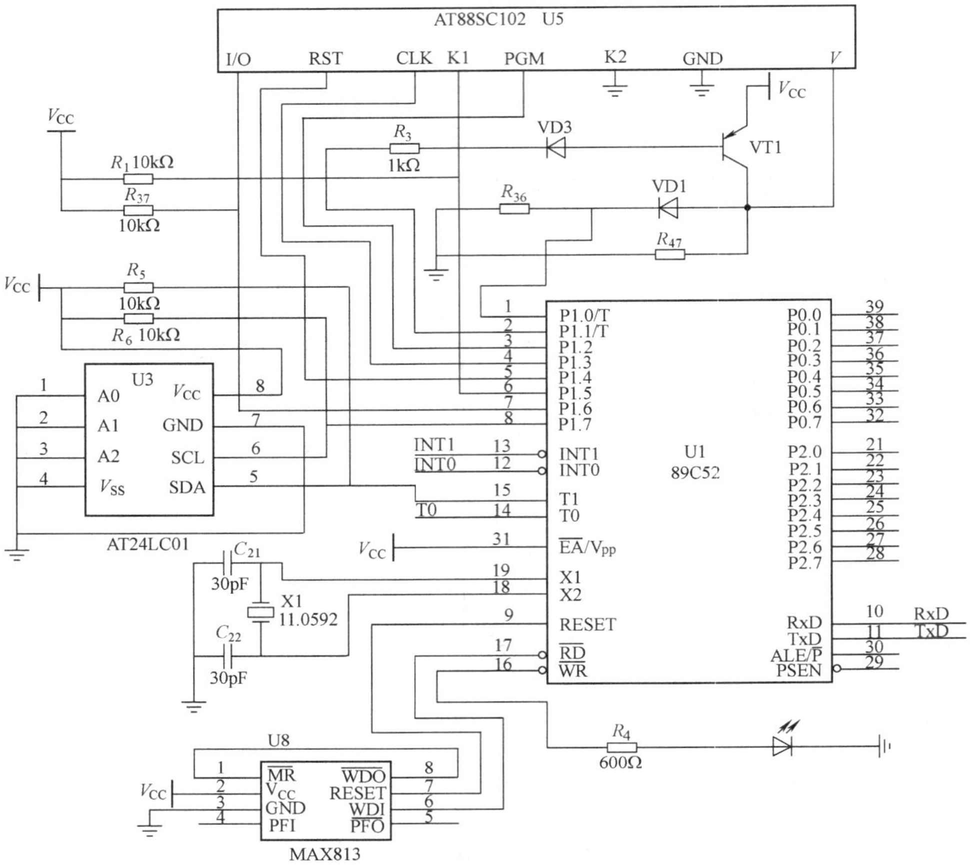

图 6-36　单相预付费电能表的工作原理

电能脉冲由 U2 的 13 脚经光耦合器 O1 送到 U1 的 T0，窃电信号由 U2 的 9 脚经光耦合器 O2 送到 U1 的 INT0。在电路设计中必须严格保证强电与弱电的隔离，除了电路无直接连接外，100V 以上的强电印制电路布线与弱电印制电路布线距离应大于 4～5mm。

（2）显示驱动电路

由四片 74LS164 及 4 位高亮度 LED 数码管组成的显示驱动电路如图 6-37 所示。U1 的 RxD 和 TxD 作为显示驱动电路的控制信号线。主要显示剩余电量及 IC 卡的有关操作信息，以便用户及时了解电能表工作情况。74LS164 价格便宜，有利于降低成本。

（3）IC 卡接口电路

采用 Atmel 公司的逻辑加密 IC 卡座 AT88SC102，用于存放由售电管理系统写入的密码、表常数、千瓦时数、脉冲数及负荷门限等，是电管部门与用户连接的桥梁。为了提高 IC 卡操作的可靠性，必须有卡上下电控制电路、卡插入检测、卡短路检测等辅助电路，结合软件，可以大大提高其读写的准确性和可靠性。

R_3、VD3、VT1 组成卡上下电电路。当 U1 的 P1.1＝0 时，VT1 导通，IC 卡座的 V 得电；当 U1 的 P1.1＝1 时，VT1 截止，IC 卡座的 V 失电。IC 卡的 V 同时经 VD1、R_{36}送至 U1

的 P1.0，检测有无卡电源短路现象，以防人为破坏。K1、K2 为 IC 卡座的一对常开触点，当有卡插入时，K1、K2 短路，给 U1 的 P1.5 送入低电平，此信号用来检测有无卡插入。

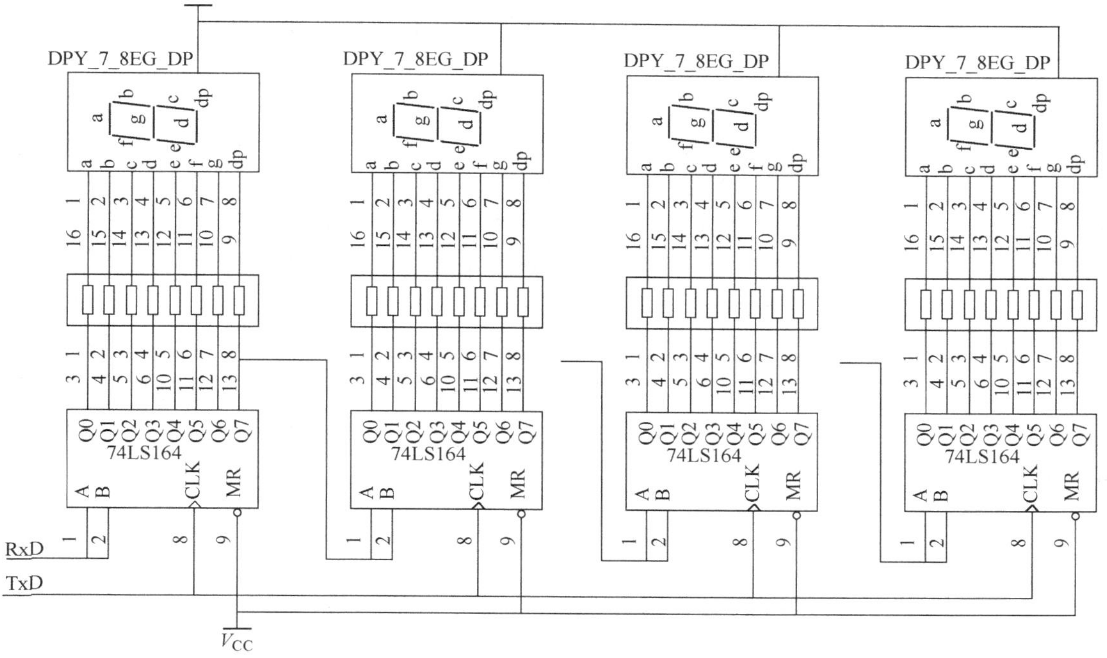

图 6-37　显示驱动电路

（4）电量存储器

由 U3 串行 E^2PROM 和上拉电阻组成。在串行时钟和数据端接上拉电阻，分别连到 U1 的 P1.7、P3.5 端。串行 EEPROM 选用 AT24LC01，为低电压（2.5 ~ 5.5V）、长寿命（可擦写一千万次）器件。串行 EEPROM 用于存储表常数、剩余千瓦时数和脉冲及负荷门限等信息，如果没有使用计度器，它还要存储累计电量。

（5）掉电检测电路

图 6-38 所示掉电检测电路由比较器（运算放大器 LM393）、电压基准 VS（LM336，2.5V）、电阻 R_{29}、R_{30}、R_{32}、R_{33}、R_{35}、二极管 VD2 组成。R_{33} 为 VS 提供合适的工作电流。VS 上端作为电压基准，R_{29}、R_{30} 对 5V 电压分压，与 VS 作比较。电源电压正常时，V－ > V＋，比较器输出低电平；当电源掉电时，输出高电平。微控制器通过（INT1）中断，以判别是否要立即做掉电处理（将剩余电量存入 EEPROM 中）。VD2、R_{35} 为施密特电路，是为了避免电压在阈值左右波动时引起反复

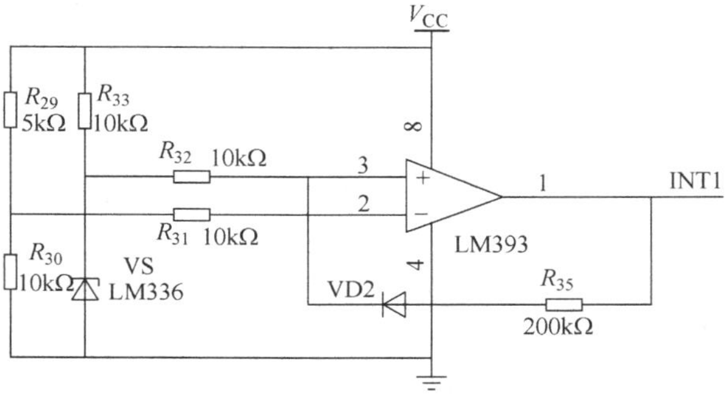

图 6-38　掉电检测电路

的写操作（对 EEPROM）。

（6）磁保持继电器的驱动电路

磁保持继电器能使电磁线圈中保持上次驱动脉冲所注入的磁场不变，即在正常工作时不需加驱动电流，仅在需要改变触点状态时加上 200ms 左右的反向脉冲即可，随后不需要任何驱动。这就大大节省了能量，降低了功耗。

磁保持继电器的驱动电路如图 6-39 所示。它由 89C52 的 P1.0、P1.1 发出控制信号，P1.0 为高电平时 L1 中有正向电流，P1.1 为高电平时 L1 流过反向电流。驱动电路由电阻 *R*5 ~ *R*12、PNP 晶体管 VT1 ~ VT2、NPN 晶体管 VT3 ~ VT6 组成。L1 为电磁线圈。当 P1.0 = 1 且P1.1 = 0 时，晶体管 VT3、VT6 和 VT1 导通，而 VT4、VT5、VT2 截止。流经 L1 的电流方向为 + 12V→VT1 的 E 极→VT1 的 C 极→L1 的 B 端→L1 的 A 端→VT3 的 C 极→VT3 的 E 极→地，继电器触点接通；当 P1.0 = 0 且 P1.1 = 1 时，晶体管 VT3、VT6、VT1 截止，而 VT4、VT5、VT2 导通。流经 L1 的电流方向为 + 12V→VT2 的 E 极→VT2 的 C 极→L1 的 A 端→L1 的 B 端→VT4 的 C 极→VT4 的 E 极→地，继电器触点断开。当 P1.0 = P1.1 = 0 时，所有晶体管均截止，L1 的线圈无电流。P1.0 = P1.1 = 1 是不允许的，因为这时所有晶体管均导通。

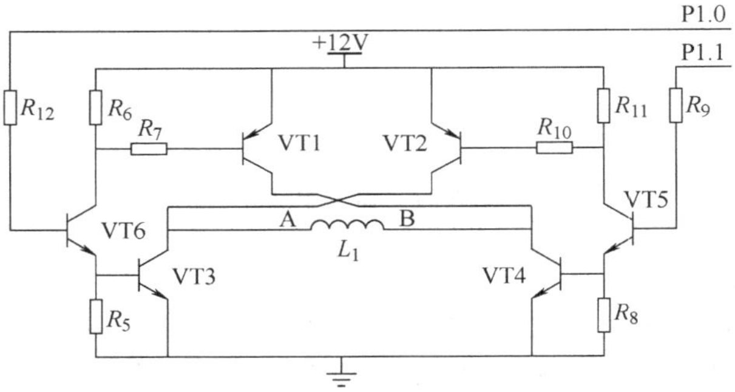

图 6-39　磁保持继电器的驱动电路

6.8.3　软件编程

如果说硬件决定了产品的造价，那么在硬件搭配合理的前提下软件在很大程度上就决定了产品的性能。软件设计占了整个产品设计的大部分时间，仅程序调试通过充其量只完成 10% 的工作量，离产品还相差甚远。例如，产品程序调试一个月就够了，但要使其产品化起码也要一年半的时间，因为程序调试仅在规范操作、理想环境下达到功能正确，而产品在实际运行中的情况是比较复杂的，软件设计者要尽最大能力把各种可能的情况模拟出来，把各种各样的干扰附加上去。此外，短时间、个别样机运行未发现问题并不能说明产品是可靠的，还要经过长时间、一定批量的考验才能说设计基本上是成功的。这也是非常耗时的，但又是设计者必须做的。软件界有句名言，即“我们永远不能证明程序是正确的”。这句话说明了软件设计没有止境，对于高可靠性要求的电能表更是如此。

限于篇幅，本书不可能给出全部程序，仅给出主程序流程图，如图 6-40 所示。

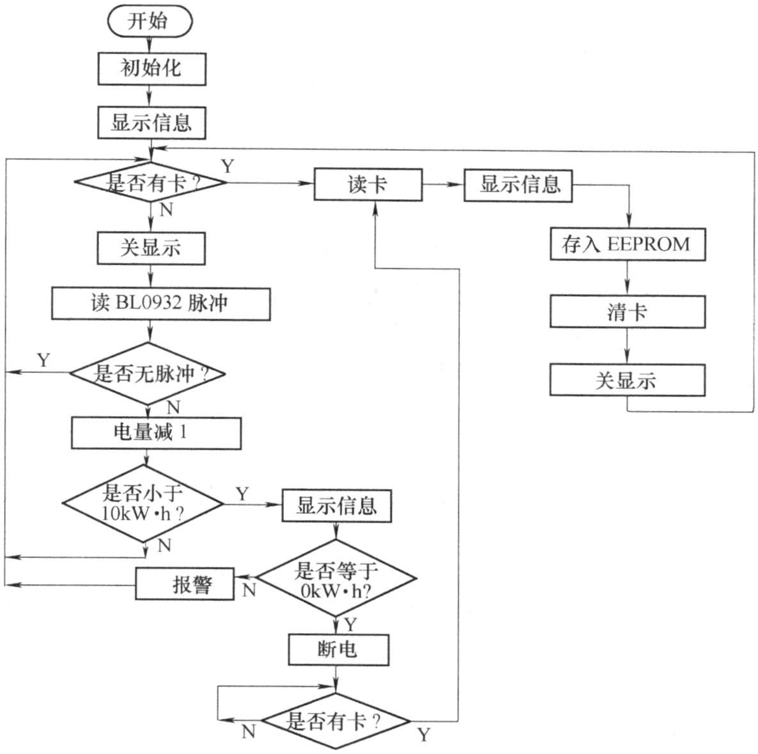

图 6-40　预付费电能表主程序流程图

6.8.4　提高预付费电能表可靠性的措施

提高可靠性是电能表设计的关键问题，应从软件和硬件两方面采取措施。

1. 提高预付费电能表可靠性的硬件措施

提高预付费电能表的硬件可靠性除合理设计前面介绍的硬件电路外，还需从其他硬件方面加以考虑。

（1）稳压电源的考虑

实践证明，系统失效和硬件损坏大多是由各种干扰引起的，而 90% 左右的干扰来自电源，可见电源的性能对系统的影响相当大。目前可供选择的常用电源有以下几种：

1）阻容分压式电源。采用简单的电阻电容分压、滤波。这种电源稳压性能差、电源波动大、带负载能力小，电网干扰极易串入。

2）开关电源。这种电源稳压性能好、纹波小，但成本较高。

3）线性电源。这种电源稳压性能好、隔离特性好，价格适中。

本例电能表设计选用线性稳压电源。电子式预付费电能表有三组电压：+5V 供微控制器，+12V 供磁保持继电器，+5V 供电能采集模块。微控制器电源要求最高，应采用线性稳压电源。交流电源 6V，经硅堆整流、电容滤波、7805 集成稳压块稳压，再加瞬变电压抑制器，能有效地消除来自电网的干扰。+12V 供电由交流 12V 经整流、电容滤波即可。电能采集模块使用的 +5V 电源采用阻容分压即可以满足要求，但考虑已经使用了电源变压器，经绕组隔离后整流、滤波会更好。

在用电负荷很小时，220V 的高压与几微伏的小信号会共集于一块电路板上，如果电源布局不当，则有用信号会被噪声所淹没，不能满足 1 级表的精度要求。为此可以从以下两个方面加以改善：

① 电源和控制分两块电路板。电源板包括变压器、整流、滤波、稳压、磁保持继电器驱动电路等。控制板包括微控制器、电能采集、显示驱动、累计电量计度器、掉电检测、串行 EEPROM 等。变压器漏磁要小，一般其空载电流应不大于 5mA，若仍不能满足要求，可变换变压器位置改变磁场方向，减小漏磁对小信号的影响。

② 印制电路板应有良好的绝缘，绝缘电阻应大于 $10^{11}\Omega$。印制线走线要科学，高压走线尽量短，尽量远离小信号走线。电能检测部分要单面走线：一面走线；另一面铜箔既作电磁屏蔽用又作地线用，以减少干扰信号。

（2）串行 EEPROM 的选择

其用于存储剩余电量，存储的可靠性至关重要。一般思路是考虑 24CXX 系列，写入次数允许 10 万次，在千瓦时数改变时存储，而在脉冲数改变时不存储，仅在掉电时将其存储。该电能表采用了此种方法。这种方法的缺点是：在电源波动干扰时有可能写入错误的数据。

另一种方法是采用长寿命的 24LC01B（允许写入 1000 万次）。随时将改变的信息存入（包括千瓦时数和脉冲数）。一千瓦时按 200 个脉冲算，可以用 5 万 kW · h 电，若一年用电 1000kW · h，可用 50 年。一般表使用寿命为 15 年，所以这种方法是可行的。

当然也可以采用 X25043/45 这样的器件，进一步提高数据的可靠性。

（3）给电子式预付费电能表加计度器

电子式预付费电能表已有数码显示（或液晶显示），按理不需要累计电量计度器，但鉴于电能表一年 365 天运行，加了计度器可防止累计电量万一丢失所造成的不必要的损失。

（4）IC 卡接口电路

IC 卡是用户与电能表交换数据的桥梁，设计不当，会导致读写错误，如在卡内数据已传入表内但未清卡，或数据未读入表内而已清卡等。在硬件方面，卡插入检测、卡短路检测、卡上下电控制检测等都是必不可少的。

（5）掉电检测电路

为防止电源波动时多次产生掉电信号从而引起多次写 EEPROM 的误操作，电路应具有滞环特性（施密特特性）。

2. 提高预付费电能表可靠性的软件措施

从软件方面提高可靠性有大量工作要做，电能表的最终性能在很大程度上取决于软件水平。软件上可采取以下措施提高可靠性：

（1）单片机程序跳飞时能尽快返回

当微控制器遇到各种干扰时，PC 指针可能跳飞。该系统软件采用了硬件狗电路，若跳飞至非程序区，硬件狗得不到触发脉冲，产生复位信号，系统自动进入正常运行。若跳到程序区，很可能陷入某种循环不能出来，这时有两种情况：一是循环中无硬件狗触发信号指令，经过大约 1.6s 的时间，硬件狗产生复位信号，将 PC 复位，工作恢复正常；二是循环中包含了硬件狗触发信号指令，则产生死机，此情况可以在循环程序中避免加入硬件狗触发信号指令加以解决。

对于 IC 卡预付费电能表，PC 跳飞后，最严重的错误是非法改变剩余电量寄存器中的内容。

（2）保证 EEPROM 数据写入的可靠性。

应保证正常掉电时，微控制器检测到掉电信号后，在几十毫秒内将剩余电量（包括千瓦时数和脉冲数）写入 EEPROM，而在 PC 跳飞时，不允许改变剩余电量寄存器中的数据。常用的提高可靠性的方法有以下几种：

1）正常写入 EEPROM 之前，要进行一系列操作，可将其分成几部分，每一部分设置一写入口令。只有程序正常一步一步运行，口令才会逐一被赋予正确的值，到最后写入时再判断所有的口令是否正确。若正确，写入；否则退出。写入完成，口令清除。

2）数据双备份。当由于干扰使微控制器寄存器数据改变时，鉴于两组数据错向同一值的概率较小，故在写入之前，将两组数据比较，若不相等则不写入。

3）因为初始化程序要向用户显示有关信息，所需时间较长，另外也因为电源波动时复位的可能性大，所以程序由此跳飞的概率最大。因此，一上电应立即将双份数据人为设为不同，然后再执行初始化程序，之后读 EEPROM。这样，若程序在初始化阶段跳飞，也不会写入错误数据。

4）有掉电时，无需把剩余千瓦时数写入 EEPROM，仅写入剩余脉冲数。即使写错，误差也不大。

5）写入之前，对数据的合法性进行判别。剩余电量必须是二十进制（BCD）码，剩余脉冲个数不大于 400。有了这样的限制，可进一步提高可靠性。

（3）保证 IC 卡与电能表准确地交换数据

卡插入检测要有去抖动，要有卡短路检测。可进行多于一次的卡复位操作，卡流水号、密码都要与本机规定号相同。卡中电量读出，与表中电量相加，清除卡中电量，再读卡中相应单元，若确已清“0”，则写入 24C01；否则不能写入。写完后卡下电。

结合硬件，软件上采取了以上措施后，基本可以保证系统可靠稳定工作。

本章小结

本章主要介绍了 MCS-51 的扩展技术，包括程序存储器扩展、数据存储器扩展、I/O 扩展以及 A-D、D-A 转换器的扩展。扩展时主要要解决芯片的寻址问题，可采用线选法和译码法。MCS-51 扩展时总线的构成是利用双功能 I/O 口实现的。对低 8 位地址总线需外接地址锁存器，对不具有锁存功能的外设也要通过锁存器与 MCS-51 连接。为节省并行 I/O 口线，可采用 I^2C 或 SPI 总线与外设相连。本章最后介绍了 MCS-51 应用系统的设计实例。

习　题

6-1　MCS-51 可以外接 64KB 的片外程序存储器和 64KB 的片外数据存储器。为什么这两种片外存储器共处同一地址空间而不会发生总线冲突？

6-2　MCS-51 进行外部扩展时，为什么 P0 口要接一个 8 位锁存器，而 P2 口却不接？

6-3　为什么当 P2 口作为扩展存储器的高 8 位地址后，不再适宜做通用 I/O 口？

6-4　什么是线选法？什么是地址译码选通法？试比较二者的优缺点。

6-5　将 8031 外扩展一片 27256 组成最小系统，地址线、数据线至少需要多少根？画出该系统硬件连接图，并写出 27256 的地址范围。

6-6　在一 MCS-51 应用系统中，拟扩展 16KB 的程序存储器和 32KB 的数据存储器，请设计出该系统的硬件连接图。

6-7　MCS-51 中扩展 I/O 口时是否占用片外存储器的地址空间？若占用，它占用什么存储器的地址空间？

6-8　MCS-51 引线中有多少 I/O 引线？它们和对外的地址总线和数据总线有什么关系？

6-9　并行接口的扩展有好几种方法，请问在什么情况下采用 8255 扩展较为合适？8255 与 8051 连接时，是否需要加地址锁存器？为什么？

6-10　8255 内的主要部件有哪些？它的主要特色是什么？

6-11　用 8255 的 A 口做输入口，B 口做输出口。假设 8255 工作在方式 1，控制口地址为 7FH，写出相应的初始化程序。

6-12　试画出 4×4、6 位共阳极显示器和 8279 的接口逻辑电路，并编制一个子程序，将键盘上输入键的键号送显示器显示。

6-13　试设计 8051 单片机系统，系统至少有 60 条外部 I/O 口线和 8K EPROM，画出硬件连接图并写出其地址。

6-14　用 MCS-51 对外界信号进行测量或过程控制中，为什么要进行 A-D、D-A 转换？

6-15　A-D 转换器和 D-A 转换器的主要技术指标有哪些？

6-16　AD574A 单极性输入 +20V 量程，转换结果为 0000 0000 0001 时所对应的理想模拟量输入值为多少？转换结果为 1111 1111 1111 时所对应的理想模拟量输入值又为多少？

6-17　无三态输出的 A-D 转换器怎样与 MCS-51 连接？请说明设计要点。

6-18　在一 MCS-51 数据采集系统中，采用 ADC0809 做 A-D 转换器，ADC0809 的地址为 0FFF8H ~ 0FFFH，试画出有关逻辑图，并编写出每 100ms 循环采集 8 个通道数据的程序。共采样 100 次，采样值存入片外 RAM 从 2000H 开始的单元中。

6-19　在图 6-33 的基础上扩展双极性输出电路，并编写两个程序，分别使 DAC0832 输出负向锯齿波和 15 个正向梯形波。

第7章　ARM嵌入式处理器及芯片

教学目的

通过本章的学习，了解ARM处理器的种类，理解并掌握ARM处理器的工作模式、寄存器结构、异常处理的概念。理解STM32微控制器的基本结构，熟悉STM32F10x固件库的使用方法，了解在MDK开发环境下开发STM32程序的方法。

7.1　ARM处理器

7.1.1　ARM处理器简介

在高性能的32位嵌入式SOC设计中，几乎都是以ARM作为处理器核。ARM核已是现在嵌入式SOC系统芯片的核心，也是现代嵌入式系统发展的方向。

ARM（Advanced RISC Machines），既可以认为是一个公司的名字，也可以认为是对微处理器的通称，还可以认为是一种技术的名字。ARM处理器是一个32位元精简指令集（RISC）处理器架构，其广泛地使用在许多嵌入式系统中。

ARM（Advanced RISC Machines）公司1991年成立于英国剑桥，是专门从事基于RISC技术芯片设计开发的公司，主要出售芯片设计技术的授权。ARM公司作为知识产权供应商，本身不直接从事芯片生产，靠转让设计许可由合作公司生产各具特色的芯片。半导体生产商从ARM公司购买其设计的ARM处理器核，根据各自不同的应用领域，加入适当的外围电路，从而形成自己的ARM处理器芯片进入市场。目前，全世界有几十家大的半导体公司都使用ARM公司的授权，使得ARM技术获得了更多的第三方工具、制造、软件的支持，又使整个系统成本降低，使产品更容易进入市场，更具有竞争力。

ARM内核的处理器之所以能够在32位微处理器市场上占有较大的市场份额，主要是由于采用ARM内核的处理器具有功耗小、成本低、功能强，非常适合作为嵌入式微处理器使用。当前，ARM嵌入式芯片的出货量每年都较上一年增长20亿片以上，各IT巨头，包括TI公司、NEC公司、SHARP公司、以及STM公司等都获得了ARM公司的授权。各授权合作公司根据自身对嵌入式芯片的设计能力、产品领域特点等因素对嵌入式芯片进行功能、资源性的裁剪，以满足嵌入式市场的需求，并基于ARM嵌入式系统的低成本和高性能的解决方案，设计出多种多样的处理器芯片、微控制器，以及嵌入式片上系统。目前，ARM处理器几乎已经深入到工业控制、无线通信、网络应用、消费类电子产品、成像和安全产品各个领域。

7.1.2　ARM系列处理器

由于ARM公司成功的商业模式，使得ARM在嵌入式市场上取得了巨大的成功，基于

ARM 技术的处理器系统已占据了 32 位 RISC 微处理器 75% 以上的市场份额。ARM 处理器体系结构的发展经历了 V1 到 V6 的变迁，在 V6 后，ARM 的体系结构采用了新的分类。ARM 公司于 2004 年开始推出基于 ARMv7 架构的 Cortex 系列内核，该内核又可细分为三大系列：A、M、R。目前嵌入式行业主流的 ARM 处理器包括 Cortex、ARM7、ARM9、Xscale 等几个系列。

1. ARM7 系列

ARM7 系列处理器内核采用冯·诺依曼体系结构，内部具有 3 级流水线，使用的指令集版本号是 ARMv4。ARM7TDMI 是 ARM 公司最早为业界普遍认可且得到了最为广泛应用的处理器核，特别是在手机和 PDA 中。但随着 ARM 技术的发展，目前它已是最低端的 ARM 核。ARM7 系列后缀中字母含义如下：

T：“Thumb” 16 位压缩指令集；

D：支持片上 Debug（调试），使处理器能够停止以响应调试请求；

M：增强型 Multiplier，与前代相比具有较高的性能且产生 64 位的结果；

I：“EmbeddedICE” 硬件以支持片上断点和观察点。

ARM7 系列处理器包括 ARM7TDMI、ARM7TDMI - S、ARM720T 以及 ARM7EJ - S。其中，ARM7TDMI 内核应用较为广泛，它属于低端处理器内核。ARM7TDMI 内核支持 64 位结果的乘法，半字、有符号字节存取；32 位寻址空间-4GB 线性地址空间；它包含了 EmbeddedICE 模块以支持嵌入式系统调试。调试硬件由 JTAG 测试访问端口访问，JTAG 控制逻辑被认为是处理器核的一部分；广泛的 ARM 和第三方支持，并与 ARM9 Thumb 系列、ARM10 Thumb 系列处理器相兼容。典型产品如 Samsung 公司的 S3C44b0 系列。ARM7 系列处理器主要用于对成本和功耗要求比较苛刻的消费类电子产品。

2. ARM9 系列

ARM9 系列处理器的内核采用哈佛体系结构，将数据总线与指令总线分开，从而提高了对指令和数据访问的并行性，提高了效率。ARM9TDMI 将流水线的级数从 ARM7TDMI 的 3 级增加到 5 级，并使用分开的指令与数据存储器的哈佛体系结构。ARM9TDMI 的性能在相同工艺条件下近似达到 ARM7TDMI 的 2 倍。

ARM9 系列处理器包含 ARM920T、ARM922T 和 ARM940T 几种类型，可以在高性能和低功耗特性方面提供最佳的性能。采用 5 级整数流水线，指令执行效率更高。提供 1.1MIPS/MHz 的哈佛结构。支持数据 Cache 和指令 Cache，具有更高的指令和数据处理能力。支持 32 位 ARM 指令集和 16 位 Thumb 指令集。支持 32 位的高速 AMBA 总线接口。全性能的 MMU，支持 Windows CE、Linux、Palm OS 等多种主流嵌入式操作系统。MPU 支持实时操作系统。

ARM920T 处理器核在 ARM9TDMI 处理器内核基础上，增加了分离式的指令 Cache 和数据 Cache，并带有相应的存储器管理单元 I-MMU 和 D-MMU、写缓冲器及 AMBA 接口等。

ARM9 系列处理器主要应用于无线通信设备、仪器仪表、安全系统、机顶盒、高端打印机、数字照相机和数字摄像机等。典型产品如 Samsung 公司的 S3C2410A。

3. Xscale 系列

Xscale 系列处理器是目前 Intel 公司主要推广的一类 ARM 嵌入式处理器。Intel Xscale 微体系结构提供了一种全新的、高性价比、低功耗且基于 ARMv5TE 体系结构的解决方案，支持 16 位 Thumb 指令和 DSP 扩充。基于 XScale 技术开发的微处理器，可用于手机、便携式终端（PDA）、网络存储设备、骨干网（BackBone）路由器等。

Intel Xscale 处理器的数据 Cache 的容量从 8KB 增加到 32KB，指令 Cache 的容量从 16KB 增加到 32KB，微小数据 Cache 的容量从 512B 增加到 2KB；为了提高指令的执行速度，超级流水线结构由 5 级增至 7 级；新增乘/加法器 MAC 和特定的 DSP 型协处理器，以提高对多媒体技术的支持；动态电源管理，使 Xscale 处理器的时钟可达 1GHz、功耗为 1.6W，并能达到 1200MIPS。

Xscale 处理器架构经过专门设计，核心采用了英特尔先进的 0.18μm 工艺技术制造；具备低功耗特性，适用范围从 0.1mW ~ 1.6W。同时，它的时钟工作频率将接近 1GHz。超低功率与高性能的组合使 Intel Xscale 适用于广泛的互联网接入设备，在 Internet 的各个环节中，从手持互联网设备到互联网基础设施产品，Intel Xscale 都表现出了令人满意的处理性能。Intel 采用 Xscale 架构的嵌入式处理器典型产品有 PXA25x、PXA26x 和 PXA27x 系列。

4. Cortex 系列

随着对嵌入式系统的要求越来越高，作为其核心的嵌入式处理器的综合性能也受到日益严峻的考验，最典型的例子就是伴随 3G 网络的推广，对手机的本地处理能力要求很高，现在一个高端的智能手机的处理能力几乎可以和几年前的笔记本计算机相当。为了迎合市场的需求，ARM 公司也在加紧研发最新的 ARM 架构，Cortex 系列就是这样的产品。在 Cortex 之前，ARM 核都是以 ARM 为前缀命名的，从 ARM1 一直到 ARM11，之后就是 Cortex 系列了。Cortex 在英语中有大脑皮层的意思，而大脑皮层正是人脑最核心的部分，估计 ARM 公司如此命名正有此含义吧。

Cortex 系列处理器的内核采用哈佛体系结构，使用的指令集版本号是 ARMv7，是目前使用的 ARM 嵌入式处理器中指令集版本最高的一个系列。该架构采用了 Thumb-2 技术，该技术比纯 32 位代码少使用 31% 的内存，减小了系统开销，同时能够提供比已有的基于 Thumb 技术的解决方案高出 38% 的性能。ARMv7 架构还采用了 NEON 技术，将 DSP 和媒体处理能力提高了近 4 倍，并支持改良的浮点运算，满足下一代 3D 图形、游戏物理应用以及传统嵌入式控制应用的需求。此外，ARMv7 还支持改良的运行环境，以迎合不断增加的 JIT（Just In Time）和 DAC（Dynamic Adaptive Compilation）技术的使用。另外，ARMv7 架构对于早期的 ARM 处理器软件也提供很好的兼容性。

ARMv7 架构定义了三大分工明确的系列：Cortex-A 系列是针对日益增长的运行包括 Linux、Windows，CE 和 Symbian 操作系统在内的消费娱乐产品和无线产品设计的；ARM Cortex-R 系列针对的是需要运行实时操作系统来进行控制应用的系统，包括汽车电子、网络和影像系统；ARM Cortex-M 系列则面向微控制器领域，为那些对开发费用非常敏感同时对性能要求不断增加的嵌入式应用所设计的。由于应用领域不同，基于 ARMv7 架构的 Cortex 处理器系列所采用的技术也不相同。可见随着在各种不同领域应用需求的增加，微处理器市场也在趋于多样化。

7.1.3 ARM 处理器的特点

采用 RISC 架构的 ARM 处理器一般具有如下特点：

1）支持 Thumb（16 位）/ARM（32 位）双指令集，能很好地兼容 8 位/16 位器件。Thumb 指令集比通常的 8 位和 16 位 CISC/RISC 处理器具有更好的代码密度。

2）指令执行采用 3 级流水线/5 级流水线技术。

3）带有指令 Cache 和数据 Cache，大量使用寄存器，指令执行速度更快；大多数数据操作都在寄存器中完成；寻址方式灵活简单，执行效率高；指令长度固定（在 ARM 状态下是 32 位，在 Thumb 状态下是 16 位）。

4）支持大端格式和小端格式两种方法存储字数据。

5）支持 Byte（字节，8 位）、Halfword（半字，16 位）和 Word（字，32 位）三种数据类型。

6）支持用户、快中断、中断、管理、中止、系统和未定义等七种处理器模式，除了用户模式外，其余的均为特权模式。

7）处理器芯片上都嵌入了在线仿真 ICE-RT 逻辑，便于通过 JTAG 来仿真调试 ARM 体系结构芯片，可以避免使用昂贵的在线仿真器。另外，在处理器核中还可以嵌入跟踪宏单元 ETM，用于监控内部总线，实时跟踪指令和数据的执行。

8）具有片上总线 AMBA（Advanced Micro-controller Bus Architecture）。通过 AMBA 可以方便地扩充各种处理器及 I/O，可以把 DSP、其他处理器和 I/O（如 UART、定时器和接口等）都集成在一块芯片中。

7.2 ARM 处理器的体系结构

ARM 架构是构建每个 ARM 处理器的基础。ARM 架构随着时间的推移不断发展，其中包含的架构功能可满足不断增长的新功能、高性能需求以及新兴市场的需要。有关最新公布的版本信息请参阅 ARM 公司官网。

7.2.1 嵌入式微处理器的体系结构

1. 精简指令集计算机

早期的计算机采用复杂指令集计算机（Complex Instruction Set Computer，CISC）体系，如 Intel 公司的 S86 系列 CPU。在 CISC 指令集的各种指令中，大约有 20% 的指令会被反复使用，占整个程序代码的 80%。而余下的 80% 的指令却不经常使用，在程序设计中只占 20%。在 CISC 中有许多复杂的指令，通过增强指令系统的功能，虽然简化了软件，但却增加了硬件的复杂程度。在 VLSI 制造工艺中，要求 CPU 控制逻辑具有规整性，而 CISI 为了实现大量复杂的指令，控制逻辑极不规整，给 VLSI 工艺造成很大困难。

精简指令集计算机（Reduced Instruction Set Computer，RISC）体系结构优先选取使用频率最高的简单指令，避免复杂指令；将指令长度固定，指令格式和寻地方式种类减少；以控制逻辑为主，不用或少用微码控制等，RISC 已经成为当前计算机发展不可逆转的趋势。

RISC 是在 CISC 的基础上产生并发展起来的，RISC 通过简化指令系统使计算机的结构更加简单合理，运算效率更高。RISC 体系结构应具有如下特点：

1）采用固定长度的指令格式，指令归整、简单、基本寻址方式有 2、3 种。

2）使用单周期指令，便于流水线操作执行。

3）大量使用寄存器，数据处理指令只对寄存器进行操作，只有加载/存储指令可以访问存储器，以提高指令的执行效率。

除此以外，ARM 体系结构还采用了一些特别的技术，在保证高性能的前提下尽量缩小芯片的面积，并降低功耗。

4）所有的指令都可根据前面的执行结果决定是否被执行，从而提高指令的执行效率。

5）可用加载/存储指令批量传输数据，以提高数据的传输效率。

6）可在一条数据处理指令中同时完成逻辑处理和移位处理。

7）在循环处理中使用地址的自动增减来提高运行效率。

ARM 经典处理器包括 ARM11、ARM9 和 ARM7 处理器系统。这些处理器在全球范围内仍被广泛授权，为当今众多应用领域提供经济有效的解决方案。Classic ARM 处理器的推出时间已超过 15 年，ARM7TDMI®仍是市场上应用较广的 32 位处理器。随着新的 ARM 处理器架构的不断出现，相应的基于各种 ARM 内核的微控制器芯片也在不断推出，各种配套的开发平台和软件也层出不穷，此类范围广泛的处理器在目前市场上销售的所有电子产品中仍处于核心地位。

2. 哈佛（Harvard）结构

在 ARM7 以前处理器采用的是冯·诺依曼结构，从 ARM9 以后的处理器多采用哈佛结构。哈佛结构的主要特点是将程序和数据存储在不同的存储空间中，即程序存储器和数据存储器是两个相互独立的存储器，每个存储器独立编址、独立访问。系统中具有程序的数据总线与地址总线，以及数据的数据总线与地址总线。这种分离的程序总线和数据总线可允许在一个机器周期内同时获取指令字（来自程序存储器）和操作数（来自数据存储器），从而提高了执行速度及数据的吞吐率。又由于程序和数据存储器在两个分开的物理空间中，因此取指和执行能完全重叠，具有较高的执行效率。

3. 流水线技术

流水线技术应用于计算机系统结构的各个方面，其基本思想是将一个重复的时序分解成若干个子过程，而每个子过程都可以有效地在其专用功能段上与其他子过程同时执行。

指令流水线就是将一条指令分解成一连串执行的子过程。例如，把指令的执行过程细分为取指令、指令译码和执行三个过程。在 CPU 中，把一条指令的串行执行子过程变为若干条指令的子过程在 CPU 中重叠执行。ARM7 的 3 级流水线和 ARM9 的 5 级流水线示意如图 7-1 和图 7-2 所示。

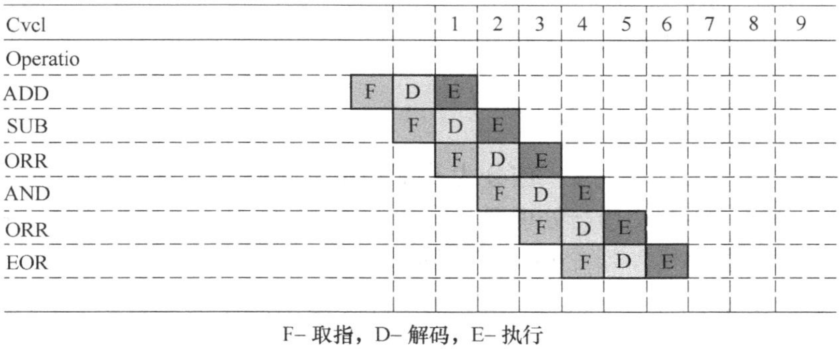

图 7-1　ARM7 的 3 级流水线示意

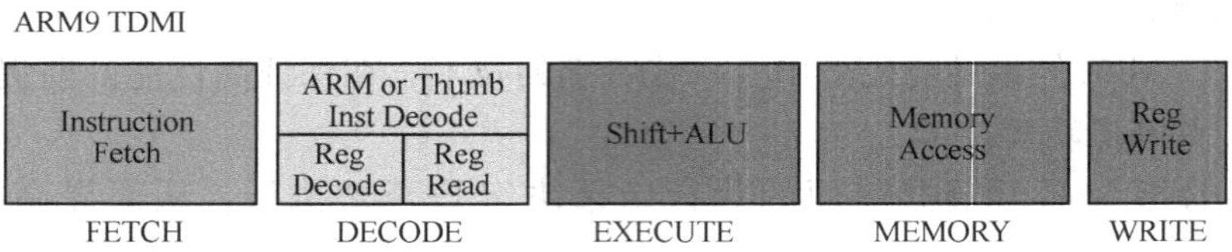

图 7-2　ARM9 的 5 级流水线示意

7.2.2　ARM 处理器的工作模式及状态

ARM 体系结构支持七种处理器模式：用户模式、快速中断模式、中断模式、管理模式、数据访问中止模式、系统模式和未定义模式，具体见表 7-1。

表 7-1　处理器模式及用途

处理器模式	用　　途
用户模式（usr）	ARM 处理器正常程序执行模式
快速中断模式（fiq）	用于高速数据传输或通道处理
中断模式（irq）	用于一般通用的中断处理
管理模式（svc）	操作系统使用的保护模式
数据访问中止模式（abt）	当数据或指令预取终止时进入该模式
系统模式（sys）	运行具有特权的操作系统任务
未定义模式（und）	当未定义的指令执行时进入该模式

ARM 处理器的运行模式可以通过软件改变，也可以通过外部中断或异常处理改变。大多数的应用程序运行在用户模式下，当处理器运行在用户模式下时，某些被保护的系统资源是不能被访问的。

除用户模式以外，其余的所有六种模式称之为非用户模式，或特权模式（Privileged Modes）；其中除去用户模式和系统模式以外的五种又称为异常模式（Exception Modes），常用于处理中断或异常，以及需要访问受保护的系统资源等情况。

ARM 处理器有 32 位 ARM 和 16 位 Thumb 两种工作状态。在 32 位 ARM 状态下执行字对齐的 ARM 指令，在 16 位 Thumb 状态下执行半字对齐的 Thumb 指令。在 Thumb 状态下，程序计数器 PC 使用位［1］选择另一个半字。ARM 处理器在两种工作状态之间可以切换，切换不影响处理器的模式或寄存器的内容。

7.2.3　ARM 处理器的寄存器结构

ARM 处理器共有 37 个寄存器，被分为若干个组（BANK），不同的处理器模式使用不同的寄存器组，即寄存器的使用与处理器状态和工作模式有关。每种处理器模式使用不同的寄存器组。这些寄存器包括：31 个通用寄存器［包括程序计数器（PC 指针）］，均为 32 位的寄存器；6 个状态寄存器，用以标志 CPU 的工作状态及程序的运行状态，均为 32 位，目前只使用了其中的一部分。

ARM 处理器在每一种处理器模式下均有一组相应的寄存器与之对应。即在任意一种处理器模式下，可访问的寄存器包括 15 个通用寄存器（R0 ~ R14）、1 个或 2 个状态寄存器和程序计数器。在所有的寄存器中，有些是在七种处理器模式下共用的同一个物理寄存器，而有些寄存器则是在不同的处理器模式下有不同的物理寄存器。不同运行模式下的寄存器分配如图 7-3 所示。

模式						
	特权模式					
		异常模式				
用户	系统	管理	中止	未定义	中断	快中断
R0	R0	R0	R0	R0	R0	R0
R1	R1	R1	R1	R1	R1	R1
R2	R2	R2	R2	R2	R2	R2
R3	R3	R3	R3	R3	R3	R3
R4	R4	R4	R4	R4	R4	R4
R5	R5	R5	R5	R5	R5	R5
R6	R6	R6	R6	R6	R6	R6
R7	R7	R7	R7	R7	R7	R7
R8	R8	R8	R8	R8	R8	R8_fiq
R9	R9	R9	R9	R9	R9	R9_fiq
R10	R10	R10	R10	R10	R10	R10_fiq
R11	R11	R11	R11	R11	R11	R11_fiq
R12	R12	R12	R12	R12	R12	R12_fiq
R13	R13	R13_svc	R13_abt	R13_und	R13_irq	R13_fiq
R14	R14	R14_svc	R14_abt	R14_und	R14_irq	R14_fiq
PC	PC	PC	PC	PC	PC	PC
CPSR	CPSR	CPSR	CPSR	CPSR	CPSR	CPSR
		SPSR_svc	SPSR_abt	SPSR_und	SPSR_irq	SPSR_fiq

图 7-3　ARM 不同运行模式下的寄存器分配

通用寄存器（R0 ~ R15）可分成不分组寄存器 R0 ~ R7、分组寄存器 R8 ~ R14 和程序计数器 R15（PC）三类：

1）不分组寄存器 R0 ~ R7。不分组寄存器 R0 ~ R7 是真正的通用寄存器，可以工作在所有的处理器模式下，没有隐含的特殊用途。

2）分组寄存器 R8 ~ R14。分组寄存器 R8 ~ R14 取决于当前的处理器模式，每种模式有专用的分组寄存器用于快速异常处理。

寄存器 R8 ~ R12 是除快速中断模式外，其他模式共用的寄存器，也就是说快速中断模式有自己专用的 5 个寄存器。这样，在进入快速中断模式时就不用把这 5 个寄存器压入堆栈中保存，从而提高了中断响应的速度。寄存器 R8 ~ R12 没有任何指定的特殊用途。

3）寄存器 R13 ~ R14 可分为 6 个分组的物理寄存器。1 个用于用户模式和系统模式，而其他 5 个分别用于 svc、abt、und、irq 和 fiq 这 5 种异常模式。访问时需要指定它们的模式，如 R13_<mode>，R14_<mode>等。其中，<mode>可以从 usr、svc、abt、und、irq 和 fiq 这 6 种模式中选取 1 种。

寄存器 R13 通常用作堆栈指针，称作 SP。每种异常模式都有自己的分组 R13，通常 R13 应当被初始化成指向异常模式分配的堆栈。在入口处，异常处理程序将用到的其他寄存器的值保存到堆栈中；返回时，重新将这些值加载到寄存器。这种异常处理方法保证了异常出现后不会导致执行程序的状态不可靠。

寄存器 R14 用作子程序链接寄存器，也称为链接寄存器 LK（Link Register）。当执行带链接分支（BL）指令时，得到 R15 的备份。在其他情况下，将 R14 当做通用寄存器。类似地，当中断或异常出现时，或当中断或异常程序执行 BL 指令时，相应的分组寄存器 R14_svc、R14_irq、R14_fiq、R14_abt 和 R14_und 用来保存 R15 的返回值。

4）寄存器 R15 用作程序计数器（PC）。在 ARM 状态，位［1：0］为 0，位［31：2］保存 PC。在 Thumb 状态，位［0］为 0，位［31：1］保存 PC。R15 虽然也可用作通用寄存器，但一般不这么使用，因为对 R15 的使用有一些特殊的限制，当违反了这些限制时，程序的执行结果是未知的。

5）寄存器 R16 用作当前程序状态寄存器（Current Program Status Register，CPSR）。在所有处理器模式下都可以访问 CPSR。CPSR 包含条件码标志、中断禁止位、当前处理器模式以及其他状态和控制信息。每种异常模式都有一个程序状态保存寄存器（Saved Program Status Register，SPSR）。当异常出现时 SPSR 用于保留 CPSR 的状态。

CPSR 和 SPSR 的格式如下：

b31	b30	b29	b28	b27… b8	b7	b6	b5	b4	b3	b2	b1	b0
N	Z	C	V	…	I	F	T	M4	M3	M2	M1	M0
条件码标志位				保留位	控制位							

6）条件码标志位。N、Z、C、V（Negative、Zero、Carry、OVerflow）均为条件码标志位（Condition Code Flags），它们的内容可被算术或逻辑运算的结果所改变，并且可以决定某条指令是否被执行。CPSR 中的条件码标志可由大多数指令检测以决定指令是否执行。在 ARM 状态下，绝大多数的指令都是有条件执行的，而在 Thumb 状态下，仅有分支指令是有条件执行的。通常条件码标志通过执行比较指令（CMN、CMP、TEQ、TST）、一些算术运算、逻辑运算和传送指令进行修改。条件码标志的通常含义如下：

N：如果结果是带符号二进制补码，那么，若结果为负数，则 N = 1；若结果为正数或 0，则 N = 0。

Z：若指令的结果为 0，则置“1”（通常表示比较的结果为“相等”），否则置“0”。

C：对于加法运算（包括比较指令 CMN），若加法产生进位（即无符号溢出），则 C 置“1”；否则置“0”。对于减法（包括比较指令 CMP），若减法产生借位（即无符号溢出），则 C 置“0”；否则置“1”。对于结合移位操作的非加法/减法指令，C 置为移出值的最后 1 位。对于其他非加法/减法指令，C 通常不改变。

V：可用如下两种方法设置：对于加法或减法指令，当发生带符号溢出时，V 置“1”，认为操作数和结果是补码形式的带符号整数；对于非加法/减法指令，V 通常不改变。

7）控制位。程序状态寄存器（Program Status Register，PSR）的最低 8 位 I、F、T 和 M[4:0] 用作控制位。当异常出现时改变控制位，处理器在特权模式下时也可由软件改变控制位。

① 中断禁止位

I：置 1，则禁止 IRQ 中断；

F：置 1，则禁止 FIQ 中断。

② T 位

T = 0 指示 ARM 执行；

T = 1 指示 Thumb 执行。

③ 模式控制位

M4、M3、M2、Ml 和 M0（M［4：0］）是模式位，决定处理器的工作模式，见表 7-2。

表 7-2　运行模式选择

模式选择位（M4 ~ M0）	处理器工作模式	模式选择位（M4 ~ M0）	处理器工作模式
10000	用户模式	10111	中止模式
10001	快速中断模式	11011	未定义模式
10010	普通中断模式	11111	系统模式
10011	管理模式		

并非所有的模式位组合都能定义一种有效的处理器模式，表中只列出了已开发的模式，其他组合的结果不可预知。

8）保留位。程序状态寄存器的其他位保留，用作以后的扩展。

7.2.4　ARM 处理器的异常处理

在一个正常的程序流程执行过程中，由内部或外部源产生的一个事件使正常的程序产生暂时的停止时，称之为异常。异常是由内部或外部源产生并引起处理器处理一个事件，例如一个外部的中断请求。在处理异常之前，当前处理器的状态必须保留，在异常处理完成之后，恢复保留的当前处理器状态，继续执行当前程序。当多个异常同时发生时，处理器将会按固定的优先级进行处理。

ARM 体系结构中的异常，与单片机的中断有相似之处，但异常与中断的概念并不完全等同，例如外部中断或试图执行未定义指令都会引起异常。

ARM 体系结构支持七种类型的异常。异常类型、异常处理模式和优先级见表 7-3。异常出现后，强制从异常类型对应的固定存储器地址开始执行程序。这些固定的地址称为异常矢量（Exception Vectors）。

表 7-3　ARM 异常类型、异常处理模式和优先级

异 常 类 型	异 常 矢 量	优　先　级	进 入 模 式
复位异常	0x00000000	1	管理模式
数据中止异常	0x00000010	2	中止模式
快速中断异常	0x0000001C	3	快速中断模式
外部中断异常	0x00000018	4	普通中断模式
指令预取中止异常	0x0000000C	5	中止模式
软件中断异常	0x00000008	6	管理模式
未定义指令异常	0x00000004	6	未定义模式

1）复位（Reset）异常。当复位电平有效时，产生复位异常，处理器立刻停止执行当前指令。复位后，处理器在禁止中断的管理模式下，程序跳转到复位异常处理程序处执行（从地址 0x00000000 或 0xFFFF0000 开始执行指令）。

2）数据中止（数据访问存储器中止）（Data Abort）异常。若处理器数据访问指令的地址不存在，或该地址不允许当前指令访问，则产生数据中止异常。存储器系统发出存储器中止信号，响应数据访问（加载或存储）激活中止，标记数据为无效，在后面的任何指令或异常改变 CPU 状态之前，数据中止异常发生。

3）快速中断请求（FIQ）异常。当处理器的快速中断请求引脚有效，且 CPSR 中的 F 位为 0 时，产生 FIQ 异常。FIQ 支持数据传送和通道处理，并有足够的私有寄存器。

4）外部中断请求（IRQ）异常。当处理器的外部中断请求引脚有效，且 CPSR 中的 I 位为 0 时，产生 IRQ 异常。系统的外设可通过该异常请求中断服务。IRQ 异常的优先级比 FIQ 异常的低，当进入 FIQ 处理时，会屏蔽掉 IRQ 异常。

5）指令预取中止（Prefetch Abort）异常。若处理器预取指令的地址不存在，或该地址不允许当前指令访问，存储器会向处理器发出存储器中止（Abort）信号。只有当预取的指令被执行时，才会产生指令预取中止异常。

6）软件中断（SoftWare Interrupt，SWI）异常。软件中断异常由执行 SWI 指令产生，可使用该异常机制实现系统功能调用，用于用户模式下的程序调用特权操作指令，以请求特定的管理（操作系统）函数。

7）未定义指令（Undefined Instruction）异常。当处理器或协处理器遇到不能处理的指令时，产生未定义指令异常。当处理器执行协处理器指令时，它必须等待任一外部协处理器应答后，才能真正执行这条指令。若协处理器没有响应，就会出现未定义指令异常。若试图执行未定义的指令，也会出现未定义指令异常。未定义指令异常可用于没有物理协处理器（硬件）的系统上，对协处理器进行软件仿真，或在软件仿真时进行指令扩展。

当一个异常出现以后，ARM 处理器会执行以下几步操作以实现对异常的响应：

① 将下一条指令的地址存入相应连接寄存器 LR，以便程序在处理异常返回时能从正确的位置重新开始执行。若异常是从 ARM 状态进入，LR 寄存器中保存的是下一条指令的地址（当前 PC +4 或 PC +8，与异常的类型有关）；若异常是从 Thumb 状态进入，则在 LR 寄存器中保存当前 PC 的偏移量。

② 将 CPSR 状态传送到相应的 SPSR 中。

③ 根据异常类型，强制设置 CPSR 的运行模式位。

④ 强制 PC 从相关的异常矢量地址取下一条指令执行，跳转到相应的异常处理程序。还可以设置中断禁止位，以禁止中断发生。如果异常发生时处理器处于 Thumb 状态，则当异常矢量地址加载入 PC 时，处理器自动切换到 ARM 状态。异常处理完毕之后，ARM 处理器会执行以下几步操作从异常返回：

① 将连接寄存器 LR 的值减去相应的偏移量后送到 PC 中；

② 将 SPSR 内容送回 CPSR 中；

③ 若在进入异常处理时设置了中断禁止位，要在此清除。

可以认为应用程序总是从复位异常处理程序开始执行的，因此复位异常处理程序不需要返回。

7.2.5　ARM 处理器支持的数据类型和存储模式

1. ARM 处理器支持的数据类型

对于 32 位的 ARM 处理器而言，其对数据的访问较 8 位的单片机更为灵活，因为数据在存储器中不仅可以按照字节为单位进行存储，还可以按照半字和字为单位进行存储。

1）字。在 ARM 体系中，数据是以字为单位保存在存储器中的，每个字的长度是 32 位，占 4B 的存储单元，而在 8/16 位处理器中，字长一般是 16 位。

2）半字。在 ARM 体系中，半字的长度是 16 位，占 2B 的存储单元。

3）字节。在 ARM 体系中，每个字节的长度是 8 位，占一个存储单元，这与 8/16 位处理器中字节的长度是一样的。

2. ARM 处理器支持的存储模式

大多数计算机使用 8 位（bit）的数据块做为最小的可寻址的存储器单位，称为一个字节。存储器的每一个字节都用一个唯一的地址（Address）来标志。所有可能地址的集合称为存储器空间。

对于一个多字节类型的数据，在存储器中有两种数据存放方法：一种是低字节数据存放在内存低地址处，高字节数据存放在内存高地址处，称为小端字节顺序存储法；另一种是高字节数据存放在低地址处，低字节数据存放在高地址处，称为大端字节顺序存储法。两种存储方式示例如图 7-4 和图 7-5 所示。

地址	0x6000	0x6001	0x6002	0x6003
数据(十六进制)	0x89	0x67	0x45	0x23
数据(二进制)	10001001	01100111	01000101	00100011

图 7-4　小端存储方式示例

地址	0x6000	0x6001	0x6002	0x6003
数据(十六进制)	0x23	0x45	0x67	0x89
数据(二进制)	00100011	01000101	01100111	10001001

图 7-5　大端存储方式示例

ARM 处理器既可以采用小端存储方式，也可以采用大端存储方式，可以通过上电启动时确定字节存储顺序来选择存储方式。

7.3　STM32F103 微控制器

STM32 系列微控制器是 ST（意法半导体）公司以 ARM 公司的 Cortex-M0、Cortex-M3、Coretex-M4 和 Coretex-M7 四种 RISC 内核开发的系列产品。芯片型号与内核对应关系见表 7-4。

表 7-4　STM32 微控制器型号与内核对应关系

内　　核	型　　号	特　　点
Cortex-M0	STM32F0	低成本、入门级微控制器
Cortex-M0 +	STM32L0	低功耗
Cortex-M3	STM32F1	通用型微控制器
	STM32F2	大存储器、硬件加密
	STM32L1	低功耗
	STM32T	触摸键应用模块
	STM32W	遵循 IEEE 802.15.4 协议的无线通信模块
Coretex-M4	STM32F3	模拟通道、更灵活的数据通信矩阵
	STM32F4	168MHz 时钟下，0 等待访问 FLASH 存储器、动态功率调整技术
Coretex-M7	STM32F7	L1 一级缓存、200MHz 时钟频率

STM32 系列的微控制器在指令集方面是向后兼容的，而相同封装的芯片，大部分引脚的功能也相同（少数电源与新增功能引脚有区别），用户可以在不修改印制电路板的条件下，根据需要更换不同资源（FLASH、RAM），甚至不同内核的芯片来完善自己的设计工作。

STM32F103 是采用 Cortex-M3 内核的通用型微控制器，工作频率可达 72MHz，有丰富的增强 I/O 端口和外设，应用范围广泛、性价比很高。本节以 STM32F103 为例介绍 STM32 系列微控制器的硬件结构。

7.3.1　STM32F103 的内部结构

1. STM32F103 的系统架构

STM32F103 的系统结构如图 7-6 所示。

ICode 总线：将 Cortex™-M3 内核的指令总线与 FLASH 指令接口相连接。指令预取在此总线上完成。

DCode 总线：将 Cortex™-M3 内核的 DCode 总线与 FLASH 的数据接口相连接（常量加载和调试访问）。

System 总线：连接 Cortex™-M3 内核的系统总线（外设总线）到总线矩阵，总线矩阵协调内核和 DMA 间的访问。

DMA 总线：将 DMA 的 AHB 主控接口与总线矩阵相连，总线矩阵协调 CPU 的 DCode 和 DMA 到 SRAM、FLASH 和外设的访问。

AHB/APB 桥（APB）：两个 AHB/APB 桥在 AHB 和两个 APB 总线间提供同步连接。APB1 操作速度限于 36MHz，APB2 操作于全速（最高 72MHz）。

总线矩阵：总线矩阵协调内核系统总线和 DMA 主控总线之间的访问仲裁，仲裁利用轮换算法。

对于 STM32F103，总线矩阵包含四个驱动部件（CPU 的 DCode、系统总线、DMA1 总线和 DMA2 总线）和四个被动部件（FLASH 接口（FLITF）、SRAM、FSMC 和 AHB2APB 桥）。AHB 外设通过总线矩阵与系统总线相连，允许 DMA 访问。

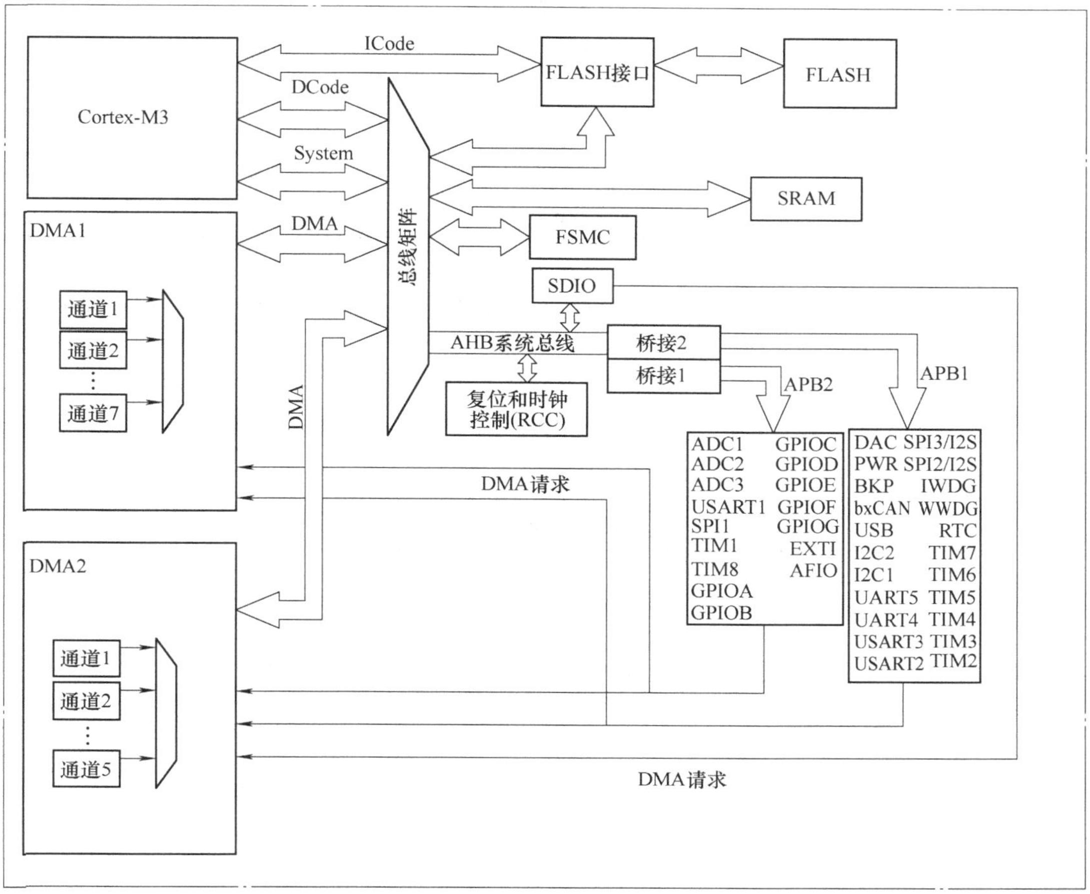

图 7-6　STM32F103 的系统结构

2. 存储器的地址空间

STM32F103 采用冯·诺依曼结构，程序存储器、数据存储器、寄存器和输入输出端口被组织在同一个 4GB 的线性地址空间内，如图 7-7 所示。

数据字节以小端格式存放在存储器中。一个字里的最低地址字节被认为是该字的最低有效字节，而最高地址字节是最高有效字节。

STM32F10x 内置 64KB 的静态 SRAM。它可以以字节、半字（16 位）或全字（32 位）访问。SRAM 的起始地址是 0x2000 0000。

在 STM32F10x 里，可以通过 BOOT［1：0］引脚选择三种不同启动模式。当系统复位时，在 SYSCLK 的第 4 个上升沿，BOOT 引脚的值将被锁存。用户可以通过设置 BOOT1 和 BOOT0 引脚的状态来选择在复位后的启动模式，见表 7-5。

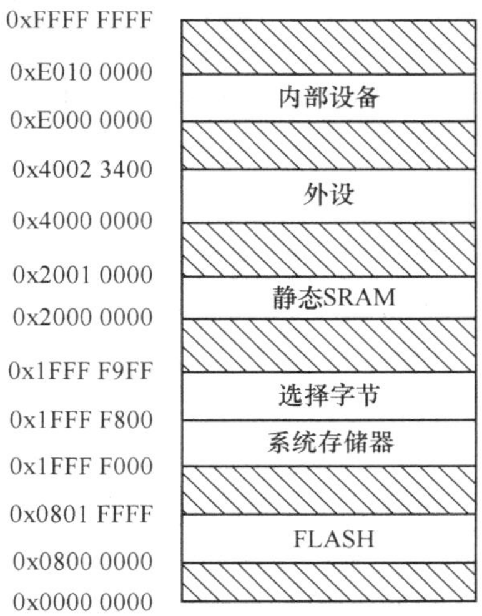

图 7-7　STM32F103 微控制器地址分配

表 7-5 启动模式

启动模式选择引脚		启动模式	说明
BOOT1	BOOT0		
X	0	主 FLASH	主 FLASH 被选为启动区域
0	1	系统存储器	系统存储器被选为启动区域
1	1	内置 SRAM	内置 SRAM 被选为启动区域

注：×表示任意状态。

内嵌的自举程序存放在系统存储器，由 ST 在生产线上写入，用于通过可用的串行接口对 FLASH 进行重新编程。

3. 复位

STM32F103 支持三种复位形式，分别为系统复位、电源复位和备份区域复位。产生来源见表 7-6。

表 7-6 STM32F103 复位事件来源

复位类型	复位事件	备注
系统复位	1）NRST 引脚上的低电平（外部复位） 2）窗口看门狗计数终止（WWDG 复位） 3）独立看门狗计数终止（IWDG 复位） 4）软件复位（SW 复位） 5）低功耗管理复位	将复位除时钟控制寄存器 CSR 中的复位标志和备份区域中的寄存器以外的所有寄存器为它们的复位数值
电源复位	1）上电/掉电复位（POR/PDR 复位） 2）从待机模式中返回	将复位除了备份区域外的所有寄存器
备份区域复位	1）软件复位 2）V_{DD} 和 V_{BAT} 两引脚掉电的前提下，V_{DD} 或 V_{BAT} 引脚上电将引发备份区域复位	只影响备份区域

4. 时钟

STM32F103 的时钟源共有四种：

1）HSI，高速内部时钟，由内部 8MHz 的 *RC* 振荡器产生。系统复位后，HSI 振荡器被选为系统时钟，直到系统时钟被切换，HSI 振荡器才可以被停止。

2）HSE，高速外部时钟信号振荡器时钟，由外接晶体振荡器（3～25MHz）或输入时钟信号（最高 50MHz）产生。

3）LSE，低速外部时钟。LSE 晶体是一个 32.768kHz 的低速外部晶体或陶瓷谐振器，它为实时时钟或者其他定时功能提供一个低功耗且精确的时钟源。

4）LSI，低速内部时钟，内部 *RC* 振荡器，担当一个低功耗时钟源的角色。它可以在停机和待机模式下保持运行，为独立看门狗和自动唤醒单元提供时钟。LSI 时钟频率大约为 40kHz（在 30kHz 和 60kHz 之间）。

STM32F103 内核所使用的系统时钟 SYSCLK 可以使用 HSI、HSE 或者以这两者之一作为输入的 PLL 产生的时钟（最高为 72MHz）。

STM32F103 外设的时钟由系统时钟 SYSCLK 分频得到，其中 AHB、APB2 总线时钟频率最高为 72MHz，APB1 总线时钟频率最高为 36MHz。STM32F103 闪存编程的接口时钟只能使用HSI。

5. 其他

1）循环冗余校验（CRC）计算单元：是根据固定的生成多项式得到任一32位全字的CRC计算结果。在其他的应用中，CRC技术主要应用于核实数据传输或者数据存储的正确性和完整性。

2）备份寄存器：是42个16位的寄存器，可用来存储84B的用户应用程序数据。它们处在备份域里，当V_{DD}电源被切断时，它们仍然由V_{BAT}维持供电。

3）RTC实时时钟：是一个独立的定时器。RTC模块拥有一组连续计数的计数器，在相应软件配置下，可提供时钟日历的功能。修改计数器的值可以重新设置系统当前的时间和日期。

4）两个看门狗：独立看门狗和窗口看门狗。独立看门狗（IWDG）由专用的低速时钟（LSI）驱动，即使主时钟发生故障它也仍然有效。窗口看门狗由从APB1时钟分频后得到的时钟驱动，通过可配置的时间窗口来检测应用程序非正常的过迟或过早的操作。IWDG最适合应用于那些需要看门狗作为一个在主程序之外能够完全独立工作的，并且对时间精度要求较低的场合。WWDG最适合那些要求看门狗在精确计时窗口起作用的应用程序。

5）器件电子签名：STM32F103在系统存储区域存放96位的电子签名，可以通过JTAG/SWD或者CPU读取，是芯片的唯一身份标志，适合用来作为序列号、密码或者用来激活带安全机制的自举过程。

7.3.2 STM32F103的外设端口

1. 通用和复用功能I/O

1）STM32F103有PA、PB、PC、PD、PE共5个16位GPIO端口。每位可分别配置成多种模式：

输入浮空；

输入上拉；

输入下拉；

模拟输入；

开漏输出；

推挽式输出；

推挽式复用功能；

开漏复用功能。

2）STM32F103的其余外设（定时器、A-D转换、D-A转换、串行通信……）与GPIO复用端口。每个I/O端口可以按位自由编程，然而I/O端口寄存器必须按32位字被访问（不允许半字或字节访问）。GPIOx_BSRR和GPIOx_BRR寄存器允许对任何GPIO寄存器的读/更改的独立访问；这样，在读和更改访问之间产生IRQ时不会发生危险。

使用默认复用功能前必须对端口位配置寄存器编程，配置成输入模式（浮空、上拉或下拉）或者复用功能输出模式（推挽或开漏）。为了使不同器件封装的外设I/O功能的数量达到最优，可以把一些复用功能重新映射到其他一些引脚上。这些操作可以通过软件配置相应的寄存器来完成。

2. 定时器

STM32F103 有一个 Cortex-M3 内核具有的 24 位系统定时器 SYSTICK 和三种 16 位的定时器。其各自特性总结在表 7-7 中。

表 7-7　STM32F103 的定时器特性

类　别	名　称	特　性
系统定时器	SYSTICK	24 位自动装载递减计数器
高级控制定时器	TIM1、TIM8	16 位向上、向下、向上/下自动装载计数器 多达四个独立通道：输入捕获、输出比较、PWM 生成（边缘或中间对齐模式）、单脉冲模式输出 死区时间可编程的互补输出 使用外部信号控制定时器和定时器互连的同步电路 允许在指定数目的计数器周期之后更新定时器寄存器的重复计数器 刹车输入信号可以将定时器输出信号置于复位状态或者一个已知状态 如下事件发生时产生中断/DMA：更新（计数器向上溢出/向下溢出，计数器初始化），触发事件（计数器启动、停止、初始化或者由内部/外部触发计数），输入捕获，输出比较，刹车信号输入 支持针对定位的增量（正交）编码器和霍尔传感器电路 触发输入作为外部时钟或者按周期的电流管理
通用定时器	TIM2、TIM3、TIM4、TIM5	16 位向上、向下、向上/向下自动装载计数器 四个独立通道：输入捕获、输出比较、PWM 生成（边缘或中间对齐模式）、单脉冲模式输出 使用外部信号控制定时器和定时器互连的同步电路 如下事件发生时产生中断/DMA：更新（计数器向上溢出/向下溢出，计数器初始化），触发事件（计数器启动、停止、初始化或者由内部/外部触发计数），输入捕获，输出比较 支持针对定位的增量（正交）编码器和霍尔传感器电路 触发输入作为外部时钟或者按周期的电流管理
基本定时器	TIM6、TIM7	16 位自动重装载累加计数器 触发 D-A 转换器的同步电路 在更新事件（计数器溢出）时产生中断/DMA 请求

3. A-D 转换器和 D-A 转换器

STM32F103 有三个 12 位分辨率的 A-D 转换器，每个 A-D 转换器最多有 16 个外部通道和两个内部通道，最短转换时间 1μs。各通道的 A-D 转换可以单次、连续、扫描或间断模式执行。A-D 转换器的结果可以左对齐或右对齐方式存储在 16 位数据寄存器中。模拟看门狗特性允许应用程序检测输入电压是否超出用户定义的高/低阈值。

启动 A-D 转换器的触发信号可以是软件启动也可以是定时器或外部触发启动，转换结束、注入转换结束和发生模拟看门狗事件时可以产生中断，可以通过 DMA 请求将转换的数据传输到用户指定 RAM 中。

STM32F103 有两个 12 位电压输出 D-A 转换器，可以独立或同步地更新两个通道的输出。D-A 转换器可以配置为 8 位或 12 位输出，12 位模式下可设置数据左对齐或者右对齐，具有噪声波形生成和三角波形生成功能，每个通道都有 DMA 功能。D-A 转换器启动可通过软件触发、定时器触发或者外部引脚触发转换。

4. 通信接口

STM32F103 有 I^2C、USART、SPI、CAN、USB、SDIO 共六种通信接口。

1）I^2C：STM32F103 的 I^2C 接口既可以作为主设备也可以作为从设备，支持标准（高达 100kHz）和快速（高达 400kHz）两种通信速度，兼容 SMBus 2.0（系统管理总线——System Management Bus）和 PMBus（电源管理总线——Power Management Bus），支持单字节缓冲器的 DMA，能产生地址/数据通信成功和错误两个中断。

2）USART：通用同步异步收发器。STM32F103 最多可有五个 USART，可以实现基本的全双工异步通信、同步单向通信、LIN（局域互联网）、智能卡协议和 IrDA（红外数据组织）SIR ENDEC 规范。

STM32F103 的 USART 具有分数波特率发生器系统，最高可达 4.5Mbit/s，支持多处理器通信，可使用多缓冲器配置的 DMA 方式，支持多达 10 个中断源。

3）SPI：串行外设接口（SPI）允许芯片与外设以半/全双工、同步、串行方式通信。STM32F103 的 SPI 接口可配置为主模式或从模式，8 位或 16 位传输帧格式，最高波特率为 18Mbit/s，可编程的时钟极性和相位，可编程的数据顺序（MSB 在前或 LSB 在前），支持 DMA 功能的 1B 发送和接收缓冲器，支持发送、接收、故障、过载和 CRC 错误中断。在大容量芯片上，SPI 接口可以配置为支持 I^2S 音频协议。

4）CAN：STM32F103 的 CAN 模块称为 bxCAN（Basic Extended CAN），支持 CAN 协议 2.0A 和 2.0B 主动模式和从模式，波特率最高为 1Mbit/s，具有三个发送邮箱、两个 3 级深度接收 FIFO，14 个过滤器组，支持时间触发通信功能，可占用发送、FIFO1、FIFO2、状态改变错误等四个中断。

5）USB：STM32F103 实现了 USB2.0 全速接口，可配置一到八个 USB 端点，支持同步传输，支持批量/同步端点的双缓冲区机制，支持 USB 挂起/恢复操作。USB 专用的 48MHz 时钟由 PLL 产生（必须使用 HSE 做时钟源）。

USB 和 CAN 共用一个专用的 512B 的 SRAM 用于数据的发送和接收，因此 USB 和 CAN 可以同时用于一个应用中但不能在同一个时间使用。

6）SDIO：STM32F103 实现了 SD/SDIO/MMC 操作接口，兼容多媒体卡系统规格 4.2 版本、SD 存储卡规格 2.0 版本、SD I/O 卡规格 2.0 版本和 CE-ATA 数字协议 1.1 版本，在 8 位总线模式下数据传输速率可达 48MHz。

5. 其他

1）FSMC：全称 flexible Static Memory Controller，即灵活的静态存储器控制器，可以实现对 SRAM、ROM、NOR 闪存和 PSRAM 的接口，带有四个片选输出，8 或 16 位数据总线，具有 16 个字、每个字 32 位宽的写入 FIFO，输出频率最高为 36MHz。

2）DBG：调试支持，STM32F103 使用 Cortex™-M3 内核，该内核含硬件调试模块，支持串行接口和 JTAG 调试接口。硬件调试模块允许内核在取指（指令断点）或访问数据（数据断点）时停止。内核停止时，内核的内部状态和系统的外部状态都是可以查询的。完成查询后，内核和外设可以被复原，程序将继续执行。

7.3.3　STM32F103 的中断控制器与 DMA 控制器

1. 嵌套矢量中断控制器

嵌套矢量中断控制器（Nested Vectored Interrupt Controller，NVIC）和处理器核的接口紧密相连，可以实现低延迟的中断处理和高效地处理晚到的中断。其特性如下：

68 个可屏蔽中断通道（不包含 16 个 Cortex™-M3 的中断线）；

16 个可编程的优先等级（使用了 4 位中断优先级）；

低延迟的异常和中断处理；

电源管理控制；

系统控制寄存器的实现。

其中，STM32F103 的外部中断/事件控制器（EXTI）有 19 个能产生事件/中断请求的边沿检测器，每个外部中断都有独立的触发和屏蔽，检测脉冲宽度低于 APB2 的时钟宽度，最多可连接 112 个 GPIO 引脚实现外部中断。

2. DMA 控制器

STM32F103 有两个 DMA 控制器，可配置 12 个独立通道（DMA1 有七个通道，DMA2 有五个通道）。每个通道都支持硬件 DMA 请求和软件触发，四级 DMA 请求优先权，独立数据源和目标数据区的传输宽度可配置为字节、半字或全字三种方式，支持循环缓冲器管理。每个通道都支持三个事件标志（DMA 半传输、DMA 传输完成和 DMA 传输出错）及中断请求，可实现存储器和存储器、外设和存储器、存储器和外设之间的传输，最大数据传输数目为 65535。

7.4 STM32F10x 固件库简介与应用举例

在 ST 公司的官方网站，能够下载到大量有关 STM32 系列微控制器的软件，包括开发工具、固件库和示例程序等。ST 公司开发了一个免费的集成开发工具 STVP（ST Visual Programmer），同时还有许多其他公司的开发工具也支持 STM32 系列微控制器的软件开发，如 Keil 公司的 MDK-ARM、IAR 公司的 IAR-EWARM、ARM 公司的 DS-5、CooCox 公司的 CoIDE、Embest 的 EmbestIDE 等。

针对不同芯片和不同应用场合，ST 公司和一些第三方公司开发了许多软件中间件（底层驱动、硬件抽象层以及 RTOS、USB 栈、图形栈等），帮助用户快速高效地开发应用程序。结合 ST 公司的硬件评估板，还有许多包括网络应用、无线通信、实时操作系统、触摸屏应用等示例程序提供给用户参考。

对于 STM32F103 系列微控制器的通用外设，可以使用 STM32F10x 固件库（STM32F10x Standard Peripherals Firmware Library）辅助用户开发程序。

7.4.1 STM32F10x 固件库概述

STM32F10x 固件库最早的版本是 2007 年 5 月发布的 V0.3 版，目前已经过多次改进。本章采用 2011 年 4 月发布的 V3.5.0 版说明其使用方法。STM32F10x 固件库支持 STM32F1 系列低中高密度（FLASH 容量从 16KB 到 1MB）的所有芯片（包括互联型芯片 STM32F105、STM32F107，但互联型芯片所特有的以太网和 USB 部分的驱动在另外的固件库中提供）。

1. STM32F10x 固件库的文件夹结构

STM32F10x 固件库的压缩包解压后产生一个名为“STM32F10x_StdPeriph_Lib_V3.5.0”的文件夹，其下包含两个文件（帮助文件 stm32f10x_stdperiph_lib_um.chm，发行说明 Release_Notes.html）和四个子文件夹（_htmresc、Libraries、Project 和 Utilities）。四个子文件夹

的内容说明如下：

1）_htmresc，存放了两张 logo 图片（一个是 ST 公司的 logo，另一个是 CMSIS 的 logo）。

2）Libraries，函数库文件夹，包括芯片接口、外设驱动程序和头文件。

3）Project，包括外设在不同情况下的应用示例程序和不同集成开发软件下的工程项目模板。

4）Utilities，提供了 ST 公司的几款硬件评估板用到的特定的接口函数库。

一般情况下，编写用户程序，需要首先复制 Libraries 文件夹，然后改写 Project 下的文件，实现用户的需求目标。下面先介绍 Libraries 文件夹的结构，然后在 7.4.2 小节中介绍编写用户程序的步骤。

Libraries 文件夹有两个子文件夹（CMSIS 和 STM32F10x_StdPeriph_Driver），分别予以说明。

2. CMSIS 架构

CMSIS 是 Cortex Microcontroller Software Interface Standard 的缩写，是 ARM 公司于 2008 年 11 月 12 日发布的 ARM Cortex 微控制器软件接口标准。CMSIS 是独立于供应商的 ARM Cortex 处理器的硬件抽象层，基于 CMSIS 标准的软件架构如图 7-8 所示。

CMSIS 层分为三部分：

1）核内外设访问层 CPAL（Core Peripheral Access Layer），由 ARM 负责实现，定义了对内核寄存器地址，并定义了对寄存器、NVIC、调试子系统的访问接口。

2）中间件访问层 MWAL（Middleware Access Layer），由 ARM 负责实现，定义了一些中间件访问的 API 函数，如 TCP/IP 协议栈、SD/MMC、USB 协议以及实时操作系统的访问与调试接口。

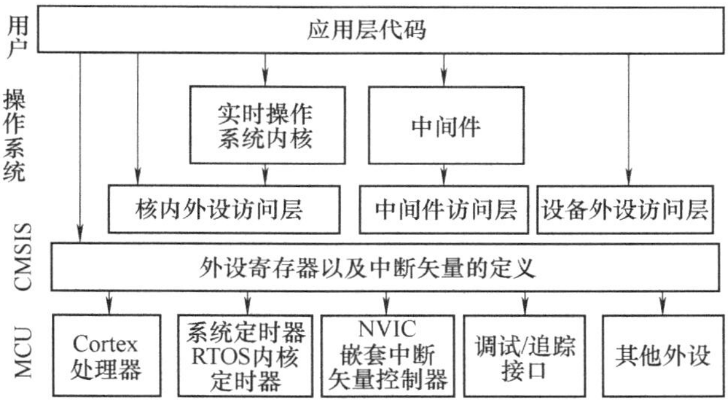

图 7-8　基于 CMSIS 标准的软件架构

3）设备外设访问层 DPAL（Device Peripheral Access Layer），由芯片生产厂商负责实现，定义了外设硬件寄存器地址和访问接口。

CMSIS 子文件夹下包含了核内外设访问层 CPAL 的头文件 core_cm3. h、设备外设访问层 DPAL 头文件 stm32f10x. h、系统外设访问层头文件 system_stm32f10x. h（系统时钟管理），以及针对四种不同编译环境（MDK-ARM、GCC-RIDE7、IAR-EWARM 和 TrueSTUDIO）的 startup 汇编启动代码。

CMSIS 层统一了不同厂商对 Cortex-M 系列处理器核内外设寄存器的定义，同时向上层的操作系统及中间件接口层和用户层提供了接口，简化了应用程序的开发难度，加快了开发速度。

3. 标准外设库的结构

子文件夹 STM32F10x_StdPeriph_Driver 有 inc 和 src 两个文件夹，分别包含了所有外设的头文件和函数库源代码文件。固件库函数遵从以下命名规则：

1）ppp 表示任一外设缩写，如 ADC，源程序和头文件的命名都以“stm32f10x_”作为开头，如 stm32f10x_adc. h、stm32f10x_adc. c。

2）常量由英文大写书写。常量仅用于一个文件的，定义于该文件中；用于多个文件的，定义在头文件中。

3）外设函数以该外设的缩写加下画线开头，每个单词的首字母大写，函数名中只存在一个下画线，如 SPI_SendData、TIM_Init。

外设的缩写见表 7-8 所示。

表 7-8　STM32F1 微控制器外设的缩写

缩　写	外　设
ADC	模/数转换器
BKP	备份寄存器
CAN	CAN 总线
CEC	Consumer Electronic Control，消费电子控制通道
CRC	CRC 校验
DAC	数/模转换器
DBGMCU	微控制器调试通道
DMA	DMA 控制器
EXTI	外部中断/事件控制器
FLASH	闪存存储器
FSMC	静态存储器控制器
GPIO	通用 I/O
I^2C	I^2C 通信模块
IWDG	独立看门狗
PWR	功耗控制
RCC	复位和时钟设置
RTC	实时时钟
SDIO	SD/SDIO/MMC 操作接口
SPI	SPI 串行通信接口
TIM	定时器
USART	USART 串口
WWDG	窗口看门狗
MISC	杂项，包括 NVIC、SYSTick 等

7.4.2　MDK 开发环境与应用举例

STM32F10x 固件库所有的驱动源代码都符合“Strict ANSI-C”标准（项目与范例文件符合扩充 ANSI-C 标准），同时兼容 MISRA-C 2004 标准。由于整个固态函数库按照“Strict ANSI-C”标准编写，因此 STM32F10x 固件库不受不同开发环境的影响，仅对话启动文件取决于开发环境。

MDK-ARM 是源于 Keil 的集成开发环境。Keil 公司于 2005 年被 ARM 公司收购，其两家公司分别更名为 ARM Germany GmbH 和 ARM Inc，随后推出了用于调试 ARM7、ARM9、

Cortex-M 内核的 MDK-ARM 开发工具，与 ARM 之前的开发工具包 ADS 相比性能上有了极大的提高。Keil 是国内开发 MCS-51 系列单片机时被广泛应用的开发工具，MDK-ARM 与 Keil 同样基于 μVision 界面，操作方便，功能完善。下面以使用 MDK-ARM 举例说明 STM32F10x 固件库的编程方法。

1. 实现 SPI 通信接口

SPI 是常用的串行通信接口，本例中实现通过 SPI 接口读写串行接口的 FLASH 存储器 M25P64。

（1）建立目录

新建工程目录："SPI_TEST"，下面建立三个子目录："Libraries"、"User"、"Project"。

1）目录"Libraries"复制 STM32F10x 固件库的 Libraries（注意去除文件的只读属性）。

2）目录"User"存放用户源程序与头文件，先复制固件库中"Project \ STM32F10x_StdPeriph_Examples \ SPI \ SPI_FLASH"目录下的所有示例文件，后面根据实际需求修改。

3）目录"Project"存放与开发工具相关的工程文件与临时文件等。工程目录的结构与命名没有绝对的标准，符合 C 语言规则，方便编辑、修改及交流的方式都可以自由建立。

（2）建立工程

以 MDK5. 10 开发环境为例，运行"Keil uVision5"。新建工程"SPI_TEST. uvproj"，选择 CPU 为"STM32F103ZE"（根据实际电路选择）。

（3）加入文件

在 uVision 的"Project"栏中建立四个"Group"："StartUP"、"CMSIS"、"Lib"、"User"。加入相应文件后如图 7-9 所示。

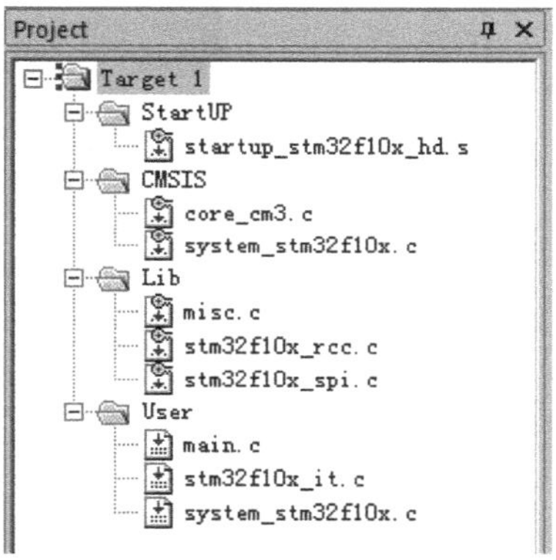

图 7-9　SPI_TEST 例子的文件组成

（4）工程设置

设置工程属性"Options for Target 'Target 1'"。选择生成目标文件"Create HEX File"，如图 7-10 所示。

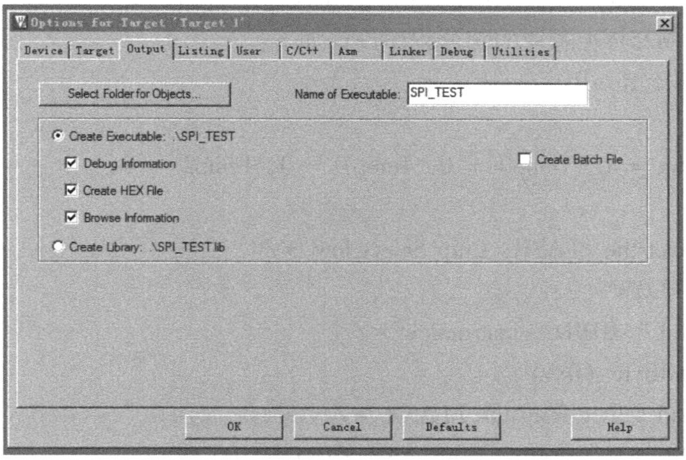

图 7-10　选择生成 HEX 文件

(5) 修改编译选项

修改编译选项，加入“STM32F10X_HD”、“USE_STDPERIPH_DRIVER”宏定义，如图7-11 所示。

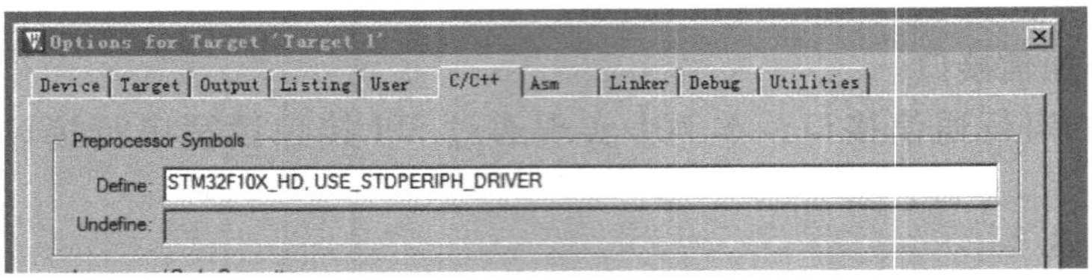

图7-11 修改编译宏定义

(6) 设置头文件引用路径

设置头文件引用路径，如图7-12 所示。

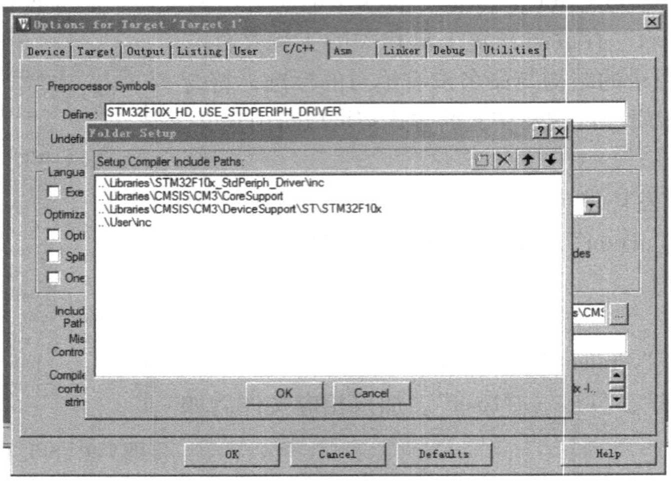

图7-12 头文件引用路径设置

(7) 修改用户文件

修改用户文件，根据实际电路修改相应的输入输出引脚定义，编译整个工程文件。

通过SPI读取M25P64芯片的部分程序设计如下：

```
uint32_t sFLASH_ReadID (void)
{
  uint32_t Temp = 0, Temp0 = 0, Temp1 = 0, Temp2 = 0;

  /*! < Select the FLASH: Chip Select low */
  sFLASH_CS_LOW ();
  /*! < Send " RDID " instruction */
  sFLASH_SendByte (0x9F);
  /*! < Read a byte from the FLASH */
  Temp0 = sFLASH_SendByte (sFLASH_DUMMY_BYTE);
  /*! < Read a byte from the FLASH */
```

```
  Temp1 = sFLASH_SendByte (sFLASH_DUMMY_BYTE);
  /*! < Read a byte from the FLASH */
  Temp2 = sFLASH_SendByte (sFLASH_DUMMY_BYTE);
  /*! < Deselect the FLASH: Chip Select high */
  sFLASH_CS_HIGH ();
  Temp = (Temp0 << 16) | (Temp1 << 8) | Temp2;
  return Temp;
}
```

通过 SPI 写入 M25P64 芯片的部分程序设计如下：

```
uint8_t sFLASH_SendByte (uint8_t byte)
 {
  /* ! < Loop while DR register in not emplty */
  while (SPI_I2S_GetFlagStatus (sFLASH_SPI, SPI_I2S_FLAG_TXE) = = RESET);
  /* ! < Send byte through the SPI1 peripheral */
  SPI_I2S_SendData (sFLASH_SPI, byte);
  /* ! < Wait to receive a byte */
  while (SPI_I2S_GetFlagStatus (sFLASH_SPI, SPI_I2S_FLAG_RXNE) = = RESET);
  /* ! < Return the byte read from the SPI bus */
  return SPI_I2S_ReceiveData (sFLASH_SPI);
 }
```

（8）下载调试程序

MDK-ARM 开发环境支持多种仿真器（如 J-LINK、ST-LINK 等），在工程属性中选择相应的仿真器，如图 7-13 所示，即可下载程序，测试结果。

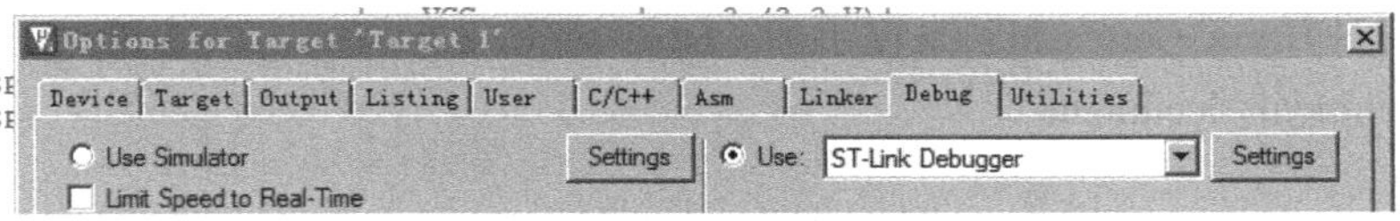

图 7-13　仿真器选择

2. ADC 的 DMA 使用

上面例子中，是采用查询方式读写 SPI 接口数据的，下面举例说明通过 DMA 方式实现 ADC 采集。建立项目的过程与上例相同，不同部分如下：

（1）配置 GPIO 与 ADC 的时钟如下：

```
ADC_InitTypeDef   ADC_InitStructure;
GPIO_InitTypeDef GPIO_InitStructure;
RCC_APB2PeriphClockCmd (RCC_APB2Periph_ADC1, ENABLE);
RCC_APB2PeriphClockCmd (RCC_APB2Periph_GPIOB, ENABLE);

GPIO_InitStructure. GPIO_Pin   = GPIO_Pin_1;
GPIO_InitStructure. GPIO_Mode  = GPIO_Mode_AIN;
```

GPIO_Init (GPIOB, &GPIO_InitStructure); //默认速度为 2MB/s

(2) 配置 ADC 的运行如下:

```
ADC_InitStructure. ADC_Mode    = ADC_Mode_Independent;     //独立模式
ADC_InitStructure. ADC_ScanConvMode  =DISABLE;        //连续多通道模式
ADC_InitStructure. ADC_ContinuousConvMode  =ENABLE;       //连续转换
ADC_InitStructure. ADC_ExternalTrigConv =ADC_ExternalTrigConv_None; //转换不受外界决定
ADC_InitStructure. ADC_DataAlign   =ADC_DataAlign_Right;     //右对齐
ADC_InitStructure. ADC_NbrOfChannel  =1;         //扫描通道数
ADC_Init (ADC1, &ADC_InitStructure);
ADC_RegularChannelConfig (ADC1, ADC_Channel_9, 1, ADC_SampleTime_1Cycles5); //通道 X, 采样时间为 1.5 周期, 1 代表规则通道第 1 个
ADC_Cmd   (ADC1, ENABLE);            //使能或者失能指定的 ADC
ADC_SoftwareStartConvCmd (ADC1, ENABLE); //使能或者失能指定的 ADC 的软件转换启动功能
```

本 章 小 结

本章简要讲述 ARM 处理器的体系结构，主要介绍了 ARM 寄存器组，其中 R0 ~ R12 为通用寄存器，R13 为堆栈指针，R14 为链接寄存器，R15 为程序寄存器。另外，ARM 还包含若干特殊功能寄存器组。本章介绍了 ARM 的七种工作模式以及异常类型和数据存储模式，介绍了 STM32F103 的内部结构和外设端口，并通过实例介绍了利用库函数进行软件开发的方法。

关于 STM32 的详细技术资料可参考以下文献:

[1] STM32 中文参考手册 . http://www.st.com/

[2] STM32F10xxx Cortex-M3 编程手册 . http://www.st.com/st - web - ui/static/active/en/resource/technical/document/

习　　题

7-1 冯·诺依曼结构与哈佛结构各有什么特点?

7-2 RISC 架构与 CISC 架构相比有哪些优点?

7-3 简述流水线技术的基本概念。

7-4 试说明指令流水线的执行过程。

7-5 大端存储法和小端存储法有什么不同? 对存储数据有什么要求与影响?

7-6 根据 ARM 的寄存器组织，ARM 处理器共有多少个寄存器? R13、R14、R15 通常用做什么?

7-7 ARM 都能处理哪些异常? 说出各个异常类型的名称以及入口地址。哪个异常优先级最高?

7-8 STM32F103 的内部结构都由哪些部分组成?

7-9 比较 STM32F103 与 89C51，并说明它们各适合哪类应用。

7-10 STM32F103 的固件库文件结构包括哪几层? 利用固件库编程有什么好处?

7-11 查阅参考文献资料，利用固件库编程实现通用 I/O 口控制 8 个 LED 循环点亮的程序。

第 8 章　实时操作系统 RT-Thread 及其在 STM32 上的移植

教学目的

通过本章的学习，理解实时操作系统的基本概念；掌握在 RT-Thread 操作系统上的编程方法；了解 RT-Thread 系统在不同硬件平台上的移植步骤。

8.1　实时操作系统概述

操作系统是一种系统软件，是控制应用程序执行的程序，并充当应用程序和计算机硬件之间的接口。

嵌入式系统是面向特定应用的计算机系统，其数量远远超过通用的计算机系统，应用范围非常广泛。表 8-1 列出了一些常见的嵌入式系统应用。

表 8-1　嵌入式系统应用举例

应用领域	嵌入式设备
消费电子	手机、固定电话、MP3 播放器、电子书阅读器 数字电视及机顶盒、玩具、照相机
服务领域	水电煤气表自动抄表、餐厅点菜器、自动售货机
通信	路由器、交换机
汽车	引擎控制、点火系统、刹车系统
工业控制	机器人控制系统、化工控制
办公自动化	传真机、复印机、打印机、扫描仪

在嵌入式系统上开发程序，可以选择使用操作系统或者直接编写用户程序两种方式。是否选择操作系统，与项目的需求、硬件系统的规模及成本和开发者的编程习惯等因素有关。例如，本章介绍的 RT-Thread 实时操作系统，其最小定制内核需要 1.7KB RAM 和 6KB FLASH ROM，对于资源较少的单片机（如 AT89C51，其资源为 128B RAM 和 4KB FLASH ROM）就无法使用。因为操作系统会占用一部分的单片机资源，所以当项目所需要的功能比较简单时，使用操作系统的实际意义并不大。

然而，当前对嵌入式设备的需求有网络化、大数据量化、功能复杂化的趋势，而且单片机的性能迅速提高，成本持续下降，这些都给嵌入式操作系统的使用创造了条件。用嵌入式操作系统开发程序，能够更方便地实现如实时数据处理、多重优先级调度、多种类型的输入输出、网络通信，以及更复杂的人机交互界面等多种功能，开发平台更加友好，开发效率可大大提高。

8.1.1 嵌入式实时操作系统的概念

1. 操作系统的功能

操作系统处于应用程序和计算机硬件之间，其在计算机系统中的位置如图 8-1 所示。

通常，操作系统应提供以下服务功能：

1）任务管理。操作系统最核心的工作就是对每个用户任务的创建和执行，以及多个任务的调度工作。

2）内存管理。内存是任务生存的空间，为用户任务分配、管理、释放内存是操作系统的重要工作。

3）I/O 设备管理。一般的计算机系统都配有各种类型的外设，操作系统可以提供相应的驱动程序，方便用户使用外设。

4）文件系统管理。当数据量很大或者程序本身体积很大的时候，就需要以文件的形式存储在外存上（如 FLASH、SD 卡、硬盘等）。

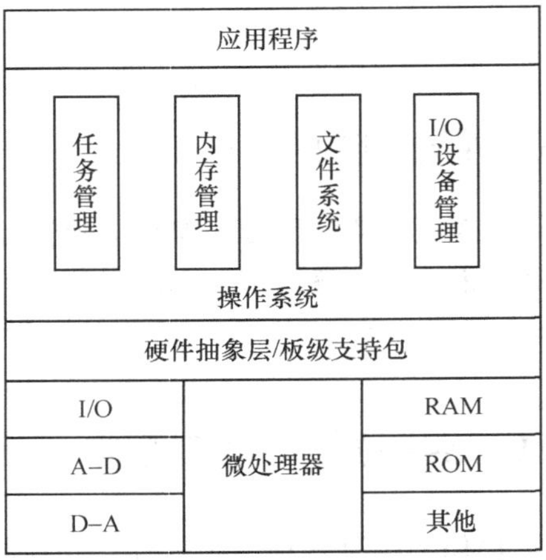

图 8-1 操作系统在计算机系统中的位置

2. 实时操作系统

如果需要快速响应外部事件，就要采用实时操作系统。实时系统是指那些对处理结果的正确性和处理过程的及时性都有严格要求的系统。实时系统分为硬实时和软实时两种。硬实时系统是要求处理过程必须在规定时间内完成，超时是不可容忍的。比如在汽车控制系统中，关键处理过程超时，可能会导致严重后果，甚至危及生命。软实时系统是在一定程度上能够容忍处理过程超时，允许时间之后得到的处理结果还有某种程度的意义。

3. 嵌入式实时操作系统的特点

嵌入式系统是为了完成某特定功能而设计的，是可有附加机械或其他部件的计算机硬件和软件的组合体。在许多情况下，嵌入式系统是一个更大的系统或产品中的一部分，如汽车中的防抱死系统。

嵌入式系统作为用于特定场合的专用系统，其操作系统与通用计算机操作系统不同，有以下特点：

1）实时性。在许多嵌入式系统应用中，对响应时间有具体的要求，操作系统应该保证实时性需求。

2）可靠性。很多情况下，嵌入式系统无人操作，自动运行，只有高可靠性才能满足需求。

3）可裁剪性。嵌入式操作系统可能的应用场合差异很大，所以一个嵌入式操作系统必须能够灵活配置，根据实际需求进行裁剪，去除冗余，达到满足要求的最简配置。

4）设备编程的灵活性。嵌入式系统通常是为一个受限制的、定义明确的功能而设计，没有经过测试的程序很少加到软件中。软件经配置和测试之后，就应该视为是可靠的。所以用户程序可以直接操作 I/O 设备、使用中断程序和自行管理外部设备。

8.1.2 一些嵌入式操作系统的简介

已有的嵌入式操作系统种类非常多，常见的嵌入式操作系统不下几十种。

按照操作系统是否设置了实时响应的机制，可分为实时操作系统和非实时操作系统。实时操作系统要求计算机系统能在规定的时间内正确地完成对外部事件请求的处理。

按照操作系统的发布方式，嵌入式操作系统可分为开源和非开源方式，比如嵌入式 Linux 是著名的开源操作系统，而 Windows CE 就是不开放所有源代码的操作系统。

大多数嵌入式操作系统对于研究和教学目的的应用是免费的，而对于商业产品开发，则有免费和需要购买许可证之分。完全免费的操作系统往往通过收取服务费用或者获得捐赠来取得发展资金。

一些常见的嵌入式操作系统列举如下：

1）μC/OS：是 Jean J. Labrosse 最早于 1992 发布的，目前使用的是 μC/OS-Ⅱ和 μC/OS-Ⅲ系统。μC/OS 由 Micrium 公司提供，是一个可移植、可固化、可裁剪、占先式的多任务实时内核。μC/OS-Ⅱ已经通过美国联邦航空局（FAA）商用航行器认证，符合航空无线电技术委员会（RTCA）DO-178B 标准。μC/OS-Ⅱ和 μC/OS-Ⅲ以源码方式提供免费的短期评估，可用于教学目的或用于和平目的的研究。若用于商业产品，则需要向 Micrium 公司购买许可证。

2）嵌入式 Linux：是以 Linux 为基础的嵌入式操作系统。自从 Linux 出现之后，以自由软件为主的核心与公用程序可被放进嵌入式设备有限的硬件资源中。有实时 Linux 和 μC Linux 等不同的分支。Linux 内核是符合 GNU/GPL 公约的项目，完全开放代码。

3）Windows CE，Windows Embedded：Windows CE 1.0 最早于 1996 年推出。2002 年 1 月微软又推出 Windows CE. Net，即 Windows CE 4.0，得到比较广泛应用。在 2008 年 4 月 15 日举行的嵌入式系统大会上，微软宣布将 Windows CE 更名为 Windows Embedded Compact。Windows CE 并非从台式机的 Windows（NT，98，XP 等）修改缩小而来，而是使用一套完全重新设计的核心，所以它可以在功能非常有限的硬件上运行。虽然核心不同，但是它却提供了高度的 Win32 API 软件开发接口的兼容性，功能有内存管理、文档操作、多线程、网络功能等。因此，开发台式机软件的人可以很容易编写或者甚至直接移植软件到 Windows CE 上。Windows CE 是收费的商用软件。

4）VxWorks：是美国风河（WindRiver）公司于 1983 年设计开发的一种嵌入式实时操作系统（RTOS），它以良好的可靠性和卓越的实时性被广泛地应用在通信、军事、航空、航天等高精尖技术及实时性要求极高的领域中，如卫星通信、军事演习、弹道制导、飞机导航等。在美国的 F-16、F/A-18 战斗机、B-2 隐形轰炸机和爱国者导弹上，甚至连一些火星探测器，如 1997 年 7 月登陆的火星探测器、2008 年 5 月登陆的凤凰号、和 2012 年 8 月登陆的好奇号也都使用了 VxWorks。VxWorks 也是收费的商用软件。

5）eCos：eCos 于 1997 年春季最初起源于 Cygnus 公司，其主要目的是为市场提供一种低成本、高效率、高质量的嵌入式软件解决方案。eCos 最大的特点是模块化，内核可配置，其全部代码使用 C ++ 编写。eCos 提供的 Linux 兼容的 API 能让开发人员轻松地将 Linux 应用移植到 eCos。通过使用开放源代码的形式，eCos 基本上不需要任何费用，它是一种完全免费的软件。

6）FreeRTOS：是英国 Real Time Engineers 公司最早于 2003 年发布的一个轻量级的实时操作系统，它的目标是在低性能小 RAM 处理器上使用操作系统，其内核仅包含三个文件。

FreeRTOS 是一个免费开源的操作系统。

7）QNX：是 UNIX 类的实时操作系统，主要针对嵌入式系统市场。该产品开发于 20 世纪 80 年代初，虽然 QNX 本身并不属于 UNIX，但符合 POSIX 的规范，许多 UNIX 程序简单修改（甚至不需修改）后即可在 QNX 上面编译与执行。QNX 是商业软件，为学术界以及非商业用途的用户提供了一个特殊的许可。

8）μTenux：是由大连悠龙软件科技有限公司从 2008 年开始研发的嵌入式实时操作系统。μTenux 内核采用的是日本非常成熟的 T-kernel，在汽车电子、POS 机、智能灯光管理等方面有许多应用。μTenux 是开源免费的嵌入式操作系统。

8.2 RT-Thread 实时操作系统简介

8.2.1 软件结构

RT-Thread 是一款由中国开源社区主导开发的开源嵌入式实时操作系统（遵循 GPLv2 许可协议），它包含实时嵌入式系统相关的各个组件：实时操作系统内核，TCP/IP 协议栈、文件系统、libc 接口、图形界面等。

RT-Thread 操作系统的软件结构如图 8-2 所示。其作者将它分为三层：

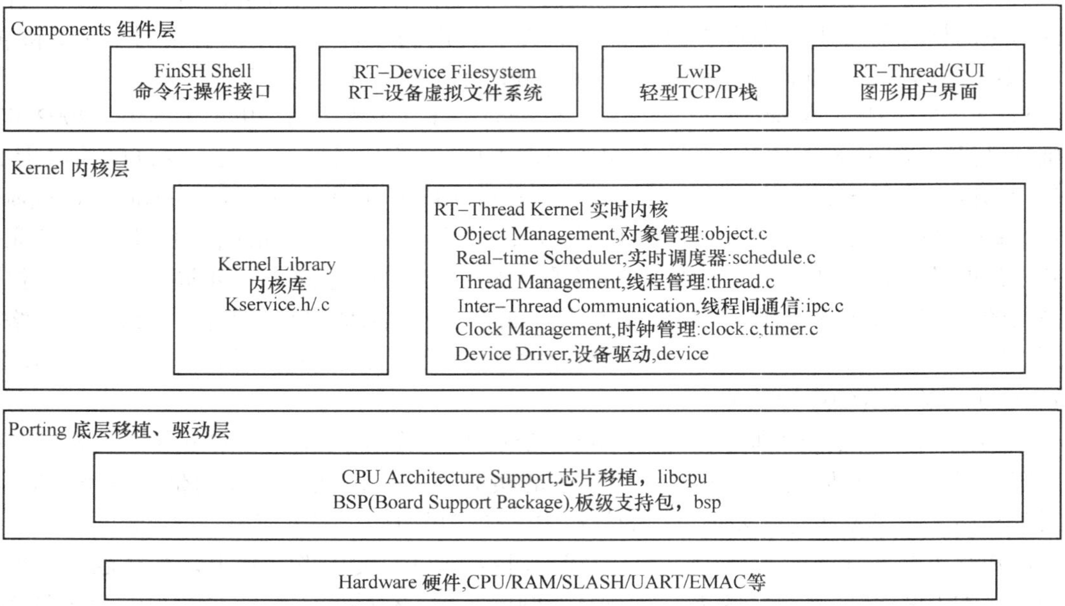

图 8-2　RT-Thread 操作系统的软件结构

1）Porting 底层移植、驱动层，与硬件相关的部分放在这一层，如果变更了所使用的单片机和电路板，需要修改相关代码。

2）Kernel 硬实时内核，是抽象出来的与具体硬件无关的核心部分，负责多线程及其调度，以及信号量、邮箱、消息队列、内存管理、定时器等功能。

3）Components 组件层，核心之上的外围组件，包括文件系统，命令行 shell，LwIP 轻型 TCP/IP 协议栈，GUI 图形用户界面等。用户可以根据实际需求选择使用。

8.2.2　任务线程

RT-Thread 是基于优先级的全抢占式的多任务操作系统。在 RT-Thread 实时操作系统中，任务是采用线程来实现的。线程是 RT-Thread 中最基本的调度单位，所有任务线程共享一个地址空间，它描述了一个任务执行的上下文关系，也描述了这个任务所处的优先等级。

1. 线程的优先级

RT-Thread 共支持 256 个优先级（0 为最高优先级，255 分配给空闲线程，在资源紧张的系统中，可以选择是支持 8 个或 32 个优先级的系统配置）。RT-Thread 内核中也允许创建相同优先级的线程。相同优先级的线程采用时间片轮转方式进行调度（也就是通常说的分时调度器）。

2. 线程的状态

任何时刻，只会有一个线程在处理器中运行，在 RT-Thread 实时操作系统中，线程有五种状态，见表 8-2。

表 8-2　任务线程状态

RT_THREAD_INIT	线程初始状态：当线程刚开始创建还没开始运行时的状态
RT_THREAD_SUSPEND	挂起态、阻塞态：线程此时被挂起，它可能因为资源不可用而挂起等待；或线程主动延时一段时间而被挂起
RT_THREAD_READY	就绪态：线程等待运行
RT_THREAD_RUNNING	运行态：线程当前正在运行
RT_THREAD_CLOSE	关闭状态：当线程运行结束时将处于这个状态

几种状态间的转换关系如图 8-3 所示。

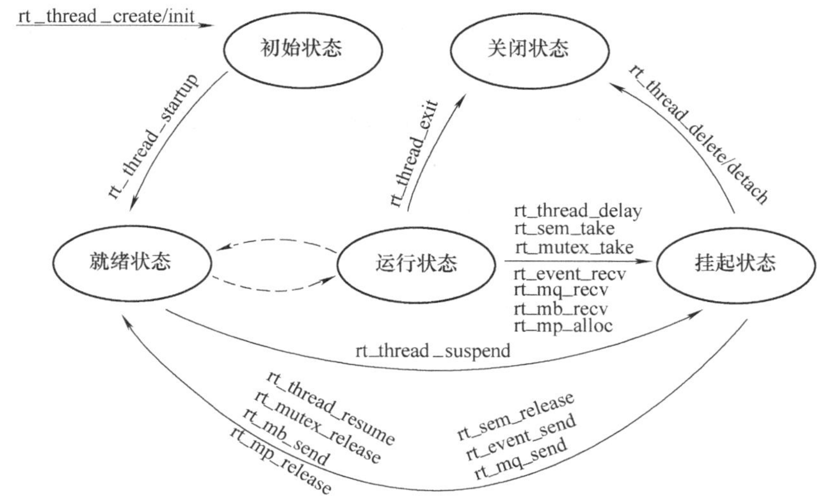

图 8-3　几种状态间的转换关系

用户调用函数 rt_thread_create/init 使某一线程进入到初始状态（RT_THREAD_INIT）；再通过调用函数 rt_thread_startup 进入到就绪状态（RT_THREAD_READY）；就绪状态的线程，由 RT-Thread 操作系统的线程调度器按优先级控制进入运行状态；中断会引发的一次调度，如果有优先级更高的线程处在就绪态，中断结束后，原来处于运行状态的线程将回到就绪状态，而高优先级线程进入运行状态；处于运行状态的线程在调用 rt_thread_delay，rt_sem_take，rt_mb_recv 等函数时或获取不到资源时，将进入到挂起状态（RT_THREAD_SUSPEND）；处于运行状态的线程，如果运行结束，则会在线程最后部分执行 rt_thread_exit 函数而更改为关闭状态（RT_THREAD_CLOSE）；处于挂起状态的线程，如果等待超时依然未能获得资源或由于其他线程释放了资源，那么它将返回到就绪状态。处于挂起状态的线程，如果调用 rt_thread_delete/detach，则将更改为关闭状态（RT_THREAD_CLOSE）。

优先级最低的空闲线程只有就绪状态和运行状态，可以在空闲线程中设置钩子函数，完成如系统运行状态的指示和系统省电模式等，但需注意保证空闲线程在任何时刻都不会进入挂起状态。

3. 系统节拍与定时器

软件定时器是由操作系统提供的一类系统接口（函数），它构建在硬件定时器基础之上，使系统能够提供不受数目限制的定时器服务。

通常软件定时器以系统节拍（Tick）为单位，在 RT-Thread 中维护一个全局变量 rt_tick，当硬件定时器中断来临时，rt_tick 加 1，获得当前 rt_tick 的函数是 rt_tick_get。每两次硬件定时器中断的间隔时间长度称为节拍长度，是操作系统中软件定时器的时间分辨率。节拍长度越小，定时器精度越高，但系统的开销也越大（在 1s 时间内系统要处理更多次的时钟中断）。在 rtconfig. h 中定义了 RT_TICK_PER_SECOND 值，即节拍长度（以秒为单位）的倒数。

每个线程都有一个内置定时器，在线程中执行 rt_thread_sleep/rt_thread_delay 函数启动内置定时器，并将线程挂起，交出系统资源，由线程调度器执行一次调度。当定时器超时时，此线程进入就绪状态。当条件允许再次进入运行状态时，接着 rt_thread_sleep/rt_thread_delay 之后的代码执行。

在 RT-Thread 官方提供的基于 STM32F103 的移植分支（porting）中，采用 Cortex-M3 内核所含有的 SysTick 定时器产生系统节拍。

除了线程内置定时器，RT-Thread 还支持独立的定时器，详细用法参考编程手册。

【例 8-1】 生成三个优先级不同的任务线程。

首先在 applications/application. c 中定义三个线程的数据结构以及相应栈，程序如下：

```
static struct rt_thread thread1;
static rt_uint8_t thread1_stack [512];
static struct rt_thread thread2;
static rt_uint8_t thread2_stack [512];
static struct rt_thread thread3;
static rt_uint8_t thread3_stack [512];
```

然后初始化并启动三个线程，程序如下：

```
result = rt_thread_init (&thread1, " t1",     /*  线程名：t1 */
thread1_entry, RT_NULL, /*  线程的入口是 thread1_entry，入口参数是 RT_NULL*/
 &thread1_stack [0], sizeof (thread1_stack),         /*  线程栈是 thread1_stack */
1, 10);     /*  优先级 1，同优先级执行时间片 10 ticks */
```

```
    if (result == RT_EOK) /* 如果返回正确，启动线程 1 */
        rt_thread_startup (&thread1);

    result = rt_thread_init (&thread2, " t2", /* 线程名：t2 */
                thread2_entry, RT_NULL,         /* 线程的入口是 thread2_entry，入口
参数是 RT_NULL*/
                &thread2_stack [0], sizeof (thread2_stack),        /* 线程栈是 thread2_
stack */
    6, 10); /* 优先级 6，同优先级执行时间片 10 ticks */
    if (result == RT_EOK) /* 如果返回正确，启动线程 2 */
        rt_thread_startup (&thread2);
    result = rt_thread_init (&thread3, " t3", /* 线程名：t3 */
                thread3_entry, RT_NULL,         /* 线程的入口是 thread3_entry，入口参数是
                                                RT_NULL*/
               &thread3_stack [0], sizeof (thread3_stack),     /* 线程栈是 thread2_stack */
                5, 10); /* 优先级 5，同优先级执行时间片 10 ticks */
    if (result == RT_EOK) /* 如果返回正确，启动线程 2 */
        rt_thread_startup (&thread3);
```

三个线程函数分别定义如下：

```
static void thread1_entry (void* parameter)
{
  u32 count;
    while (1)
    {
        rt_kprintf (" I'm t1, I will take a long time. \ n");
        for (count=0; count<300000; count++);
        rt_thread_delay (RT_TICK_PER_SECOND / 2);
    }
}
static void thread2_entry (void* parameter)
{
    while (1)
    {
        rt_kprintf (" I'm t2. \ n");
        rt_thread_delay (RT_TICK_PER_SECOND / 2);
    }
}
static void thread3_entry (void* parameter)
{
```

```
    while (1)
    {
        rt_kprintf (" I'm t3.  \ n");
        rt_thread_delay (RT_TICK_PER_SECOND / 2);
    }
}
```

运行结果如下：

```
I'm t1, I will take a long time.
I'm t3.
I'm t2.
I'm t1, I will take a long time.
I'm t3.
I'm t2.
…
```

线程 t1 中的 for 循环代表一个花费较长时间的运算（大约用时 1s），在实时操作系统中实际开发程序时，如果需要延时一段时间，应避免使用循环语句，而是调用函数 rt_thread_delay，使得其他处在就绪状态的线程得以运行。

在线程 t1 的 for 循环之后，当 t1 执行 rt_thread_delay 时，t1 线程挂起，由于 t2、t3 的内置定时器设置为 0.5s，t2、t3 的内置定时器都已经超时，处在就绪状态，而 t3 的优先级高于 t2，因此 t3 每次都先于 t2 运行。

例 8-1 说明的是静态线程的创建方法，可以用函数 rt_thread_detach 实现静态线程的删除。此外，RT-Thread 还支持创建和删除动态线程的方法，详见编程手册。

8.2.3 临界区与任务间的通信

任务线程之间可能会共享资源。例如，一个任务负责从传感器获取数据，存入共享内存，另一个任务负责读取共享内存的数据，显示出来，如果显示线程在读取内存数据过程中，读传感器线程同时向内存写入数据，则显示出来的数据会新旧混在一起，产生错误。这类必须一个任务操作完成后，另一个任务才能访问的资源称为临界资源（Critical Resource），使用临界资源的那一部分程序称为临界区（Critical Section）。

RT-Thread 实时操作系统提供了七种线程之间实现同步，正确访问临界资源的方法，包括中断锁、调度器锁、信号量、互斥量、事件、邮箱和消息队列。

1. 中断锁

中断锁即关闭中断，是最简单的一种任务间同步方式。一个线程可以通过下面方式保护临界区：

```
while (1)
 {
    /*  关闭中断*/;
    /*  临界区 */;
```

```
        /*  开中断 */;
        /*  其余部分程序 */;
    }
```

关闭中断之后，只要在临界区内线程不主动放弃处理器的控制权，就不会出现线程调度，临界区就不会被打断。

RT-Thread 中的关闭中断函数是 rt_base_t rt_hw_interrupt_disable，恢复中断函数是 rt_hw_interrupt_enable。

中断锁是最基本的任务同步方法，其他几种方法都依赖于中断锁而实现。需要注意的是，关闭中断的时间必须足够短，否则系统的实时性要求会无法得到满足。

2. 调度器锁

调度器锁是通知操作系统当前运行的任务不被切换出，但可以响应中断。调用调度器锁函数 rt_enter_critical 后，线程执行临界区程序，如果此时有中断产生，则系统进入中断服务程序。退出中断时，如果有更高优先级的任务处于就绪状态，系统不会执行高优先级的任务，而是返回原线程，直到调用函数 rt_exit_critical 解除调度器锁后，再次执行线程调度器时，才会执行更高优先级的任务。

调度器锁不影响中断，但会改变任务的优先级关系（使当前任务成为最高优先级的任务），对系统的实时性造成影响，所以执行调度器锁的时间也不宜过长。

3. 信号量（Semaphore）

信号量是荷兰计算机学家 Dijkstra（迪科斯彻）于 1959 年最先提出，用来实现任务间的同步。

信号量是带有一个非负整数值的变量（可以初始化为 0 或非 0）。调用函数 rt_sem_create 和 rt_sem_delete 可动态地创建和删除信号量，或者调用函数 rt_sem_init 和 rt_sem_detach 对静态信号量变量实现初始化和脱离。

线程进入临界区前，首先调用获取信号量函数 rt_sem_take，如果信号量的值为 0，则线程被阻塞（可选择永久等待、设置超时时间或者不等待），线程进入挂起状态，直到信号量非 0，才进入就绪状态；如果信号量的值不为 0，则信号量减 1，线程向下执行。

可以在其他线程或中断服务程序中调用释放信号量函数 rt_sem_release，信号量的值加 1。信号量变为非 0 后，被阻塞的线程队列中的第一个线程被唤醒，唤醒顺序有两种：FIFO 方式，按先入先出方式排队；PRIO 方式，按优先级顺序排队。

如果限制信号量的取值为 0 或 1 两个值，则称为二元信号量（Binary Semaphore）。可以证明，一般的信号量能够用二元信号量实现。

4. 互斥量

互斥量是一种特殊的二元信号量。两者的关键区别在于为互斥量加锁（设定其值为 0）的线程和为互斥量解锁（设定其值为 1）的线程必须是同一个线程。RT-Thread 中实现了互斥量的持有权管理、递归访问以及防止优先级翻转的特性。

互斥量的状态只有两种：开锁或闭锁（两种状态值）。当有线程持有它时，互斥量处于闭锁状态，由这个线程获得它的所有权。相反，当这个线程释放它时，将对互斥量进行开锁，失去它的所有权。当一个线程持有互斥量时，其他线程将不能够对它进行开锁或持有它，持有该互斥量的线程也能够再次获得这个锁而不被挂起。

所谓优先级翻转问题，是指当一个高优先级线程试图通过信号量机制访问共享资源时，如果该信号量已被一低优先级线程持有，而这个低优先级线程在运行过程中可能又被其他一些中等优先级的线程抢占，则可能造成高优先级线程晚于中等优先级的线程执行。例如，有优先级为 A、B 和 C 的三个线程，优先级 A > B > C。线程 A、B 处于挂起状态，等待某一事件触发，线程 C 正在运行，此时线程 C 开始使用某一共享资源 M。在使用过程中，线程 A 等待的事件到来，线程 A 转为就绪态，因为它比线程 C 优先级高，所以立即执行。但是当线程 A 要使用共享资源 M 时，由于其正在被线程 C 使用，因此线程 A 被挂起切换到线程 C 运行。如果此时线程 B 等待的事件到来，则线程 B 转为就绪态。由于线程 B 的优先级比线程 C 高，因此线程 B 开始运行，直到其运行完毕，线程 C 才开始运行。只有当线程 C 释放共享资源 M 后，线程 A 才得以执行。

在 RT-Thread 操作系统中实现的是优先级继承算法。优先级继承是通过在线程 A 被阻塞的期间内，将线程 C 的优先级提升到线程 A 的优先级别，从而解决优先级翻转引起的问题，而当这个低优先级线程释放该资源时，优先级重新回到初始设定。因此，继承优先级的线程避免了系统资源被任何中间优先级的线程抢占。

互斥量是信号量的一种，可以避免同一线程多次递归持有信号量而造成死锁的问题。互斥量只能在线程中使用，可以解决多线程同步中的优先级翻转问题。

注意：互斥量不能在中断服务程序中使用（中断服务程序不能因为执行获取信号量的操作而被挂起）。

RT-Thread 中互斥量的相应函数见表 8-3。

表 8-3　互斥量函数

rt_mutex_create	创建互斥量
rt_mutex_delete	删除互斥量
rt_mutex_init	初始化互斥量
rt_mutex_detach	脱离互斥量
rt_mutex_take	获取互斥量
rt_mutex_release	释放互斥量

5. 事件

事件实现一个线程等待多个事件的触发：RT-Thread 中的事件用一个 32 位的无符号整数表示多个事件的集合，每 1 位代表一个事件，线程通过“逻辑与”或“逻辑或”与一个或多个事件建立关联，形成事件集，决定线程是否被触发。

事件无排队性，即多次向线程发送同一事件（如果线程还未来得及读走），其效果等同于只发送一次。RT-Thread 中事件的相应函数见表 8-4。

表 8-4　事件函数

rt_event_create	创 建 事 件
rt_ event _delete	删除事件
rt_ event _init	初始化事件
rt_ event _detach	脱离事件
rt_ event _recv	接收事件
rt_ event _send	发送事件

事件相当于多个二元信号量的组合，在一定程度上可以替代信号量。

6. 邮箱

线程之间传递的数据量较大时，需要通过数据缓冲区来交换数据，在线程间传递这个缓冲区的指针，就可以实现数据通信，这种通信方式称为邮箱。

RT-Thread 中的邮箱容纳固定的 4B 内容（针对 32 位处理系统，指针的大小即为 4B，所以一封邮件恰好能够容纳一个指针）。线程或中断服务例程把一封 4B 长度的邮件发送到邮箱中，而一个或多个线程可以从邮箱中接收这些邮件进行处理。接收时，邮箱中有邮件，接收者才能立即取到邮件并返回 RT_EOK 的返回值，否则接收线程会根据超时时间设置，或挂起在邮箱的等待线程队列上，或直接返回。等待邮箱的线程队列同样有 FIFO（先入先出）和 PRIO（优先级顺序）两种排序方式。邮箱的相应函数见表 8-5。

表 8-5　邮箱函数

rt_mb_create	创 建 邮 箱
rt_ mb _delete	删除邮箱
rt_ mb _init	初始化邮箱
rt_ mb _detach	脱离邮箱
rt_ mb _recv	接收邮箱
rt_ mb _send_wait	等待方式发送邮箱
rt_ mb _send	发送邮箱

邮箱具备一定的存储功能，能够缓存一定数量的邮件数（邮件数由创建、初始化邮箱时指定的容量决定）。

7. 消息队列

消息队列是另一种常用的线程间通信方式，它能够接收来自线程或中断服务例程中不固定长度的消息，并把消息缓存在自己的内存空间中。其他线程也能够从消息队列中读取相应的消息，而当消息队列是空的时候，可以挂起读取线程。

消息队列的相应函数见表 8-6。

表 8-6　消息队列函数

rt_mq_create	创建消息队列
rt_ mq _delete	删除消息队列
rt_ mq _init	初始化消息队列
rt_ mq _detach	脱离消息队列
rt_ mq _recv	接收消息队列
rt_ mq _send_urgent	发送紧急消息
rt_ mq _send	发送消息队列

RT-Thread 操作系统的消息队列对象由多个元素组成，当消息队列被创建时，它就被分配了消息队列控制块：消息队列名称、内存缓冲区、消息大小和队列长度等。同时，每个消息队列对象中包含着多个消息框，每个消息框可以存放一条消息；消息队列中的第一个和最

后一个消息框被分别称为消息链表头和消息链表尾，对应于消息队列控制块中的 msg_queue_head 和 msg_queue_tail；有些消息框可能是空的，它们通过 msg_queue_free 形成一个空闲消息框链表。所有消息队列中的消息框总数即为消息队列的长度，这个长度可在消息队列创建时指定。

当消息队列中有消息时，接收者才能接收消息，否则接收者会根据超时时间设置或挂起在消息队列的等待线程队列上，或直接返回。

当发送消息时，消息队列对象先从空闲消息链表上取下一个空闲消息块，把线程或者中断服务程序发送的消息内容复制到消息块上，然后把该消息块挂到消息队列的尾部。当发送紧急消息时，从空闲消息链表上取下来的消息块不是挂到消息队列的队尾，而是挂到队首，这样，接收者就能够优先接收到紧急消息，从而及时进行消息处理。

【例 8-2】 生产者消费者问题。

生成三个任务线程，两个负责生产货物，一个负责消费货物。仓库的容量是有限的，生产线程生产货物，放入仓库，如果仓库已满，生产者等待；消费者从仓库取出货物，如果仓库为空，消费者等待。

在例 8-1 的基础上，将 t1 线程作为消费者，t2、t3 线程作为生产者。首先定义一些全局变量，程序如下：

```
#define MAXSEM 5          /*  定义仓库容量为 5 */
struct rt_semaphore sem_empty, sem_goods;    /*  定义信号量用于生产者和消费者
线程 */
```

初始化两个信号量，程序如下：

```
rt_err_t result;
/*  初始化两个信号量 */
result  =  rt_sem_init (&sem_empty, " empty", MAXSEM, RT_IPC_FLAG_FIFO);
if (result !  =  RT_EOK)          goto _error;
result  =  rt_sem_init (&sem_goods, " goods ", 0, RT_IPC_FLAG_FIFO);
if (result !  =  RT_EOK)          goto _error;
```

其中，sem_empty 信号量用来表示缓冲区中空闲的位置数目，开始时，缓冲区为空，因此初始值为整个缓冲区的大小。sem_goods 信号量用来表示缓冲区中货物占据的位置数目，初值为 0。

消费者 t1 线程函数代码如下：

```
static void thread1_entry (void*  parameter)
 {
    staticu32 count  =  0;
    while (1)
    {
    rt_sem_take (&sem_goods, RT_WAITING_FOREVER); /*  获取货物信号量 */
    rt_enter_critical ();        /*  进入临界区，加上调度器锁 */
```

```
        /* 临界区代码… */
        rt_kprintf (" t1 consumer: %d \ n", ++count);
        rt_exit_critical ();        /* 退出临界区，释放调度器锁 */
        rt_sem_release (&sem_emptry);        /* 释放一个空位信号量 */
        rt_thread_delay (RT_TICK_PER_SECOND / 10);        /* 暂停一段时间 */
        }
    }
```

生产者 t2 线程函数代码如下：

```
static void thread2_entry (void*  parameter)
 {
static u32 count = 0;
    while (1)
    {
        rt_sem_take (&sem_ emptry, RT_WAITING_FOREVER); /*  获取空位信号量 */
         rt_enter_critical (); /*  进入临界区，加上调度器锁 */
         /* 临界区代码… */
         rt_kprintf (" t2 producer: %d \ n", ++count);
         rt_exit_critical (); /*  退出临界区，释放调度器锁 */
         rt_sem_release (&sem_ goods); /*  释放一个货物信号量 */
         rt_thread_delay (RT_TICK_PER_SECOND ); /*  暂停一段时间 */
    }
}
```

生产者 t3 线程函数代码如下：

```
static void thread2_entry (void*  parameter)
 {
    static u32 count = 0;
    while (1)
    {
        rt_sem_take (&sem_ emptry, RT_WAITING_FOREVER); /*  获取空位信号量 */
         rt_enter_critical (); /*  进入临界区，加上调度器锁 */
         /* 临界区代码… */
         rt_kprintf (" t3 producer: %d \ n", ++count);
         rt_exit_critical (); /*  退出临界区，释放调度器锁 */
         rt_sem_release (&sem_ goods); /*  释放一个货物信号量 */
         rt_thread_delay (RT_TICK_PER_SECOND); /*  暂停一段时间 */
    }
}
```

运行结果如下：

```
t2 producer: 1
t3producer: 1
t1 consumer: 1
t1 consumer: 2
t2 producer: 2
t1 consumer: 3
t3producer: 2
t1 consumer: 4
…
```

在消费者线程 t1 的主循环中，首先判断是否有货物存在，没有则线程挂起，有则取出一个货物，释放一个空位信号量。

在生产者线程 t2、t3 的主循环中，首先判断是否有空位存在，没有则线程挂起，有则生产货物，释放一个货物信号量。

作为仓库的缓冲区是共享资源，为保证同一时刻只有一个线程访问此缓冲区，应加上调度器锁实现临界区互斥，也可以用中断锁、互斥量等其他方式上锁。

如果没有其他线程存在，因为线程 t1 的循环时间比生产者线程 t2、t3 的循环时间短很多，所以仓库不会发生占满的情况。

8.2.4 异常与中断

异常是导致处理器脱离正常运行转向执行特殊代码的任何事件。异常通常可以分成两类：同步异常和异步异常。同步异常主要是指由于内部事件产生的异常，例如，除零错误等。异步异常主要是指由于外部异常源产生的异常，例如，按下设备某个按钮产生的事件等。

同步异常与异步异常的区别还在于，同步异常触发后，系统必须立刻进行处理而不能依然执行原有的程序指令步骤；而异步异常则可以延缓处理甚至是忽略，例如按键中断异常，虽然中断异常已触发，但系统可以忽略它继续运行。

中断的处理流程图如图 8-4 所示。

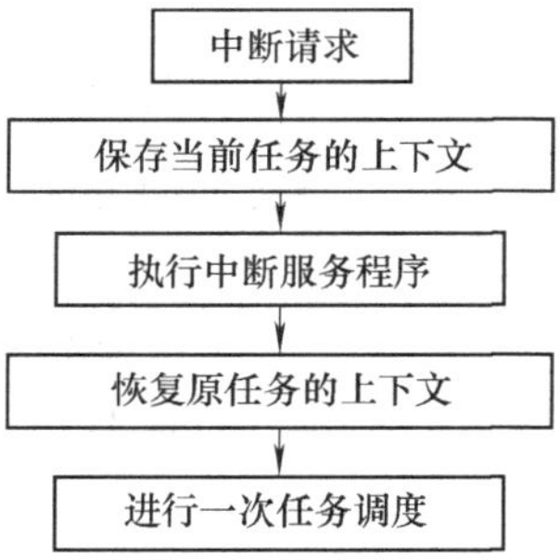

图 8-4　中断处理流程图

RT-Thread 允许中断嵌套，即在一个中断服务例程期间，处理器可以响应另外一个优先级更高的中断。

1. 中断栈

在进行中断处理时（实质是调用用户的中断服务例程函数），中断处理函数中很可能会有自己的局部变量，这些都需要相应的栈空间来保存，所以中断响应依然需要一个栈空间来作为上下文运行中断处理函数。中断栈可以保存在打断任务的栈中，当从中断中退出时，返回相应的任务继续执行；中断栈也可以与打断任务栈完全分离开来，即每次进入中断时，在保存完打断任务上下文后，切换到新的中断栈中独立运行。

RT-Thread 采用的方式是提供独立的中断栈，即中断发生时，中断的前期处理程序会将用户的栈指针更换到系统事先留出的中断栈空间中，等中断退出时再恢复用户的栈指针。这样，中断就不会占用任务的栈空间，从而提高了内存空间的利用率，而且随着任务的增加，这种减少内存占用的效果会更明显。

2. 中断的底半处理

RT-Thread 不对中断服务例程所需要的处理时间做任何假设、限制，但如同其他实时操作系统或非实时操作系统一样，用户需要保证所有的中断服务例程在尽可能短的时间内完成。

如果中断服务例程在取得硬件状态或数据以后，还需要进行一系列更耗时的处理过程，通常需要将该中断分割为两部分，即上半部分（Top Half）和底半部分（Bottom Half）。在 Top Half 中，取得硬件状态和数据后，打开被屏蔽的中断，给相关线程发送一条通知（可以是 RT-Thread 所提供的 semaphore、event、mailbox 或 message queue 等方式），然后结束中断服务例程；而接下来，相关的线程在接收到通知后，接着对状态或数据进行进一步的处理，这一过程称之为 Bottom Half（底半处理）。

3. ARM Cortex-M 中的中断与异常

RT-Thread 实现中断和异常的接口形式与具体实现的硬件系统有关（这部分的 API 由 BSP 提供）。

对于 STM32 系列单片机所属的 ARM Cortex-M 系列处理器，其中断控制器命名为 NVIC（嵌套矢量中断控制）。正如其名，ARM Cortex-M NVIC 支持中断嵌套功能：当一个中断触发并且系统进行响应时，处理器硬件会将当前运行的部分上下文寄存器自动压入中断栈中，这部分的寄存器包括 PSR、R0 ~ R3 和 R12 寄存器。当系统正在服务一个中断时，如果有一个更高优先级的中断触发，那么处理器同样地会打断当前运行的中断服务例程，然后把老的中断服务例程上下文的 PSR、R0 ~ R3 和 R12 寄存器自动保存到中断栈中。这些部分上下文寄存器保存到中断栈的行为完全是硬件行为，这一点是与其他 ARM 处理器最大的区别（以往都需要依赖于软件保存上下文）。

另外，在 ARM Cortex-M 系列处理器上，所有中断都采用中断矢量表的方式进行处理，即当一个中断触发时，处理器将直接判定是哪个中断源，然后直接跳转到相应的固定位置进行处理。而在 ARM7、ARM9 中，一般是先跳转进入 IRQ 入口，然后再由软件进行判断是哪个中断源触发，获得了相对应的中断服务例程入口地址后，再进行后续的中断处理。ARM7、ARM9 的好处在于，所有中断都有统一的入口地址，便于 OS 的统一管理。而 ARM Cortex-M 系列处理器则恰恰相反，每个中断服务例程必须排列在一起放在统一的地址上（这个地址必须要设置到 NVIC 的中断矢量偏移寄存器中）。中断矢量表一般由一个数组定义（或在起始代码中给出）。在 STM32 上，默认采用起始代码给出：

初始化代码中的中断矢量表如下：

```
__Vectors DCD __initial_sp; Top of Stack
DCD Reset_Handler; Reset Handler
DCD NMI_Handler; NMI Handler
DCD HardFault_Handler; Hard Fault Handler
DCD MemManage_Handler; MPU Fault Handler
DCD BusFault_Handler; Bus Fault Handler
```

```
DCD UsageFault_Handler; Usage Fault Handler
DCD 0; Reserved
DCD 0; Reserved
DCD 0; Reserved
DCD 0; Reserved
DCD SVC_Handler; SVCall Handler
DCD DebugMon_Handler; Debug Monitor Handler
DCD 0; Reserved
DCD PendSV_Handler; PendSV Handler
DCD SysTick_Handler; SysTick Handler
… …
NMI_Handler PROC
EXPORT NMI_Handler [WEAK]
B.
ENDP
HardFault_Handler PROC
EXPORT HardFault_Handler [WEAK]
B.
ENDP
…
```

请注意代码后面的［WEAK］标志，它是符号弱化标志，在［WEAK］前面的符号如NMI_Handler、HardFault_Handler）将被执行弱化处理，如果整个代码在链接时遇到了名称相同的符号（例如与 NMI_Handler 相同名称的函数），那么代码将使用未被弱化定义的符号（与 NMI_Handler 相同名称的函数），而与弱化符号相关的代码将被自动丢弃。

RT-Thread 在 Cortex-M 系列上也遵循这样的方法，当用户需要使用自定义的中断服务例程时，只需要定义相同名称的函数覆盖弱化符号即可。例如用户需要自定义自己的串口 2 中断处理函数，那么可以在代码中自己实现 USART2_IRQHandler 函数，在系统编译链接时，中断矢量表中将只保留这份 USART2_IRQHandler 函数，而不是经过 WAEK 修饰的 USART2_IRQHandler 函数。

【例 8-3】 中断处理。

在例 8-2 的基础上，只保留 t1 线程。增加响应按键动作的中断服务程序，每次按键按下，在 t1 线程中进行相应处理。中断服务程序与 t1 线程通过邮箱交换数据。

定义邮箱变量的程序如下：

```
static struct rt_mailbox mb; /*  邮箱控制块 */
static char mb_pool [128]; /*  用于放邮件的内存池 */
/* 初始化一个 mailbox */
    result = rt_mb_init (&mb,
        " mbt",                    /* 名称是 mbt */
```

```
            &mb_pool [0],           /* 邮箱用到的内存池是 mb_pool */
            sizeof (mb_pool) /4, /* 邮箱中的邮件数目，因为一封邮件占 4B */
            RT_IPC_FLAG_FIFO); /* 采用 FIFO 方式进行线程等待 */
        if (result ! = RT_EOK)
        {
            rt_kprintf (" init mailbox failed. \ n");
            return - 1;
        }
```

t1 线程函数代码如下：

```
    static void thread1_entry (void* parameter)
     {
        u32 key;
        while (1)
        {
            if (rt_mb_recv (&mb, &key, RT_WAITING_FOREVER) = = RT_EOK)
            {
              rt_kprintf (" t1: get a mail for key %s \ n", key);
            rt_thread_delay (RT_TICK_PER_SECOND / 10); /* 暂停一段时间 */
            }
        }
    }
```

中断服务程序如下：

```
    void EXTI15_10_IRQHandler (void)
     {
        if（key 1 按下）
                rt_mb_send (&mb, 1); /* 发送 1 到邮箱中 */
        if（key 2 按下）
                rt_mb_send (&mb, 2); /* 发送 2 到邮箱中 */
    }
```

8.2.5　内存管理

在嵌入式实时操作系统中，内存分配的实现比在通用操作系统中要求更高。首先，内存块的分配过程必须在可预测的确定时间内完成，满足实时性要求。其次，嵌入式系统常常在无人干预的情况下长时间运行，保证内存在不断分配和释放的过程中不产生内存泄露、避免产生过多的内存碎片，对于系统的稳定运行非常重要。最后，有些嵌入式系统的内存资源比较缺乏（可能只有几十 KB），需要更高效率的内存分配算法达到需求。

RT-Thread 操作系统提供了两类内存分配管理算法：静态内存池管理与动态内存管理。

1. 静态内存池管理

内存池管理结构如图 8-5 所示。内存池（Memory Pool）是一种用于分配大量的大小相同的小对象的技术。它可以极大加快内存分配/释放的速度。

内存池在创建时先向系统申请一大块内存，然后分成同样大小的多个小内存块，小内存块直接通过链表连接起来（此链表也称为空闲链表）。每次分配的时候，从空闲链表中取出链头上第一个内存块，提供给申请者。从图 8-5 中可以看到，物理内存中允许存在多个大小不同的内存池，每一个内存池又由多个空闲内存块组成，内核用它们来进行内存管理。当一个内存池对象被创建时，内存池对象就被分配给了一个内存池控制块，内存控制块的参数包括内存池名、内存缓冲区、内存块大小、内存块数以及一个等待线程队列。内核负责给内存池分配内存池对象控制块，它同时也接收用户线程的分配内存块申请，当获得这些信息后，内核就可以从内存池中为内存池分配内存。内存池一旦初始化完成，内部的内存块大小将不能再做调整。静态内存池接口见表 8-7。

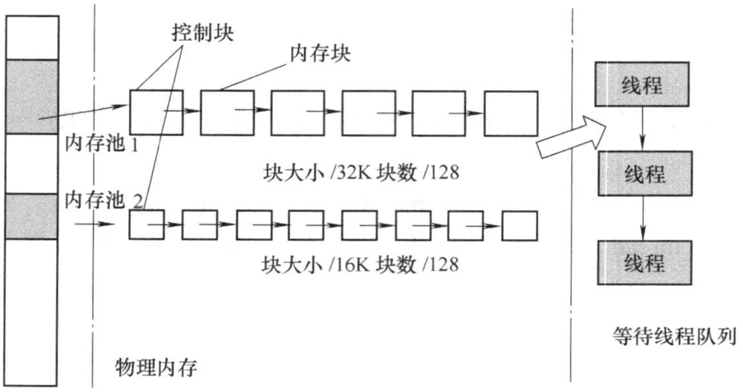

图 8-5　内存池管理结构

表 8-7　静态内存池接口

rt_mp_create	创建内存池
rt_mp_delete	删除内存池
rt_mp_init	初始化内存池
rt_mp_detach	脱离内存池
rt_mp_recv	分配内存池

2. 动态内存管理

动态内存管理是一个真实的堆（Heap）内存管理模块，可以在当前资源满足的情况下，根据用户的需求分配任意大小的内存块。而当用户不需要再使用这些内存块时，又可以释放回堆中供其他应用分配使用。RT-Thread 系统为了满足不同的需求，提供了两套不同的动态内存管理算法，分别是小堆内存管理算法和 SLAB 内存管理算法。

小堆内存管理模块主要针对系统资源比较少，一般用于小于 2MB 内存空间的系统；而 SLAB 内存管理模块则主要是在系统资源比较丰富时，提供了一种近似多内存池管理算法的快速算法。两种内存管理模块在系统运行时只能选择其中之一或者完全不使用动态堆内存管理器。这两种管理模块提供的 API 接口完全相同。动态内存管理接口见表 8-8。

表 8-8　动态内存管理接口

rt_system_heap_init	初始化系统堆空间
rt_malloc	分配内存块
rt_realloc	重分配内存块
rt_calloc	分配多内存块
rt_free	释放内存块
rt_malloc_sethook	设置分配钩子函数
rt_free_sethook	设置内存释放钩子函数

8.2.6　外围组件

RT-Thread 操作系统在核心的基础上实现了包括设备管理、应用模块、SCons 构建系统、命令行外壳、文件系统、TCP/IP 协议栈等在内的外围组件，用户可以根据项目需求和系统资源选择使用。

1. 设备管理

在 RT-Thread 实时操作系统中，RT-Thread 提供了一套简单的 I/O 设备管理框架，即 RT-Thread I/O 设备结构，它把 I/O 设备分成了三层进行处理，如图 8-6 所示。

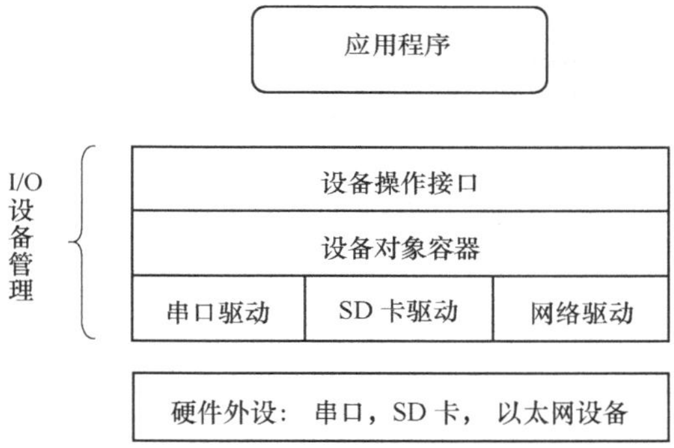

图 8-6　RT-Thread I/O 设备结构

I/O 设备模块实现了对设备驱动程序的封装。应用程序通过 I/O 设备模块提供的标准接口访问底层设备，设备驱动程序的升级、更替不会对上层应用产生影响。这种方式使得设备的硬件操作相关的代码能够独立于应用程序而存在，双方只需关注各自的功能实现，从而降低了代码的耦合性、复杂性，提高了系统的可靠性。

2. 应用模块

自 RT-Thread 0.4.0 版开始引入了一种称为 RT-Thread application module（应用模块）的技术，它提供了一种动态加载或卸载应用程序的功能。应用程序可以独立编译，并存储外部存储介质上，如 SD 卡、SPI FLASH，甚至可以通过网络传输。但 RT-Thread 依然没有区分用户空间与内核空间，应用模块兼顾应用程序和内核模块的属性，是两者的结合体，所以称作应用模块。

应用模块也带来了一定的限制，它仅支持加载到 RAM 中运行，而不能直接在 FLASH 上运行，因此，RAM 耗费的会多一些。

3. SCons 构建系统

SCons 是一套由 Python 语言编写的开源构建系统，类似于 GNU Make。它采用不同于通常 Makefile 文件的 SConstruct 和 SConscript 文件。这些文件也是 Python 脚本，能够使用标准的 Python 语法来编写。所以，在 SConstruct、SConscript 文件中可以调用 Python 标准库进行各类复杂的处理，而不局限于 Makefile 设定的规则。

构建工具是一种软件，它可以根据一定的规则或指令，将源代码编译成可执行的二进制程序。这是构建工具最基本也是最重要的功能。实际上，构建工具的功能不止于此，通常这些规则有一定的语法，并组织成文件，这些文件用于控制构建工具的行为，在完成软件构建之外，也可以做其他事情。

目前最流行的构建工具是 Make，很多知名开源软件，如 Linux 内核就是采用 Make 构建的。Make 通过读取 Makefile 文件来检测文件的组织结构和依赖关系，并完成 Makefile 中所指定的命令。由于历史原因，Makefile 的语法比较混乱，不利于初学者学习。此外，在 Windows 平台上使用 Make 也不方便，需要安装 Cygwin 环境。为了克服 Make 的种种缺点，人们开发了其他构建工具，如 CMak 和 SCons 等。

RT-Thread 早期使用 Make/Makefile 构建。从 0. 3. x 开始，RT-Thread 开发团队逐渐引入了 SCons 构建系统。引入 SCons 唯一的目是：使大家从复杂的 Makefile 配置、IDE 配置中脱离出来，把精力集中在 RT-Thread 功能开发上。

4. 命令行外壳

finsh 是 RT-Thread 的命令行外壳（shell），提供一套供用户在命令行的操作接口，主要用于调试、查看系统信息。

finsh 能够解析执行大部分 C 语言的表达式，并使用类似 C 语言的函数调用方式访问系统中的函数及全局变量，此外它也能够通过命令行方式创建变量。

5. 文件系统

RT-Thread 的文件系统采用了三层的结构，如图 8-7 所示。

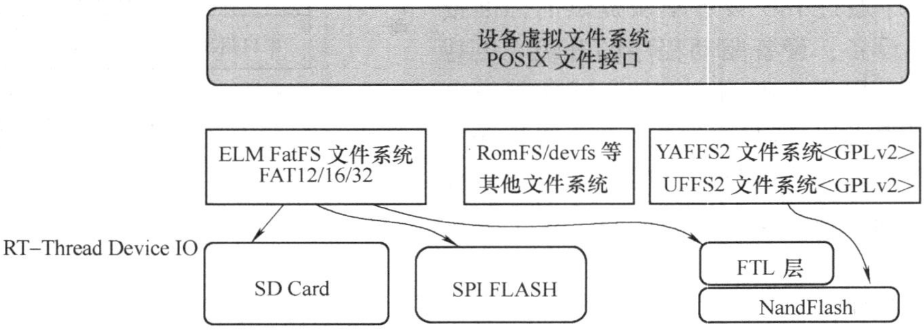

图 8-7　RT-Thread 文件系统的结构

最顶层是一套面向嵌入式系统，专门优化过的虚拟文件系统（接口）。通过它，RT-thread 操作系统能够适配下层不同的文件系统格式，例如个人计算机上常使用的 FAT 文件系统，或者是嵌入式设备中常见的 FLASH 文件系统（YAFFS2、JFFS2 等）。中间层是各种文件系统的实现，例如支持 FAT 文件系统的 DFS-ELM、支持 NandFlash 的 YAFFS2，只读文件系统 ROMFS 等，（RT-Thread 1. 0. 0 版本中包含了 ELMFatFS，ROMFS 以及网络文件系统 NFS v3 实现，YAFFS2 等 FLASH 文件系统则包含在了 RTThread1. 1. 0 版本中）。

最底层的是各类存储驱动，例如 SD 卡驱动，IDE 硬盘驱动等。RT-Thread 1. 1. 0 版本也将在 NandFlash 上构建一层转换层（FTL），以使得 NandFlash 能够支持 FLASH 文件系统。

RT-Thread 的文件系统对上层提供的接口主要以 POSIX 标准接口为主，这样也能够保证程序可以在个人计算机上编写、调试，然后再移植到 RT-Thread 操作系统上。

6. lwIP 轻型 TCP/IP 协议栈

lwIP（light-weight IP）是最初由瑞士计算机科学院（Swedish Institute of Computer Science）的 Adam Dunkels 开发，现在由 Kieran Mansley 领导的全球开发团队开发、维护的一套用于嵌入式系统的开放源代码 TCP/IP 协议栈。它在包含完整的 TCP 的基础上实现了小型化的资源占用，因此十分适合于应用到嵌入式设备中，其占用的资源体积，RAM 大概为几十KB，ROM 大概为 40KB。

RT-Thread 实时操作系统就采用了 lwIP 作为默认的 TCP/IP 协议栈，同时根据小型设备的特点对 lwIP 进行了再次优化，使其资源占用体积进一步地缩小，在 RAM 的占用可缩小到 5KB 附近（未计算上层应用使用 TCP/IP 时的空间占用量）。

主要特性（摘自 lwIP 官方网站）如下：

- 协议：IP、ICMP、UDP、TCP、IGMP、ARP、PPPoS、PPPoE · DHCP client、DNS client、AutoIP/APIPA（Zeroconf）、SNMP agent（private MIB support）。
- APIs：专门针对增强性能实现的 API 接口，可选的类 BSD 的 Socket API。

延伸的特点：多个网络接口的 IP 转发，TCP 拥塞控制，RTT 往返时间估算、快速恢复和快速重传。

8.3 RT-Thread 实时操作系统的移植

8.3.1 RT-Thread 在 STM32F10x 系列芯片上的移植分支

1. 移植分支

RT-Thread 操作系统支持多种单片机芯片，提供了对多种指令构架支持。已经存在的移植分支（porting）见表 8-9。

表 8-9　移植分支

指令构架	芯　　片
ARM Cortex-M0	nuc140，LPC11xx，LPC12xx
ARM Cortex-M3	STM32F10x，STM32F207，LM3S，LPC17xx，Fujistu FM3，Energy Micro efm32 分支
ARM Cortex-M4	STM32F4，LM4F
ARM7TDMI	AT91SAM7S，S3C44B0，LPC2148
ARM720T	SEP4020
ARM920T	S3C2440
ARM926EJ－S	AT91SAM9260
MIPS	龙芯 LS1B，PIC32
AVR32 AVR32 UC3	AVR32 AVR32 UC3
M16C	M16C/62P
Nios Ⅱ	Nios Ⅱ
PowerPC	PPC405
V850	NEC V850
MicroBlaze	MicroBlaze
Blackfin	bf533

RT-Thread 操作系统的最新版本可到其官方网站 http：//www. rt-thread. org/下载，每个移植分支最新板级支持包在 RT-Thread 的 bsp 子目录中。

2. RT-Thread 的目录结构

RT-Thread 的目录结构如下：

```
RT-Thread
 +---bsp /* 板级支持包，所有支持的芯片可以在这里面找到*/
 |  \ --- stm32f40x
 |  \ --- simulator
 |  \ --- stm32f0x
 |  \ --- stm32f107
 +---components /*  RT-Thread 支持的组件文件夹*/
 +---include
 +---libcpu /*  CPU 内核的代码*/
 |  \ ---arm
 |   \ ---cortex-m4
 |  \ ---cortex-m3
 +---src /*  RT-Thread 内核代码*/
 +---tools /*  工具脚本文件夹*/
```

其中，include 和 src 目录用于放置 RT-Thread 的实时核心代码文件；components 目录用于放置各类组件；tools 是用于放置 RT-Thread 的构建环境 scons 的一些扩展脚本；bsp 和 libcpu 则是移植相关的部分。

注意：通常来说，对于一个移植，除了 bsp、libcpu 目录以外，其他的目录和文件不应该被修改，而且对于一种已知完成移植的内核（比如 Cortex-M3，Cortex-M4 等），其 libcpu 部分也已经存在，完全没有重写的必要，只要完成相关 bsp 移植部分即可。

只有在需要支持一种新的编译器时，才可能修改到 include \ rtdef. h 和 finsh 等相关的代码。当要支持一种新的编译器，同时希望包括在开发分支内时，请联系内核的维护人以解决相关的问题，或给与适当的指导。

3. RT-Thread/STM32 移植分支的使用

由于 RT-Thread 官方已提供了 STM32F103ZET6 的移植，因此如果要在自己的目标板上运行 RT-Thread 系统，而目标板上的芯片与 STM32F103ZET6 核心相同而型号不同，则仅需要修改以下相关部分：

1）SRAM 的容量大小，内存堆的结束地址。

2）FLASH 的容量，程序与数据存储的地址。

3）主晶体振荡频率。

4）外设引脚 pin 是否相同。

RT-Thread/STM32 的移植是基于 RealView MDK 开发环境进行的（GNU GCC 编译器和 IAR ARM 编译也支持），与 STM32 相关的代码大多采用 RealView MDK 中的代码。例如，startrvds. s 就是从 RealView MDK 自动添加的启动代码中修改而来的。和 RT-Thread 以往的

ARM 移植不一样的是，系统底层提供的 rt_hw 系列函数相对要少一些，建议考虑使用成熟的库（例如针对 STM32 芯片，可以采用 ST 官方的固件库）。RTThread/STM32 工程中已经包含了 STM32f10x 系列 3. 1. x 的库代码，可以配套使用。

8. 3. 2　RT-Thread 的移植方法

将 RT-Thread 移植到新的内核上，需要做以下工作：

1）选择编译器和目标芯片。

2）确定 RTT 系统的目录结构。

3）修改启动代码。

4）修改上下文切换代码。

1. 编译器的选择

RT-Thread 的 99% 的代码都是由标准 C 语言写成，只有少量影响系统性能，或者无法使用 C 语言实现的代码（例如进程上下文切换代码）采用汇编语言编写。目前 RT-Thread 支持三种编译工具链：MDK、IAR、GCC。

1）MDK，由 ARM 公司开发，用于 ARM 内核的芯片。MDK 工具的编译器为 armcc，下文提及 armcc 即指 MDK。MDK 是 ARM 公司在收购德国 KEIL 公司的 KEIL 软件上推出的，因此也称为 keil。用于 Windows 平台。

2）IAR，用于 Windows 平台。

3）GCC，支持多种平台。

2. 目录结构

移植 RT-Thread 可采取两种目录结构的模式：

1）使用 RT-Thread 中的 libcpu 目录。这个时候，和 CPU 相关的移植放在 libcpu 目录下的相对应的子目录中，自己的移植通过 scons 的 SConscript 脚本或工程文件使用这个目录下的 libcpu 文件。

2）不使用 RT-Thread 中的 libcpu 目录。例如希望使用自己的 CPU 移植，或这份 CPU 移植不会放到开发分支上。当需将硬件相关的代码加入到工程项目中时，一般可以放在 bsp 目录中。

3. 修改启动代码

对于大多数已知的 CPU，尤其是内核相同的 CPU，它们的启动代码非常相似，可以直接使用标准启动代码。启动代码中，要注意栈初始化代码、异常处理入口和系统时钟的设置等问题。

4. 上下文切换

当线程正常切换或者由中断引起线程切换时，RT-Thread 需要执行上下文切换代码，完成中断锁、关键寄存器压栈等工作。这时，需要根据不同的芯片，修改关闭中断、打开中断和压栈、出栈等代码。

本 章 小 结

本章主要介绍了嵌入式操作系统 RT-Thread 的结构组成、任务线程的生成、线程间的同步与通信、中断处理和外设管理方法，这些是使用 RT-Thread 编写用户程序的基础，也是学习和理解嵌入式操作的入门知识。

习　　题

8-1　实时操作系统与非实时操作系统的区别是什么?

8-2　什么是动态线程?什么是静态线程?两者有什么区别?

8-3　信号量、邮箱、互斥量和消息队列是否可以在中断中使用?

8-4　写出任务代码的一般结构。

8-5　RT-Thread 的内核文件由哪几部分组成?如果将它移植到不同的微处理器上运行需要修改哪些程序文件。

参 考 文 献

［1］ 金建设．嵌入式系统设计基础［M］．大连：大连理工大学出版社，2009.

［2］ 何桥．单片机原理及应用［M］．北京：中国铁道出版社，2008.

［3］ 赵晓安．MSC－51 单片机原理及应用［M］．天津：天津大学出版社，2001.

［4］ 张迎新．单片微型计算机原理、应用及接口技术［M］．北京：国防工业出版社，2002.

［5］ 张淑清，姜万录．单片微型计算机接口技术及应其应用［M］．北京：国防工业出版社，2001.

［6］ 张毅刚．MCS-51 单片机应用设计［M］．2 版．哈尔滨：哈尔滨工业大学出版社，1997.

［7］ 武庆生，仇梅编．单片微机原理计与应用［M］．成都：电子科技大学出版社，1998.

［8］ 曹琳琳，曹巧媛．单片机原理及接口技术［M］．长沙：国防科技大学出版社，2000.

［9］ 翟生辉，冯毛官．单片计算机原理与应用［M］．西安：西安交通大学出版社，2000.

［10］ 万福君，潘松峰．单片微机原理系统设计与应用［M］．合肥：中国科学技术大学出版社，2001.

［11］ 马家辰，孙玉德，张颖．单片机原理及接口技术［M］．哈尔滨：哈尔滨工业大学出版社，2001.

［12］ 赖麒文．8051 单片机 C 语言彻底应用［M］．北京：科学出版社，2002.

［13］ 徐爱钧，彭秀华．单片机高级语言 C51 语言程序设计［M］．北京：电子工业出版社，2001.

［14］ 王建校，杨建国．51 系列单片机及 C51 程序设计［M］．北京：科学出版社，2002.

［15］ 黄智伟，邓月明，王彦．ARM9 嵌入式系统设计基础教程［M］．北京：北京航空航天大学出版社，2010.

［16］ William Stallings. 操作系统——精髓与设计原理［M］．7 版．陈渝，等译．北京：电子工业出版社，2012.

［17］ 任哲．嵌入式实时操作系统 μC/OS－II 原理及应用［M］．北京：北京航空航天大学出版社，2005.

［18］ Jean J Labrosse. 嵌入式实时操作系统 μC/OS－III［M］．宫辉，等译．北京：北京航空航天大学出版社，2012.